普通高等教育"十一五"国家级规划教材

U0771924

Visual C++

面向对象与可视化程序设计（第5版）

○ 黄维通　童军博　主编

中国教育出版传媒集团

高等教育出版社·北京

内容提要

本书是为学过 C 语言或其他编程语言的读者编写的。本书在《Visual C++面向对象与可视化程序设计》（第 4 版）的基础上修订而成，引入最新发展技术，将软件的编译环境更新为 Visual Studio 2022，并结合应用案例，讲授面向对象与可视化的程序设计思想方法。本书采取"基础知识—基本应用—案例体验—能力提升"的体系结构，采用案例驱动，讲解详细，面向应用，培养能力，有着鲜明的写作特点。

本书共分为三个部分：第一部分讲述 C++的基础知识；第二部分介绍基于 MFC 的基础应用编程，包括绘图、文本输入/输出、键盘与鼠标的应用以及资源的应用等；第三部分介绍 MFC 架构（包括类库的基本知识）、各种常用类在编程中的应用、常用控件的应用、利用 Visual C++的资源编辑器编写资源文件及其应用、文档操作、多媒体应用程序设计；本书有配套的电子资源，包括书中所有例题的源代码及授课使用的 PPT。

本书面向高等院校本科生、研究生及从事计算机软件开发的专业人员，既可作为非计算机专业 Visual C++程序设计课程的教材，又可作为培训教材或自学用书。

图书在版编目（CIP）数据

Visual C++面向对象与可视化程序设计 / 黄维通，童军博主编. --5 版. --北京：高等教育出版社，2025.8. -- ISBN 978-7-04-064683-2

Ⅰ. TP312.8

中国国家版本馆 CIP 数据核字第 20251007RW 号

Visual C++ mianxiang duixiang yu keshihua chengxu sheji

| 策划编辑 | 武林晓 | 责任编辑 | 武林晓 | 封面设计 | 张申申 | 版式设计 | 董思含 于 婕 |
| 责任绘图 | 邓 超 | 责任校对 | 张 薇 | 责任印制 | 高 峰 | | |

出版发行	高等教育出版社	网 址	http://www.hep.edu.cn	
社 址	北京市西城区德外大街 4 号		http://www.hep.com.cn	
邮政编码	100120	网上订购	http://www.hepmall.com.cn	
印 刷	固安县铭成印刷有限公司		http://www.hepmall.com	
开 本	787 mm×1092 mm 1/16		http://www.hepmall.cn	
印 张	20.25	版 次	2000 年 5 月第 1 版	
字 数	410 千字		2025 年 8 月第 5 版	
购书热线	010-58581118	印 次	2025 年 8 月第 1 次印刷	
咨询电话	400-810-0598	定 价	42.00 元	

本书如有缺页、倒页、脱页等质量问题，请到所购图书销售部门联系调换

物 料 号　64683-00

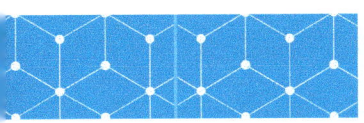

新形态教材网使用说明

Visual C++ 面向对象与可视化 程序设计

（第5版）

黄维通　童军博　主编

1　计算机访问https://abooks.hep.com.cn/1865470 或手机微信扫描下方二维码进入新形态教材网。

2　注册并登录后，计算机端进入"个人中心"，单击"绑定防伪码"，输入图书封底防伪码（20位密码，刮开涂层可见），完成课程绑定；或手机端单击"扫码"按钮，使用"扫码绑图书"功能，完成课程绑定。

3　在"个人中心"→"我的学习"或"我的图书"中选择本书，开始学习。

Visual C++ 面向对象与可视化程序设计（第5版）

作者 黄维通　童军博　主编

出版单位 高等教育出版社

开始学习　收藏

受硬件限制，部分内容可能无法在手机端显示，请按照提示通过计算机访问学习。

如有使用问题，请直接在页面单击答疑图标进行咨询。

https://abooks.hep.com.cn/1865470

前　　言

随着程序设计与开发技术的不断发展，在大学的计算机基础课程中，讲授面向对象技术及开发过程的可视化，已经成为计算机基础课程教学改革的方向之一。掌握面向对象的程序设计，已经成为大学生信息素养和能力结构的重要组成部分，也是社会对人才的计算机应用与开发水平的要求。

学习本教材，要求先修 C 程序设计语言（或其他任何一种编程语言），虽然 C 语言已经成为高校理工科学生的必修或选修课程，是很重要的程序设计的入门基础课程，但它是面向过程的编程语言。应用面向对象的编程技术已经成为当今软件开发的重要手段之一，因此，掌握"面向对象与可视化程序设计"的技术与方法，已经成为对大学生掌握信息技术并用来解决本学科计算问题的基本技能之一。

本书的第 1 版自 2001 年出版以来，被国内很多高校采用，第 1 版被评为教育部"全国普通高等学校优秀教材"二等奖，第 2 版被评为"北京高等教育精品教材"，第 3 版是普通高等教育"十一五"国家级规划教材。本书是第 5 版，在第 4 版的基础上修订而成。

本书充分考虑 Visual C++面向对象程序设计的技术发展，在第 4 版的基础上，结合前几版的实践和教学体会，从面向应用的教学改革的定位出发，对整个教材的结构和例题进行了较大的调整。同时，所有例题全部在 Visual Studio 2022 环境下调试通过。

本书分为三个部分，第一部分讲述 C++的基础知识，使读者在学习 C 语言后能直接学习本书；第二部分介绍基于 MFC 的基础应用编程，包括绘图、文本输入/输出、键盘与鼠标的应用以及资源的应用等；第三部分介绍 MFC 构架（包括类库的基本知识）、各种常用类在编程中的应用、常用控件的应用、利用 Visual C++的资源编辑器编写资源文件及其应用、文档操作、多媒体应用程序设计；本书有配套的电子资源，包括书中所有例题的源代码及授课使用的 PPT。本书内容丰富翔实，不同学校可以根据培养定位的不同，做相应的内容取舍。

本书的特点是从面向对象的基本概念出发，讲述可视化程序设计的思想与方法。对每一部分的知识点、概念、难点，都力求以较精练的语言进行讲解，同时对每一个知识点都配以必要的实例，实例中配以较为详细的操作步骤说明、代码说明及语法说明，力求通过实例让读者较好地掌握"面向对象与可视化程序设计"的思想、开发技巧与体系。

本教材中部分专题内容（如第 6 章中介绍的"对话框通用控件"中的应用程序、

第7章的文档应用等）都是分别以一个综合应用程序的方式，把相关知识点内容分解到各节的内容中去，通过各节内容的介绍，不断增强本章实例中的功能，使读者在循序渐进的学习中掌握一个完整的应用程序的开发方法及相关知识点。第8章介绍的多媒体应用程序的设计，介绍了常用音频、视频的应用。这些都是非常实用的知识。

为了帮助读者能够边学习边掌握，本书对操作的关键步骤都进行了截图展示，而且在图中给予必要的标注，以方便学习。

本书可以作为高等院校公共课或相关专业课程本科生、研究生的教材，也适合非学历教育的各类培训作为培训教材，同时也适合计算机爱好者自学。

本书由黄维通编写，清华大学博士生童军博对部分例题进行了调试。在本书的编写过程中，还参考了部分文献，见本书的"参考文献"，在此向相关作者一并表示感谢。

由于作者水平有限，缺点和错误在所难免，恳请读者批评指正。

作者联系信箱：huangwt@tsinghua.edu.cn。

黄维通

2024 年春节于清华园

目　　录

第1章 MFC 基础知识

在 Visual C++的编程中，利用 MFC 和向导（wizard）来编写基于 Windows 的应用程序，可以编写可视化、界面交互友好、操作简便的应用程序。它首先使用应用程序向导来生成 Windows 应用程序的基本框架，然后为应用程序添加类、消息处理、数据处理函数或定义控件的属性、事件和方法，最后实现应用程序的功能。

电子教案：第1章 MFC 基础知识

源代码：第1章 例题源代码

1.1 MFC 概述

MFC（Microsoft foundation class，微软基础类库）是用来编写 Windows 应用程序的 C++类集，该类集以层次结构组织起来，其中封装了大部分的 Windows API（application programming interface，应用程序编程接口）函数和 Windows 控件，它所包含的功能涉及整个 Windows 操作系统。MFC 不仅为用户提供了 Windows 图形环境下应用程序的框架，而且还提供了创建应用程序的组件。使用 MFC 类库和 Visual C++提供的高度可视化的应用程序开发工具，可使应用程序开发变得更简单，代码的可靠性和可复用性得到提高。

代码复用是 C++长期寻求的目标。对于 C++程序员而言，复用通常是指从先前已有的基类（关于类的概念，本章将进行简要的介绍）派生新的 C++类的技术。MFC 提供了大量的基类供程序员根据不同的应用环境进行扩充。

MFC 提供了丰富的类库，使程序员的主要精力不用放在程序设计的细节实现上，而放在程序的功能拓展上，它同时允许在编程过程中自定义和扩展应用程序中的类。MFC 同时还允许使用 Windows API 提供的所有功能，从而使应用程序能以最小的规模实现最丰富的功能，而且能提供高效率的运行代码。

MFC 大大简化了使用 C++开发基于 Windows 的应用程序的工作，其精心设计的类库结构，以一种直观的软件包的形式把进行 Windows 应用开发这一过程所需的各种程序模块有机地组织起来，经验丰富的 C++开发人员可以使用 MFC 实现 C++中的高级功能。

1.2 C++中的类与对象的概念

传统的结构化语言都是采用面向过程的方法来解决问题的，但在面向过程的程序设计方法中，代码和数据是分离的，因此程序的可维护性较差。面向对象（object-oriented）程序设计方法则是把数据及处理这些数据的方法（method）封装到一个类（class）中，类是 C++中的一种数据类型，是一个构架，就如大家所熟悉的结构体，定义结构体，也是定义了一个数据结构，操作的是结构体的变量，而使用"类"定义的变量则称为该类的"对象"。

在对象内，只有属于该对象的成员函数才可能存取该对象的数据成员，这样，其他函数就不会无意中操作其内容，从而达到保护和隐藏数据的效果。

与传统的面向过程的程序设计方法相比，面向对象的程序设计方法有三个优点：第一，程序的可维护性好，面向对象程序易于阅读和理解，程序员只需了解必要的细节，因此降低了程序的复杂性；第二，可修改性，程序员可以很容易地修改、添加或删除程序的属性，这是通过添加或删除类的对象来完成的；第三，对象可以使用多次，即可重用性好，程序员可以根据需要将类和对象保存起来，随时插入应用程序中，无需进行什么修改。

面向对象程序设计方法提出了一些全新的概念，如类、封装、继承和多态性等。

1.2.1　类的定义

类是 C++中的一个重要概念，是一种将数据和方法组织在同一个结构里的逻辑方法，是进行封装和数据隐藏的工具。通过它把逻辑上相关的实体联系起来，并具备从外部对这些实体进行访问的手段。用关键字 class 定义类，其功能与 C 语言中的 struct 类似，但 class 可以包含方法，而不像 struct 只能包含成员变量，不能包含方法。

和函数一样，应用类也是 C++中模块化程序设计的手段之一。但是，函数是将逻辑上有关的语句和数据集合在一起，主要用于执行；而类则是逻辑上有关的方法及其数据的集合，它主要不是用于执行，而是提供所需要的资源。在使用一个类之前必须先定义类，定义一个类的语法格式如下：

```
class  类名:基类名
{
    private:
        私有成员数据及函数;
    protected:
        保护成员数据及函数;
    public:
        公共成员数据及函数;
}[类的对象声明];
```

从上面的定义可以看到，一个类含有私有（private）、保护（protected）和公共（public）三部分。在类中定义的项默认都是私有的。私有、保护和公共三部分的数据及函数具有如下特点：

- 私有部分的数据和函数只能被该类本身声明的其他成员或该 class 的"friend" class 访问。
- 保护部分的成员除可以被本类中的成员函数访问外，还可以被本类派生的类的成员函数访问，因此用于类的继承。
- 公共部分的成员可以被本类以外的函数访问，是类与外部的接口。

类是面向对象程序设计最基本的单元，在设计面向对象的应用程序时，首先要以类的方式描述实际待解决的问题，也就是将问题所要处理的数据定义成类的私有、保护或公共类型的数据，同时将处理问题的方法定义成类的私有、保护或公共的成员函数。

如果在定义一个 class 成员时没有声明其允许范围，这些成员将被默认为 private 范围。下面是定义一个 CRectangle 类的示例：

```
class CRectangle
{    int x, y;
   public:
      void set_values(int,int);
      int area(void);
}rect;
```

上述代码定义了一个 CRectangle 类及其对象变量 rect。这个 CRectangle 类有 4 个成员：两个 private 的整型变量 x 和 y，以及两个 public 方法：set_values()和 area()，这里只包含了方法（也称为函数）的原型，并没有函数体，函数体还需另行定义，这样类的定义才是完整的。

用户可以通过使用"对象名.成员名"的方式来引用对象 rect 的任何 public 成员，就像它们只是一般的函数或变量。例如：

```
rect.set_values(10,20);
my_area = rect.area();
```

但不能够直接引用 x 或 y，因为它们是该 class 的 private 成员，它们只能在该 class 的其他成员中被引用。下面举例说明。

【例1-1】　计算矩形的面积。

具体代码如下：

```
#include <iostream>
using namespace std;
class CRectangle                    // 定义 CRectangle 类的结构
{
```

```
    int x, y;                    // 这里定义了两个 private 成员
  public:
    void set_values (int,int);   // 这里定义了 public 类型的函数原型, 它有两个 int 类型形参
    int area(void)               // 这里定义了 area()函数, 这是个无参函数
    {
      return(x*y);
    }
};

void CRectangle::set_values (int m, int n)   // 定义类 CRectangle 的成员函数 set_values()
{
    x = m;
    y = n;
}

int main ()
{
        CRectangle recta, rectb;             // 定义类 CRectangle 的对象 recta 和 rectb
        recta.set_values (10,20);
        rectb.set_values (30,40);
        cout << "recta area: " << recta.area() << endl;
        cout << "rectb area: " << rectb.area() << endl;
}
```

上述代码中, 将 set_values()函数体的定义放在 class 定义之外, 而将 area()函数体的定义放在 calss 定义之内。在 class 内部直接定义完整的函数和把具体实现放在 class 外部的区别在于: 直接定义时, 编译器会自动将函数作为 inline (内联函数, 后续介绍) 考虑, 而在 class 外部定义时, 函数只是一般的 class 成员函数。

调用函数 recta.area()与调用 rectb.area()所得到的结果是不一样的。这是因为每一个 class CRectangle 的对象都拥有它自己的变量 x 和 y, 以及它自己的函数 set_value() 和 area()。"recta.set_values (10,20);"是把 10 和 20 分别赋给 private 成员 x 和 y, 这里操作的是 recta 对象, 而 "rectb.set_values (30,40);"是把 30 和 40 分别赋给 private 成员 x 和 y, 它操作的是 rectb 对象。

在这个具体的例子中讨论的 class 是 CRectangle, 有两个实例, 或称对象 recta 和 rectb, 每一个有它自己的成员变量和成员函数。

方法的具体实现和普通函数的具体实现只是在函数的头部有略微不同的格式。一般来说, 如果类的方法的定义是在类的外部实现的, 则在定义方法时必须把类名放在方法名之前, 中间用作用域运算符 (":") 隔开, 其一般形式如下:

类名::方法名

如："void CRectangle::set_values (int m, int n)"

这样，即使几个类中的方法名相同，也可以用这种形式把它们区分开来。也可以使用 class 同时定义多个不同的对象，如在上述的代码中定义了 recta 和 rectb 两个对象。和普通函数一样，类的方法也应该有返回值类型，也有参数表列（当然也可以没有参数）。

在 C++中通常也把类的成员函数称为类的方法。成员函数的原型一般在类的定义中声明，在类的定义中声明其成员函数的语法与声明普通的函数所用的语法完全相同。方法的具体实现，可以在类的定义内部完成（这种方式定义的类的方法有时也称为类的内联函数），也可以在类的定义之外进行，而且方法的具体实现既可以和类的定义放在同一个源文件中，也可以放在不同的源文件中。下面再举一个例子帮助读者认识类的定义及其应用。

代码中的"#include <iostream>"是"输入/输出流"的预处理命令，相当于以前学习的"#include stdio.h"，这就不难理解了。

至于"using namespace std;"，可以这么理解：C++语言提供一个全局的命名空间 namespace。所谓命名空间，是指标识符的各种可见范围。C++标准程序库中的所有标识符都被定义于一个名为 std 的 namespace 的空间中。这是一种将程序库名称封装起来的方法，它就像在各个程序库中立起一道道围墙，或者说指定了很多同名的变量的归属，所以引入了命名空间，让每一个即使是同名的变量都可以辨识。

而 std 是 C++标准库所在空间的名称，让我们可以调用 std 这个名字空间下的东西，可以认为是获得一种权限，就像是使用库函数前要包含头文件一样，命名空间可作为附加信息来区分不同库中相同名称的函数、类、变量等。因此本质上，命名空间就是定义了一个范围。

【例 1-2】　下面的代码在程序中定义一个名为 angle 的类，然后求 sin()函数在 60°时的值。

```
#include <iostream>
using namespace std;
const double ANG_TO_RAD = 0.0174532925;      // 定义弧度和度之间的转换比例
class angle                                  // 定义类 angle
{
    double value;                            // 类 angle 的私有数据成员
  public:                                    // 类 angle 的公共成员函数
    void SetValue(double);
    double GetSine(void);
}deg;                                        // 声明类 angle 的对象 deg

void angle::SetValue(double a)               // 类 angle 的成员函数 SetValue()
```

```
{
    value = a;
}

double angle::GetSine(void)                    // 类 angle 的成员函数 GetSine()
{
    double temp;
    temp = sin(ANG_TO_RAD * value);
    return temp;
}

int main()
{
    deg.SetValue(60.0);                        // 给类 angle 的成员变量 value 赋值 60.0
    cout << "The sine of the angle is:";
    cout << deg.GetSine() << endl;             // 输出正弦值
    return 0;
}
```

这个程序的输出结果是：

The sine of the angle is: 0.866025

读者通过阅读上述代码中的注释语句，就很容易理解上述代码。上述代码定义了类"angle"，它包含一个私有成员"double value"和两个成员函数 SetValue 和 GetSine，同时定义了一个类的对象 deg，两个成员函数的函数体均在类的外部定义，"deg.SetValue(60.0);"是为 value 赋值，然后通过函数 deg.GetSine 获取结果。

1.2.2　类的嵌套定义

我们在 C 程序设计中学过结构体的应用，结构体在定义时是可以嵌套的。在类的定义中，同样也可以嵌套。通过对比学习，就很容易掌握。类的嵌套声明举例如下。

```
class My_student
{
    class boy                        // 嵌入类 boy，作为类 My_student 的成员之一
    {
        char boy_name[20];
        int  boy_age;
    }my_boy_student;
```

```
    class girl                          // 嵌入类 girl，作为类 My_student 的成员之一
    {
        char    girl_name[20];
        int     girl_age;
    }my_girl_student;
  public:
    void student_input(void);
    void student_output(void);
}
```

从上面可以看出，类 My_student 的定义中嵌套了类 boy 和类 girl。

【例 1-3】　下面的例子帮助读者体验类的嵌套应用。

```
1.    #include <iostream>
2.    using namespace std;
3.    class A
4.    {public:
5.        class B
6.        {public:
7.            void Fun();
8.        };
9.      public:
10.        B var;
11.        void Fun()
12.        {   cout << "A::Fun...." << endl;
13.            var.Fun();
14.        }
15.    };
16.    void A::B::Fun()
17.    {
18.        cout << "B::Fun..." << endl;
19.    }

20.    void Fun()
21.    {   class class_in_FUN
22.        {public:
23.          int x;
24.          void start(int num)
25.          {
26.              x = num;
27.          }
28.          void show()
```

```
29.        {
30.            cout << "x=" << x << endl;
31.        }
32.    };
33.    class_in_FUN cif;
34.    cif.start(5);
35.    cif.show();
36.  }

37.  int main()
38.  {    A m;
39.       m.Fun();
40.       A::B i;
41.       i.Fun();
42.       Fun();
43.       return 0;
44.  }
```

为方便讲解，这里的代码加上了行编号，实际在编程过程中是不需要加行编号的。

上述代码的执行结果如下（输出的结果中并没有行号，为了讲解方便，附加上了行号）：

```
45.    A::Fun....
46.    B::Fun...
47.    B::Fun...
48.    x=5
```

下面讲解为何得到上述结果。首先从总体程序出发，从第 3 行到第 15 行，定义了一个类 A，在这个类 A 中嵌套了类 B，代码在第 5 至第 8 行。第 16 至第 19 行是函数 Fun 的定义，实际上是响应第 7 行的类 A 下面的类 B 的函数 Fun。而第 20 行至第 36 行定义了一个不属于任何类的函数 Fun，在这个函数内容的第 21 至 32 行，定义了一个类 class_in_FUN，第 33 行定义了类 class_in_FUN 的对象 cif，第 34 和 35 行分别是对象 cif 执行了类 class_in_FUN 的成员函数 start() 和 show()。

然后从 main 函数出发，第 38 行定义了类 A 的对象 m，第 39 行"m.Fun()"执行的是类 A 的成员函数 Fun，应该是第 11 至第 14 行，因此，此时输出第 45 行所示的"A::Fun...."，在类 A 的成员函数中，有第 13 行的"var.Fun();"语句，这里的 var 是类 B 的对象，由第 10 行定义，因此第 13 行执行的是第 7 行的 Fun 函数，即类 A 下面嵌套的类 B 里的 Fun 函数，也就是执行第 16 至第 19 行的"void A::B::Fun()"函数，其结果是第 18 行的输出，结果如第 46 行所示。至此，第 39 行的语句执行完成

了。然后继续执行第 40 行的内容，定义了类 A 嵌套的类 B 的对象 i，第 41 行的
"i.Fun();"，执行的还是第 16 行至第 19 行的函数，所以结果是 "B::Fun..."，如第 47
行所示。接着执行第 42 行的 "Fun();" 语句，这里执行的是第 20 行至第 36 行的 Fun
函数。从第 21 行至第 32 行是类 class_in_FUN 的定义，第 33 行 "class_in_FUN cif;"
语句定义了类 class_in_FUN 的对象 cif，第 34 行语句是将数值 5 通过调用类
class_in_FUN 的成员函数 start 将变量 x 初始化，第 35 行的代码 "cif.show();" 调用类
class_in_FUN 的成员函数 show，输出 x 的值，结果如第 48 行所示。至此这个程序执
行完成了。

读者会发现，在这个例子中，涉及了类 A 的成员函数 Fun，类 A 嵌套了类 B 下
面的成员函数 Fun，以及不属于任何类的函数 Fun，共三个同名函数 Fun，从上述的
代码结构可以看出，这三个同名函数的功能是不同的。因此大家要注意体会。

1.2.3　内联方法

类的方法也可以声明和定义成内联函数，内联函数是指那些定义在类体内的成员
函数，即该函数的函数体放在类体内。内联函数在调用时不像一般的函数那样要转去
执行被调用函数的函数体，执行完成后再转回调用函数中，执行其后的语句，而是在
调用函数处用内联函数体的代码来替换，这样将会提高运行速度。因此内联函数主要
是解决程序的运行效率问题。值得注意的是，内联函数一定要在调用之前定义，并且
内联函数无法递归调用。在 C++ 中可以使用下面两种格式定义类的内联函数：

（1）当在函数的外部定义时，把关键字 inline 加在函数定义之前。例如：下面的
程序段中定义的类 angle 的 SetValue 方法被定义成内联函数。

```
class angle                        // 定义类 angle
{   private:
        double value;
    public:
        void SetValue(double);
};
inline void angle::SetValue(double x)      // 定义内联函数
{
        value=x;
}
```

（2）把函数原型声明和方法的定义合并，放入类定义中。例如，下面的程序段在
声明类 angle 的 SetValue 方法后，紧接着就定义该方法的具体实现。

```
class angle                        // 定义类 angle
{   private:
```

```
        double value;                          // 定义私有数据成员
    public:
        void SetValue(double x)                // 定义内联函数
        {
         value=x;
        }
};
```

1.2.4　构造函数和析构函数

C++中有几类特殊的成员函数，这些函数决定了如何建立、初始化、复制及删除对象。构造函数和析构函数是其中最重要的两种。和一般的成员函数一样，构造函数和析构函数既可以在类的内部声明和定义，也可以在类的内部声明，在类的外部定义。如果一个类含有构造函数，则在建立该类的对象时就要调用它；而如果一个类含有析构函数，则在销毁该类的对象时调用它。

1.　构造函数

对象在生成过程中通常需要初始化变量或分配动态内存，以便操作或防止在执行过程中返回意外结果。请假设一种情况，在前面的例子中，如果在调用 set_values() 函数之前就调用了函数 area()，那么可能会返回一个不确定的值，因为成员 x 和 y 还没有被初始化。

为了避免上述这种情况发生，系统设计了一种特殊的函数，称为构造函数。构造函数是一种特殊的成员函数，它主要用来为对象分配内存空间，对类的数据成员进行初始化并执行对象的其他内部管理操作。

构造函数的特点是构造函数的名字和它所在的类的名字相同，当定义该类的对象时，构造函数完成对此对象的初始化。它可以接收参数并允许重载。当一个类含有多个构造函数时，编译程序为了确定调用哪一个构造函数，需要把对象中使用的参数和构造函数的参数表进行比较，这个过程与在普通函数的重载中进行选择的过程是一样的。下面是一个构造函数应用的例子。

【例 1-4】　求圆柱体的体积。

```
#include <iostream>
#define PI 3.1415926
using namespace std;
class CVolume                          // 这里定义了类 CVolume
{
        int r,h;
    public:
```

```
        CVolume(int,int);              // 这里定义了类 CVolume 的构造函数原型
        double volume(void)
        {
            return (PI*r*r*h);
        }
};

CVolume::CVolume(int a, int b)         // 这里定义了构造函数，函数名与类同名
{   r = a;
    h = b;
}

int main ()
{
    CVolume vol(5,6);
    cout << "Volume= " << vol.volume() << endl;
}
```

该代码的运行结果为 471.239。

上述代码中定义了一个类 CVolume 以及同名的构造函数，该函数用来给对象赋初值，然后在 main 函数中定义了 CVolume 的函数 vol，并把参数 5 和 6 分别赋给了构造函数中的 r 和 h，然后通过调用 vol.volume() 求得体积。

构造函数是在定义对象的同时调用的，其一般形式为：

类名 对象名（实参表）；

读者这时会体会到，构造函数的原型和实现中都没有返回值，也没有 void 类型声明。构造函数必须这样写。一个构造函数永远没有返回值，也不用声明 void，这是一种规则。

关于构造函数还必须说明以下几点：

（1）构造函数和普通函数一样也可以有参数，但不能有返回值。这是因为构造函数通常是在定义一个新的对象时调用，它无法检查构造函数的返回值。

（2）在实际应用中，如果没有给类定义构造函数，则编译系统将为该类生成一个默认的构造函数，该默认的构造函数没有参数，只是简单地把对象中的每个实例变量初始化为 0。

（3）构造函数可以有默认参数。

【例 1-5】 构造函数中默认参数的应用

对【例 1-3】进行一些修改，下面定义的类 CVolume 中的构造函数带有默认参数 a=5,b=6。

```
#include <iostream>
#define PI 3.1415926
using namespace std;
class CVolume
{
        int r,h;
    public:
        CVolume(int,int);
        double volume(void) {return (PI*r*r*h);}
};

CVolume::CVolume(int a=5, int b=6)      // 定义带有默认参数的构造函数
{
    r = a;
    h = b;
}

int main ()
{
    CVolume vol;
    cout << "Volume= " << vol.volume() << endl;
}
```

上述代码的执行结果跟【例 1-3】的结果是一样的。这里构造函数 CVolume 的两个参数均为默认参数，在定义对象时也可以省略或部分省略实参。因此，可以把 main()函数改写成如下形式：

```
int main()
{
    CVolume vol1(1,2),vol2(1),vol3;
    cout << "Volume1= " << vol1.volume() << endl;
    cout << "Volume2= " << vol2.volume() << endl;
    cout << "Volume3= " << vol3.volume() << endl;
}
```

这时的输出结果如下：

```
Volume1= 6.28319
Volume2= 18.8496
Volume3= 471.239
```

从这里大家可以明白，对于 vol1(1,2)，原来的默认值失效；对于 vol2(1)，按参数顺序，a 被重新初始化为 1，而参数 b 没有被初始化，保留原来的默认值 6；对于

vol3，由于没有给出新的参数，完全采用原来默认的参数值。

构造函数也可以没有参数。例如，下面定义的类 CVolume 中的构造函数就没有参数，该类的构造函数执行的功能是在屏幕上输出一句"NO PARAMETER"。

【例1-6】　一个没有参数的构造函数的示例。

```cpp
#include <iostream>
using namespace std;
class CVolume
{
    public:
      CVolume()
      {
          cout<<"NO PARAMETER"<<endl;
      }
};
int main()
{
      CVolume();
}
```

这里的 CVolume()函数就是无参函数。实际上，大家在学习 C 语言的时候，就很熟悉，有时候定义的函数是无参函数。其原理是一样的。

2. 析构函数

析构函数也是类中的一个特殊成员函数，与定义它的类具有相同的名字，但要在前面加上一个波浪号（"～"）。析构函数没有参数，也没有返回值，因此一个类中只能有一个析构函数。

析构函数执行与构造函数相反的操作，通常用于释放分配给对象的存储空间。当程序超出类对象的作用域时，或者当对一个类指针使用运算符 delete 时，系统将自动调用析构函数。

和构造函数一样，如果在类的定义中不定义析构函数，编译系统将为之产生一个默认的析构函数，对于大多数类来说，默认的析构函数就能满足要求。如果在一个对象完成其操作之前还需要做一些内部处理，则应定义析构函数。

析构函数尤其适用于当一个对象被动态分配内存空间，而在该对象被销毁时希望释放它所占用空间的时候。

【例1-7】　析构函数的定义与应用。

下面的代码在类 CVolume 中定义了该类的析构函数，读者可以先阅读下面的代码。

```cpp
#include <iostream>
```

```
#define PI 3.1415926
using namespace std;
class CVolume
{        int *r, *h;
    public:
        CVolume (int,int);
        ~CVolume ()
        {    cout<<"Here delete the w & h"<<endl;
            delete r;
            delete h;
        };
        double volume (void)
        {
         return (PI * (*r) * (*r) * (*h));
        }
};

CVolume::CVolume(int a, int b)
{
        r = new int;
        h = new int;
        *r = a;
        *h = b;
}

int main ()
{
        CVolume vola(1,2), volb (3,4);
        cout << "vola= " << vola.volume() << endl;
        cout << "volb= " << volb.volume() << endl;
        return 0;
}
```

上述代码的运行结果如下：

```
vola= 6.28319
volb= 113.097
Here delete the w & h
Here delete the w & h
```

上面的例子是析构函数和构造函数最常见的用法，即在构造函数中用运算符 new 为特定对象分配存储空间，比如代码中的 "r = new int;" 和 "h = new int;"，就是为 r

和 h 分配了整型数的存储空间。最后在析构函数中用 delete 释放已分配的存储空间。析构函数也可以在类定义的内部声明而在类定义的外部定义。例如，上面的析构函数 CVolume 可以在类定义的外部定义如下：

```
CVolume::~CVolume ()
{    cout<<"Here delete the w & h"<<endl;
     delete r;
     delete h;
}
```

1.3　动态内存分配

目前接触到的程序，其所声明的变量、数组和其他对象所必需的内存空间都是确定的。但如果需要内存大小为一个变量，其数值只有在程序运行时才能确定，该如何处理呢？可以采用 C++提供的动态内存分配方法来处理，为此 C++集成了操作符 new 和 delete，【例 1-7】就用到了这两个运算符，在这里做进一步介绍。

1. 操作符 new 和 new[ ]

用操作符 new 开辟动态内存空间，关键字 new 后面跟一个数据类型，并跟一对可选的方括号"[ ]"，里面为要求的元素个数。其结果返回一个指向所开辟的存储空间的起始位置的指针。其形式为：

p = new type

或者

p = new type [elements]

第一个表达式用来给一个单元素的数据类型分配存储空间。第二个表达式用来给一个数组分配存储空间。

例如：

int *p;
p = new int[10];

上述代码的操作结果，操作系统分配了可存储 10 个 int 元素的内存空间，返回指向这块空间起始位置的指针并将它赋给 p。因此，现在 p 指向一块可存储 10 个整型元素的合法的内存空间。

这种分配数组空间的做法与定义一个普通数组的思路是不同的，定义普通数组，数组的长度必须是一个常量，而采用动态内存分配，数组的长度可以是常量，也可以是变量，其长度大小在程序执行过程中确定。

动态内存分配通常由操作系统控制，由于在多任务的环境中，它可以被多个应用所共享，因此，极端情况下内存有可能被用光。如果这种极端情况发生，操作系统将无法在遇到操作符 new 时再分配所需的存储空间，那么这时将返回一个无效指针（null pointer）。因此，为了程序的可靠性，建议在使用 new 之后要检查返回的指针是否为空（null），如下代码所示。

```
int *p;
p= new int [10];
if (p == NULL)
{
    cout<<"error assigning memory. Take measures. ";
};
```

2. 删除操作符 delete

既然动态分配的内存只是在程序运行的某一具体阶段才有用，那么一旦它不再被需要就应该释放，以便回收内存，免得发生极端情况，内存被用光。操作符 delete 的使用形式如下：

```
delete P;
```

或

```
delete [ ] p;
```

第一种表达形式用来删除给单个元素分配的存储空间，第二种表达形式用来删除给多元素（数组）分配的内存。

【例 1-8】 动态内存管理的例子。在这个例子中，由用户输入希望开辟的动态存储空间的大小，然后再为所开辟的存储空间输入数据，最后输出。

```
#include <iostream>
using namespace std;
int main()
{    int i, n;
     long* j;
     cout << "希望开几个元素的数组? ";
     cin >> i;                    // 输入 i 的值
     j = new long[i];            // 开辟 i 个 long 类型的连续存储空间
     if (j == NULL)
          exit(1);
```

```
for (n = 0; n < i; n++)                      // 通过循环输入 i 个数据
{
        cout << "输入第"<<n+1<<"个数据: ";
        cin>> j[n];

}
cout << "输入内容如下: "<<endl;           // 输出所输入的数据，验证操作是否成功
for (n = 0; n < i; n++)
        cout << j[n] <<endl;
delete[] j;                                   // 释放开辟的动态存储空间
return 0;
}
```

上述代码可以记录用户希望输入的任意多个数据，它的实现主要是通过动态地向系统申请用户要输入的数据所需的空间。

1.4　重　　载

重载是 C++的一个重要特征，它包含函数重载和操作符重载。这里主要讨论函数重载。

所谓函数重载是指同一个函数名可以对应多个函数的实现。函数重载允许一个程序内声明多个名称相同的函数，这些函数可以完成不同的功能，并可以带有不同类型、不同数目的参数及返回值。使用函数重载可以减轻用户的记忆负担，并使程序的结构简单、易懂。

函数重载要求编译器能够唯一地确定调用同名函数时应执行哪个函数代码，即采用哪个函数实现。确定函数实现时，要求从函数参数的个数和类型上来区分。也就是说，函数重载时，要求函数的参数个数或参数类型不同。

【例 1-9】　下面的程序中实现的是两个不同参数类型的重载。在类 My_class 中对方法 plus()进行了重载，通过重载，使得在求两个数的和时不用再区分整数和浮点数之间的不同之处，而只需直接调用类 My_class 的方法 plus()即可。

```
#include <iostream>
using namespace std;
class My_class
{ public:
        int plus(int,int);
        double plus(double, double);
};
```

17

```
int My_class::plus(int x, int y)
{
    return x+y;
}

double My_class::plus(double x, double y)
{
    return x+y+1.0;
}

int main()
{ My_class Data;
    cout<<"The result for plus(int,int) is:"<<Data.plus(5,10)<<endl;
    cout<<"The result for plus(double, double)is:"<<Data.plus(5.0,10.0)<<endl;
    return 0;
}
```

对照上面的程序，可以看出，这里有两个 plus()函数，其返回值不一样，形参个数虽然一样（根据需要也可以不一样），但形参的数据类型不一样，这里的 plus()函数就是重载函数。两个重载的成员函数分别调用"求整型数和"和求"浮点数和"的函数 plus 来对不同的参数进行求和运算。

上述代码的输出结果如下。

```
The result for plus(int,int) is:15
The result for plus(double, double)is:16
```

也就是说，系统会自动识别用户所给的数据，根据数据类型，匹配用哪一个重载函数。如果给的是整型数，就对应调用形参为整型的 plus()函数；对 double 型数，则调用 double 形参的 plus()函数。

不仅在类的成员函数上可以实现重载，在构造函数上，也可以实现函数的重载。

【例 1-10】　下面的例子实现构造函数的重载。

```
#include <iostream>
using namespace std;
class CSample
{
    int i;
  public:
    CSample();                    // 定义重载的构造函数
    CSample(int);
    int area(void) { return (i); }
```

```
};
CSample::CSample()                              // 定义构造函数 sample()
{
    i = 0;
    cout << "sample A，i=" << i << endl;
}
CSample::CSample(int x)                         // 定义构造函数 sample(int)
{
    i = x;
    cout << "sample B(5), i=" << i << endl;
}

int main()
{
    CSample j1, j2(5);
    cout << "j1.area()=" << j1.area() << endl;  // 自动调用构造函数 CSample()
    cout << "j2.area()=" << j2.area() << endl;  // 自动调用构造函数 CSample(int)
    return 0;
}
```

上述代码的运行结果如下：

```
sample A，i=0
sample B(5), i=5
j1.area()=0
j2.area()=5
```

上述代码中，CSample()和 CSample(int)都属于构造函数，但一个函数是无参的，另一个是有参的，含有一个 int 类型的形参。

定义重载的构造函数后，声明对象时就可以根据不同的参数来分别调用不同的构造函数。在处理不同类型的数据时，成员函数的重载使类具有更大的灵活性和通用性，这也有力地支持了通过类来对客观世界进行抽象的程序设计的思想。

【例 1-11】 下面是另一个重载 class 的构造函数的示例，是应用重载的构造函数求圆柱体的体积，代码如下：

```
#include <iostream>
#define PI 3.1415926
using namespace std;
class CVolume
{
    int r,h;
```

19

```
    public:
        CVolume();
        CVolume(int,int);
        double volume(void) {return (PI*r*r*h);}
};

CVolume::CVolume ()
{
        r = 10;
        h = 20;
}

CVolume::CVolume(int m, int n)
{
        r = m;
        h = n;
}

int main ()
{
        CVolume Vole1(3,4);
        CVolume Vole2;
        cout << "Vole1= " << Vole1.volume() << endl;
        cout << "Vole2= " << Vole2.volume() << endl;
        return 0;
}
```

上述代码的运行结果如下：

```
Vole1= 113.097
Vole2= 6283.19
```

在上面的示例中，Vole2 被声明时没有参数，所以它被用于没有参数的构造函数进行初始化，也就是 r 和 h 分别被赋值为 10 和 20。

值得注意的是，如果在声明一个新的对象时不需要传入参数，则不要写括号"()"，如"CVolume Vole2;"这个语句就没有使用括号。

读者可以仔细阅读并分析一下这两个例子中对构造函数进行重载的特点。

1.5　友　　元

类的主要特点是数据隐藏，即类的私有部分在该类的作用域之外是不可见的。但是，有时候可能需要在类的外部访问类的私有部分。为此，C++提供了一种方法，允许类外部的函数或其他类具有该类私有部分的特权，它通过关键字 friend 把其他类或非成员函数声明为一个类的"友元"。在类的内部，友元被作为该类的成员看待，并且对对象公用部分的访问没有任何限制。

友元函数的声明方式为：

```
class 类名称
{
  type vars;
  …
  public:
  friend 函数类型 函数名称();              // 友元函数
         …
}
```

例如，下面的程序段中定义了类 friend_Class 及一个友元函数 friend_function。

```
class friend_Class                      // 类 friend_Class 的定义
{   private:
        int nMemberData;
     public:
    // 声明函数 friend_function 为类 friend_Class 的友元
        friend void friend_function(friend_Class class_Member,int x);
};
```

```
// 下面是友元函数 friend_function 的函数体，它要在类的外部定义
    void friend_function(friend_Class class_member,int x)
    {
        class_member. nMemberData=x;   // 通过友元函数访问类的私有成员
    }
```

上面的程序中声明的友元函数 friend_function 并不是类 friend_Class 的成员函数，而是一个普通的函数，不过由于它在类 friend_Class 的定义中被声明为友元函数，因此函数 friend_function 可以访问类 friend_Class 的私有部分。函数在实际操作时，是通过传递给它的类 friend_Class 的对象 class_member 进行对类的私有部分的访问的。

注意，友元函数的定义与成员函数的定义是不一样的，它与普通函数的定义形式基本相同。在它的前面没有类名和作用域运算符 "::"。

类的友元可以是一个函数，也可以是一个类。例如，下面的程序将整个教师类看成是学生类的友元：

```
class Student;
class Teacher
{
    public:
        void assignGrades(Student& s);
        void adjustHours(Student& s);
        //…
    protected:
        int NoOfStudent;
        Student * pList[100];
};

class Student
{
 public:
    friend class Teacher;    // 友类
    //…
    protected:
    int semesterHours;
    float gpa;
};
```

在上面程序中，友元类是 Teacher，C++中规定，友元类必须在它被定义以前声明，因此，上面的例子中，类 Teacher 的定义在类 Student 之前。一旦一个类被声明为另一个类的友元，该类的每一个成员函数都是另一个类的友元函数。一个类的友元的声明既可以在该类定义的公用部分声明，也可以在类的私有部分声明。两个类还可以相互定义为对方的友元，当两个类的联系较紧密时，把它们定义为相互的友元就更有意义了。

尽管使用友元函数可以访问类中的私有数据，但为了确保数据的完整性及数据封装与隐藏的原则，建议尽量减少使用或不使用友元函数。

1.6　类 的 指 针

指针大家都很熟悉，在 C++中，和其他数据类型一样，程序中也可以定义指向类对象的指针，类一旦被定义就成为一种有效的数据类型，只需要用类的名字作为指针的类型就可以了。在定义了类的指针后，还必须为其分配内存才能使用，类对象的指针定义及分配内存空间的一般格式为：

类名 *指针名=new 类名；

例如：

CMy_class *p=new CMy_class;

这里定义的指针 p 就是一个指向 class CMy_class 类型的对象的指针。如果要想直接引用一个由指针指向的对象中的成员，同样可以使用操作符"->"。这里是一个例子，显示了几种可能出现的情况。

【例 1-12】 类的指针的应用。

```cpp
#include <iostream>
#define PI 3.1415926
using namespace std;
class CVolume                    // 定义类 CVolume
{       int r, h;
  public:
        void param(int, int);
        double volume(void)
            {
                return (PI*r*r*h);
            }
};

void CVolume:: param (int m, int n)
{       r = m;
        h = n;
}

int main ()
{       CVolume a, *b, *c;           // 定义 CVolume 类的指针 b 和 c，以及 CVolume 类的对象 a
        CVolume *d = new CVolume[2]; // 定义类 CVolume 的指针 d 指向了 CVolume 对象的首地址
        b= new CVolume;              // b 指针指向了 CVolume 类的对象
        c= &a;                       // 指针 c 指向了对象 a
        a. param(1,2);
        b-> param(3,4);
        d-> param(5,6);
        d[1]. param(7,8);
        cout << "a volume: " << a.volume() << endl;
        cout << "*b volume: " << b->volume() << endl;
        cout << "*c volume: " << c->volume() << endl;
        cout << "d[0] volume: " << d[0].volume() << endl;
        cout << "d[1] volume: " << d[1].volume() << endl;
        return 0;
}
```

上述代码中定义了 CVolume 类的指针 b、c 和 d，然后 d 的指针指向了 CVolume 对象的首地址，b 指针指向了 CVolume 类的对象，然后分别调用 CVolume 类的成员函数 volume 求体积。执行结果如下：

```
a volume: 6.28319
*b volume: 113.097
*c volume: 6.28319
d[0] volume: 471.239
d[1] volume: 1231.5
```

【例 1-13】　再来看看下面的例子，这里定义了类 class1 以及指向 class1 对象的指针 p。

```
#include <iostream>
using namespace std;
class Class1                        // 定义类 Class1
{    int Value;                     // 定义类的私有成员
  public:
    Class1(int Val)                 // 类 Class1 的构造函数
    {
      Value=Val;                    // 对成员变量初始化
    }
    int GetValue(void)              // 类 Class1 的成员函数
    {
      return Value;                 // 获取类对象的成员变量的值
    }
};

int main()                         // 主函数
{    Class1 Object1(888),*p;        // 定义类 Class1 的对象和一个对象指针
    p=&Object1;                     // 使对象指针指向对象 Object1
    cout<<"The value of Object1 is:"<<p->GetValue()<<endl;    // 用对象指针调用成员函数
    return 0;
}
```

上面程序的执行结果如下：

```
The value of Object1 is:888
```

上述代码中，由于 "p=&Object1;" 的执行，使指针 p 指向了 Object1()，然后就把 888 的值传给了构造函数 class1()，对构造函数中的 Value 进行了初始化，其值就是 888；然后通过 "p->GetValue()" 的调用，返回了 Value 的值，所以看到了上述的运行结果。

顺便强调一下，通过对象指针访问对象的成员变量或函数还可以通过点运算符"."来实现，不过应注意要在对象指针前加上星号"*"，例如，上面通过对象指针访问类的成员函数的方法可以改写如下：

```
cout<<"The value of Object1 is:"<<(*p).GetValue();
```

在 C++中，有一个很重要的指针，叫做 this 指针。关键字 this 通常被用在一个 class 内部，指向正在被执行的该 class 的对象在内存中的地址。this 指针的值永远是自身 object 的地址。它可以被用来检查传入一个对象的成员函数的参数是否是该对象本身。

this 指针是一种隐含指针，它隐含于每个类的成员函数之中，也就是说，每个成员函数都有一个 this 指针变量，this 指针指向该成员函数所属的类的对象。当定义一个类的对象时，该对象的成员均含有由系统自动产生的指向当前对象的 this 指针。成员函数访问类中成员变量的格式可以写成：

```
this->成员变量
```

当一个对象调用成员函数时，该成员函数的 this 指针便指向这个对象。如果不同的对象调用同一个成员函数，C++编译器将根据成员函数的 this 指针所指向的不同对象来确定应引用哪一个对象的数据成员。也就是说，每个对象都有一个地址，而 this 指针所指的就是这个地址。

【例 1-14】 this 指针的应用。本例中 this 指针指向了 CMy_class 对象 param 的地址。

```cpp
#include <iostream>
using namespace std;
class CMy_class                    // 定义类 CMy_class
{
    public:
        int test(CMy_class &param);    // 定义成员函数，形参是类 CMy_class 的对象
};

int CMy_class::test(CMy_class &param)
{
    if (&param == this)
        return 1;
     else
        return 0;
}
```

```
int main()
{
    CMy_class a;
    CMy_class* b = &a;
    if ( b->test(a) )
        cout << "OK!";
    return 0;
}
```

上述代码运行后的结果就是显示"OK!"。在主函数中，分别定义了 CMy_class 类的对象 a 和指针 b，且指针 b 指向对象 a，"b->test(a)"就是把对象 a 通过调用 test() 函数传给变量 param，代码"if (b->test(a)) 　cout << "OK!";"此时的运行结果是 "OK"，说明"if (b->test(a))"的结果是"1"，从上面的函数

```
int CMy_class::test(CMy_class &param)
{
    if (&param == this)
        return 1;
      else
        return 0;
}
```

可知，"&param == this"成立，说明 this 指针指向了 CMy_class 对象 param 的地址。

1.7　继　　承

类是 C++中进行数据封装的逻辑单位，C++还提供了一种继承机制，利用这种机制，用户可以通过增加、修改或替换给定类中的方法来对这个类进行扩充，以适应不同的应用要求。

利用继承机制，程序员可以在已有类的基础上构造新类。这一性质使得类支持子类的概念。如果不使用子类，则对每一个对象都定义其所有的属性。使用子类后，可以只定义某个对象的特殊属性。每一层的对象只需定义属于它本身的属性，其他属性可以从上一层"继承"下来。

1.7.1　派生类

派生类（也称子类）是 C++提供继承的基础，也是对原来的类进行扩充和利用的一种基本手段。C++派生类继承或修改原有类中的部分或全部方法，而且可以增加原来类中没有的新方法，以满足使用派生类的需要。

一个类可以继承另一个类的属性。其中被继承的类叫做基类，继承后产生的类叫

做派生类。有时，也把基类称为"父类"，把派生类称为"子类"。

可以把派生类看成基类的扩展，它提供了一种简单、灵活且有效的机制对基类进行利用和扩展。派生类从基类中继承所有的公共部分，并可以增加数据成员和成员函数。这使得我们可以基于一个类生成另一个类的对象，以便使后者拥有前者的某些成员，再加上它自己的一些成员。由其他类引申而来的子类继承基类的所有可视成员，也就是说，如果一个基类包含成员 A，将它引申为另一个包含成员 B 的类，则这个子类将同时包含 A 和 B。这也使程序员可以根据基类与派生类的差异来建立特定对象的新类，对相同部分的代码不必重新定义。此外，还可以为多个不同的类提供公用界面，使程序设计人员更容易表达类之间的关系，从而减少程序设计的工作量。

多边形是大家比较熟悉的，对于多边形，主要元素是边的长短、边的个数和角度。而三角形、四边形（只包括长方形、正方形、菱形）可以认为是同一种多边形。因为它们有一些共同的特征，就是都只用"高"和"底"两条边来描述。根据这个特点，可以用一个类 CPolygon 来表示，基于这个类可以引申出长方形和三角形的两个类 CRectangle 和 CTriangle。

类 CPolygon 包含"高"和"底"这两个成员的所有多边形。而 CRectangle 和 CTriangle 将为类 CPolygon 的子类。

任何类都可以作为基类，一个基类可以有一个或多个派生类，一个派生类还可以成为另一个类的基类。

定义派生类的一般格式如下：

```
class 派生类名:[访问属性] 基类名
{
    ...
};
```

其中：

（1）class 是类定义的关键字，告诉编译器下面定义的是一个类。

（2）派生类名是新定义的类名。

（3）访问属性是访问说明符，可以是 private、public 和 protected 三者之一。此项的默认值为 private，派生类名和访问属性之间用冒号隔开。派生类的访问控制由访问属性来确定，它按下述方式来继承基类的访问属性。

如果访问属性为 public，则基类的 public 成员是派生类的 public 成员；基类的 private 成员是不可访问的（除非基类中声明的友元函数授权访问）；基类的 protected 成员对基类仍保持 protected 属性。

如果访问属性为 protected，则基类的 public 和 protected 成员均是派生类的 protected 成员；基类的 private 成员是不可访问的（除非基类中声明的友元函数授权

27

访问）。具体说来，基类中声明为 protected 的数据只能被基类的成员函数或其派生类的成员函数访问；不能被派生类以外的成员函数访问。

如果访问属性为 private，则基类的 public 和 protected 成员都是派生类的 private 成员；基类的 private 成员是不可访问的（除非基类中声明的友元函数授权访问）。也就是说，当访问属性为 private 时，派生类的对象不能访问基类中以任何方式定义的成员函数。关于基类成员、派生类成员及非成员对 public、protected 和 private 属性成员的访问限制，如表 1-1 所示。

表 1-1　访 问 限 制

可以访问	public	protected	private
基类的成员	√	√	√
派生类的成员	√	√	×
非成员	√	×	×

注："非成员"是指从 class 以外的任何地方引用，例如从 main() 中或其他 class 中的任何函数中的引用。

（4）基类名可以有一个，也可以有多个。如果只有一个基类，则这种继承方式称为简单继承，如果基类名有多个，则这种继承方式称为多重继承。各个基类名之间用逗号隔开。

【例 1-15】　下面的代码，通过建立一个多边形类 CPolygon 并派生三角形 CTri 和四边形（这里指长方形、正方形和菱形）CRect 类，计算给定长和高的三角形和四边形的面积。

```
#include <iostream>
using namespace std;
class CPolygon
{
    protected:
      int width, height;          // 多边形的高度与宽度
    public:
      void values(int m, int n)   // 构造函数，初始化高度与宽度的值
        {
            width=m;
          height=n;
        }
};

class CTri: public CPolygon      // 派生三角形类
{
```

```
        public:
            int area (void){ return (width * height / 2); }
}tri;

class CRect: public CPolygon                    // 派生四边形类
{
        public:
            int area (void){ return (width * height); }
}rect;

int main ()
{
            tri.values(10,20);
            rect.values(10,20);
            cout << tri.area() << endl;          // 计算三角形面积
            cout << rect.area() << endl;         // 计算四边形面积
            return 0;
}
```

从上述代码可以获知，类 CRect 和 CTri 的每一个对象都包含 CPolygon 的成员 width、height 和 values()。

实际上，标识符 protected 与 private 类似，其区别在继承时才体现出来。由于基类的 protected 成员可以被子类的其他成员所使用，但 private 成员就不可以。在这个例子中，希望 CPolygon 的成员 width 和 height 允许被子类 CRect 和 CTri 的成员访问，因此使用了 protected 访问权限，而不是 private。这是因为我们在继承时使用的是 public：

class CRect: public CPolygon;

这里关键字 public 表示新的类 CRect 从基类 CPolygon 所继承的成员必须获得最低程度保护。这种被继承成员的访问限制的最低程度可以通过使用 protected 或 private 而不是 public 来改变。

如果可以这样定义：

class CRect: protecte CPolygon;

这将使得 protected 成为 CRect 从 CPolygon 处继承的成员的最低访问限制。也就是说，原来 CPolygon 中的所有 public 成员到 CRect 类中将会成为 protected 成员，这是它们能够被继承的最低访问限制。当然 CRect 还可以有自己的 public 成员。最低访问权限限制只是基于从 CPolygon 中继承的成员上的，并不影响 CRect 定义的自己的成员。对于默认的限制（没有写限制），被默认为 private。

最常用的继承限制除了 public 外就是 private，它可以将基类完全封装起来，在这种情况下，除了子类自身之外，其他任何程序都不能访问从基类继承过来的成员。当然大多数情况下继承都使用 public。

值得注意的是，基类的构造函数和析构函数不会被继承，但当生成或销毁一个子类的对象时，将自动调用其基类的默认构造函数（没有任何参数的构造函数）和析构函数。

如果基类中没有默认的构造函数，或当子类生成新的对象时，要调用基类的某个重载的构造函数，则需要在子类的每个构造函数的定义中按如下格式指定它：

derived_class_name (parameters) : base_class_name (parameters) {}

【例 1-16】　基类的重载构造函数的调用。请读者分析如下代码。

```cpp
#include <iostream>
using namespace std;
class CPolygon                              // 定义一个多边形类
{   public:
        CPolygon()                          // 定义无参构造函数
            { cout << "CPolygon: no parameters\n"; }
        CPolygon(int a)                     // 定义有参构造函数
            { cout << "CPolygon: int parameter\n"; }
};

class CTri : public CPolygon               // 定义类 CTri，继承自类 CPolygon
{
    public:
        CTri(int a)
            { cout << "CTri: int parameter\n\n"; }
};

class CRect : public CPolygon              // 定义类 CRect，继承自类 CPolygon
{
    public:
        CRect(int a) : CPolygon(a)
            { cout << "CRect: int parameter\n\n"; }
};

int   main()
{
    CTri Tri(1);                           // 定义类的对象 Tri
    CRect Rect(1);                         // 定义类的对象 Rect
```

```
        return 0;
    }
```

上述代码中的"CRect(int a)：CPolygon(a)"就属于调用了"基类的某个重载的构造函数"。上述代码的运行结果如下：

```
CPolygon: no parameters
CTri: int parameter


CPolygon: int parameter
CRect: int parameter
```

之所以出现上述结果，是因为执行主函数中的"CTri Tri(1);"语句时，仅把参数1 传给了类 CTri 的成员函数"CTri(int a)"中的形参 a，因此输出了"CTri: int parameter"，在此之前，执行了无参的构造函数 CPolygon()，输出了"CPolygon: no parameters"；而在执行主函数中的"CRect Rect(1);"语句时，执行了"CRect(int a)：CPolygon(a)"语句，同样把 1 传给了 CRect 函数的形参 a，同样也指定了调用类 CPolygon 的构造函数 CPolygon(int a)，这个是有参函数，这个构造函数的输出结构是"CPolygon: int parameter"，随后输出成员函数 CRect(int a)的结果"CRect: int parameter"。这里很重要的一点是类 CTri 和类 CRectde 各自成员函数的写法是不一样的，体现了调用构造函数的不一样。

1.7.2　多重继承

在 C++中，一个 class 可以从多个 class 中继承属性或函数，只需要在子类的声明中用逗号将不同基类分开就可以了，这就是多重继承。多重继承的格式与简单继承的格式基本相同，其一般用法如下：

    class 派生类名:[访问属性]基类名表

其中，基类名表是两个或两个以上的基类名，各基类名之间用逗号隔开，在每个基类之前都应指明访问属性，默认的访问属性为 private。

【例 1-17】　下面程序中定义的类 MultiDerived 继承基类 Base1 和 Base2。它是实现多重继承的示例。

```
#include <iostream>
using namespace std;
class Base1                          // 定义基类 Base1
{ protected:
    int m_B1;                        // 定义基类的保护数据成员 m_B1
  public:
```

```
        void Setm_B1(int x)                     // 定义基类的保护成员函数 Setm_B1()
        {
           m_B1=x;
        }
};
class Base2                                      // 定义基类 Base2
{   protected:
        int m_B2;                                // 定义基类 Base2 的保护数据成员 m_B2
    public:
        void Setm_B2(int x)                      // 定义基类 Base2 的保护成员函数 Setm_B2()
        {
          m_B2=x;
        }
};

class MultiDerived:public Base1,public Base2
// 定义了基类 Base1 和 Base2 的派生类 MultiDerived
{public:
        void GetB1B2(void)                       // 存取继承自基类 Base1 和 Base2 中的数据成员
        {   int Result;
            Result=m_B1+m_B2;
              cout<<"m_B1+m_B2=" <<Result<<endl;
        }
};
int main(void)                                   // 主函数
{   MultiDerived M;                              // 定义派生类 MultiDerived 的对象
    M.Setm_B1(15);                               // 调用继承自基类 Base1 的成员函数 Setm_B1()
    M.Setm_B2(35);                               // 调用继承自基类 Base2 的成员函数 Setm_B2()
    M.GetB1B2();                                 // 调用派生类中自定义的成员函数 GetB1B2()
    return 0;
}
```

上面的程序的运行结果为。

m_B1+m_B2=50

上面的程序中，类 MultiDerived 继承自基类 Base1 和 Base2，因此继承了两个类的成员，可以访问基类 Base1 和 Base2 中定义为 protected 和 public 的成员。在主函数中，定义了类 MultiDerived 的对象 M，然后分别调用类 Base1 和 Base2 中的成员函数，完成初始化、计算和输出操作。

多重继承在给程序设计带来极大方便的同时，也给程序带来了以下负面的问题，如果从类库组织的角度看，多重继承必然会增加类库结构的复杂性，从而为程序的稳定性留下隐患。从程序设计的角度看，其负面影响就是容易带来二义性。如果被继承的多个基类中都同时定义了同名的成员，则编译器将不能准确地理解程序员的意图，从而导致错误，因此使用多重继承时要谨慎。

1.8　多态性和虚拟函数

C++中封装、继承和多态是 C++的三个重要特征。在面向对象的概念中，多态性就是一种实现"一种接口，多种方法"的技术，是面向对象程序设计的重要特性。

1.8.1　多态性

面向对象的语言多数都支持多态性。从本质上讲，多态性可以引用多个类的实例。利用多态性，程序员可以向一个对象发送消息来完成一系列操作，而不用关心软件系统是如何来实现这些操作的。在系统设计阶段，当设计人员决定把某一类型的活动用于一个给定的对象时，并不关心这个对象如何解释这个活动以及这个方法如何实现，而只关心这个活动对这个对象所产生的作用。C++允许程序员向不同但有关的对象发送同样的消息和完成同样的操作，而让软件系统决定如何为给定的对象完成所需要的工作。

利用多态性，可以在基类和派生类中使用同样的函数名而定义不同的操作，从而实现"一个接口，多个方法"，这是一种在运行时出现的多态性，它通过派生类和虚拟函数来实现。虚拟函数是在基类中的成员函数前加上 virtual，然后在派生类中再加以定义的函数。当用指向派生类的对象的基类指针对函数进行访问时，系统将根据运行时指针所指向的实际对象来确定调用哪一个派生类的成员函数版本。当指针指向不同的对象时，执行的是虚拟函数的不同版本。

用多态性可以实现自上而下的设计方法。这是一种从全局出发，用类的层次结构来模拟客观世界的程序设计方法。通俗地说，多态性是指用一个相同的名字定义不同的函数，这些函数执行过程不同，但是有相似的操作，即用同样的接口访问功能不同的函数。运算符重载和函数重载就是一种多态性，这是编译时的多态性，也称静态多态性。而运行时的多态性则称为动态多态性。

1.8.2　虚拟函数

当调用重载函数时，编译系统对函数原型进行比较，以决定调用哪一个函数。但是，当指针既指向派生类又指向基类时，就会产生潜在的二义性问题。

例如，下面的程序就会产生二义性问题，这是读者需要注意的。

```
#include <iostream>
using namespace std;
```

```
class Base1                          // 定义基类 Base1
{
  protected:
    int m_B1;                        // 定义基类的保护数据成员 m_B1
  public:
    void SetMember(int x)            // 定义基类 Base1 的公共成员函数 Setm_B1()
    {
        m_B1=x;
    }
};

class Base2                          // 定义基类 Base2
{
  protected:
    int m_B2;                        // 定义基类 Base2 的保护数据成员 m_B2
  public:
    void SetMember(int x)            // 定义基类 Base2 的公共成员函数 Setm_B2()
    {
        m_B2=x;
    }
};

class MultiDerived:public Base1,public Base2
// 定义基类 Base1 和 Base2 的派生类 MultiDerived
{
  public:
    void GetB1B2(void)               // 存取继承自基类 Base1 和 Base2 中的数据成员
    {
        int Result;
        Result=m_B1+m_B2;
        cout<<"m_B1+m_B2="<<cout<<Result<<endl;
    }
};
// 主函数
int main(void)
{
  MultiDerived M;                    // 定义派生类 MultiDerived 的对象
  M.SetMember(10);                   // 调用继承自基类 Base1 的成员函数 Setm_B1()
  M.SetMember(20);                   // 调用继承自基类 Base2 的成员函数 Setm_B2()
  M.GetB1B2();                       // 调用派送类中自定义的成员函数 GetB1B2()
  return 0;
}
```

上述代码在编译过程中，会产生如下的错误提示：

error C2385: 对"SetMember"的访问不明确
message: 可以是基"Base1"中的"SetMember"
message: 也可以是基"Base2"中的"SetMember"
error C2385: 对"SetMember"的访问不明确
message: 可以是基"Base1"中的"SetMember"
message: 也可以是基"Base2"中的"SetMember"

上述代码中，由于类 Base1 和类 Base2 中均有 SetMember()函数，那么如果单纯定义 Base1 类和 Base2 类，是没有任何问题的，但是如果定义了一个派生类（如代码中的 MultiDerived 类），它继承自 Base1 类和 Base2 类，而且两个类中都有 SetMember()函数，那么系统就无法区分是执行哪一个基类中的 SetMember()函数，编译器就会出现上述的错误信息。

在继承机制下，编译程序有时难以决定调用哪一个重载函数，只有在运行时才能确定，这就是滞后绑定。用滞后绑定可以实现多态性。C++是通过虚拟函数来处理滞后绑定的。虚拟函数必须在基类中用关键字 virtual 加以说明。关键字 virtual 在基类中只能使用一次，而在派生类中使用的是重载的函数名。

【例 1-18】 下面的程序通过使用虚拟函数来解决基类、派生类中同名函数的调用引起的二义性问题。

```
#include <iostream>
using namespace std;
class Base                              // 定义基类 Base
{ public:
    virtual void VirtualFunc(void)      // 虚拟函数 VirtualFunc()在基类中的定义
    {
        cout<<"Here is Base\n";
    }
};

class Derived:public Base               // 派生类的定义
{ public:
    void VirtualFunc(void)              // 虚拟函数 VirtualFunc()在派生类中的定义
    {
        cout<<"Here is Derived";
    }
};
// 主函数
```

35

```
int main()
{   Base *BasePtr,BaseObject;              // 定义指向基类的指针和基类的对象
    Derived DerivedObject;                 // 定义派生类对象
    BasePtr=&BaseObject;                   // 指针 BasePtr 指向基类对象 BaseObject
    BasePtr->VirtualFunc();                // 调用基类中定义的函数 VirtualFunc()
    BasePtr=&DerivedObject;                // 指针 BasePtr 指向派生类对象 DerivedObject
    BasePtr->VirtualFunc();                // 调用派生类中的函数 VirtualFunc()
    cout<<endl;
    return 0;
}
```

上面的程序执行结果如下：

Here is Base
Here is Derived

上面的程序通过定义指向基类的指针 BasePtr 来调用基类和派生类各自的函数 VirtualFunc()。从运行结果可以看出，BasePtr 指针所指向的对象不同，所调用的程序也不同。也就是说，通过改变指针 BasePtr 所指向的对象，可以用一个指针变量调用不同的函数，从而实现"一个接口，多种方法"，这就是多态性。

在上面的程序中，如果去掉类 Base 中函数定义的关键字 virtual，则程序的运行结果为：

Here is Base
Here is Base

程序在基类中定义了虚拟函数 VirtualFunc()，在派生类中也定义了函数 VirtualFunc()，该函数在两个类中重载。虚拟函数的重载和普通函数的重载是有区别的。从上面的程序中可以看出，当发送指向一个对象的指针的消息时，使用了形如"对象->消息"的记号。如果没有关键字 virtual，则系统在编译时采用早期绑定，它根据该指针对象的类型确定与这个消息有关的对象。

当一个函数定义声明为 virtual()函数时，就要使用滞后绑定。在上面的例子中，函数 VirtualFunc()被声明为虚拟函数，VirtualFunc()函数的地址生成一张表，而在运行时再指向一个具体的地址。每个对象都有一个内部指针指向这张表。

由此可以看出，使用虚拟函数可以使类的使用更为灵活，但这种灵活性是有代价的。即使用虚拟函数比普通函数需要更多的开销，这是因为在 C++中采用了"函数指针表"技术来实现虚拟函数的操作。每个类都有一张虚拟函数表（virtual function table，VFT），在 VFT 中，类的每个虚函数都有一个相应的指针，例如下面的类：

```
class VirtualClass
{
public:
    char *ClassName;
    VirtualClass(char ch);
    virtual ~VirtualClass(void);
    virtual void GetClassName(void);
}
```

为了能调用虚拟函数，必须把指针定位到相应的 VFT 表，这个指针是隐藏的。当调用虚拟函数时，用这个指针来查找 VFT 表，利用该表的索引指向虚拟函数的入口点。

在多数情况下，这种额外开销不会对程序的效率产生明显的影响。但是，如果在程序运行期间有大量的循环，可能会降低效率。在这种情况下，一般不要使用虚拟函数。

在面向对象的程序设计中，多态性的重要体现在：允许在基类中声明本类和派生类都共有的函数，允许在派生类中对其中的某些或全部函数进行特殊定义。根据这一特性，可以设计一个抽象的基类，在该类中的函数是没有实现的，然后在各个派生类中定义这些函数。在基类中定义派生类所具有的通用接口，而在派生类中定义各自的具体实现。因此，利用基类和派生类形成一种从抽象到具体、从一般到特殊的层次关系，是多态性应用的根本思想。基类提供了派生类直接使用的所有成员函数，而派生类必须定义这些函数的实现版本。由于基类定义了接口形式，所以它的任何派生类都使用同一接口。在 C++中，统一的接口是通过虚拟函数来实现的。这种方法更接近于人类的自然思维方法，所有派生类的对象都以同样的方式访问接口。此外接口和实现是分离的，这就为建立各种类库提供了方便。

1.9 练 习 题

【1-1】 编写一个函数 int count(char *str)，统计一个英文句子中字母的个数，在主程序中实现输入、输出。

程序示例输入输出：

输入一个英文句子：

It is very interesting!

输出：

这个句子里有 19 个英文字母。

【1-2】 从键盘输入一个不超过 8 位数 (< 1e8) 的任意正整数，输出用这个正整数的各位数字排列出来的最大整数。

程序示例输入输出：

输　入：　23829

输　出：　98322

【1-3】　定义一个 Employee 类，其中包括姓名 name、街道 street、城市 city 和邮编 zip 等属性，包括 change_name() 和 display() 等函数；display()使用 cout 语句显示姓名、街道、城市和邮编等属性，函数 change_name() 改变对象的姓名属性，实现并测试这个类。（使用<string>库）

测试主函数：

```
void main(void)
{
 Employee e1("张三","平安大街 3 号","北京","100000") ;
 e1.display();
 cout<<endl;
 e1.change_name("李四") ;
 e1.display();
 cout<<endl;
}
```

测试输出：

张三平安大街 3 号北京 100000

李四平安大街 3 号北京 100000

【1-4】　设计一个重载函数 add()，该函数有两个参数，可以实现两个类型相同的参数相加的操作，函数返回相加的结果。两个参数可以是整数、双精度浮点数或字符串，但必须保证两个参数类型相同（选择整数时需要检查输入是否是 int 型，若不符合条件可以重新输入两个参数，也可以选择直接退出程序）。

程序示例输入输出：

请输入参数的数据类型（int->0,double->1,string->2，输入其他则退出）

0

请输入两个 int 型参数：

3

5

计算结果为 8

请输入参数的数据类型（int->0,double->1,string->2，输入其他则退出）

1

请输入两个 double 型参数：

3.33

5.55

计算结果为 8.88

请输入参数的数据类型（int->0,double->1,string->2，输入其他则退出）

请输入两个 string 型参数：

hello

world

计算结果为 helloworld

请输入参数的数据类型（int->0,double->1,string->2，输入其他则退出）

3

退出

【1-5】某汽车品牌 4S 店销售 SUV 和家用轿车两种车型，两种车型的销售策略不一样，其中，SUV 按照厂方指导价打 85 折销售（即按照厂方指导价的 85% 销售），家用轿车按照厂方指导价直接降价 1.8 万元销售。请构造一个 VehicleSale 抽象基类，其中定义一个纯虚函数 SalePrice 计算实际销售价格。

由 VehicleSale 类派生出 SUVSale 和 CarSale 两个类，要求这两个类用 SalePrice 虚函数的形式，用多态实现不同车型的不同销售价格的计算，并输出计算结果。

程序示例输入输出：

请输入 SUV 厂方指导价格（万元）

22.75

请输入家用轿车厂方指导价格（万元）

21.8

85 折之后 SUV 的价格为 19.3375 万元，家用轿车直降之后的价格为 20 万元

【1-6】定义一个数组类 Array，求整型一维数组中值为素数的元素的平均值。具体要求如下：

1. 私有成员数据

（1）int *p, k;   // 其中 p 表示一维数组，k 为数组大小

（2）float s;   // 一维数字 p 中素数元素的平均值

2. 公有成员函数

（1）Array(int *p, int k)：构造函数，根据参数初始化 p 和 k，同时初始化 s，为 s 赋初值 0。

（2）int fun(int n)：判断 n 是否为素数，若是则返回 1，否则返回 0。

（3）void sum()：求所有素数元素的平均值。

（4）void show()：打印所有成员数据（p,s）。

（5）析构函数。

测试主函数：

```
int main()
{
```

```
int a[ ]={5,2,7,4,8,23,65,1,40} ;
Array array(a,9);
array.sum();
array.print();
return 0 ;
}
```

【1-7】　什么是友元函数？在面向对象语言中，它有哪些优点和缺点？

【1-8】　什么是函数重载？编译器如何区分两个重载的函数？

【1-9】　为什么要使用虚函数？

第2章　在基于对话框的应用程序中绘图

从本章开始,将进行基于 Windows 操作系统的应用 MFC 构架进行应用程序开发的介绍。在正式开始本内容之前,还需要大家认识一些基本概念。

电子教案:第2章
在基于对话框的应
用程序中绘图

源代码:第2章
例题源代码

2.1　一些基本概念

2.1.1　Windows 编程基础知识

Microsoft Windows 是一个图形化用户界面操作系统。它为应用程序提供了一个由一致的窗口和菜单结构构成的多任务环境。

目前的 Windows 应用软件开发平台大多是"可视(visual)"的,它往往是一个集成了下列系统可用资源和开发工具的综合性开发平台:

- Windows 语言的源程序编辑器和编译器;
- 程序调试工具,包括源程序语法检查、可执行程序修改和运行监视等;
- 系统函数库和系统函数开发工具;
- 资源管理器,包括图形化窗口及组成元素的多种对象的编辑器;
- 可选择并构成具体语句或源程序结构的例程库及帮助文件;
- 应用程序帮助文件和安装开发工具包;
- 其他功能。

在 Windows 编程中,"对象(object)"是指 Windows 的规范部件,包括各种窗口、菜单、按钮、对话框及程序模块等,这些多样化的"对象"能够充分满足构成应用软件操作界面的需要。针对那些规范化的"对象",实际上系统都定义了相关的"类"的构架,这些对象仅是这些"类"构架下的某个"变量"。对象在具有规范形态的基础上还具有规范的操作模式,如能够对鼠标或键盘的规范操作分别产生规范的响应。用户可以采用交互式方法开发相关的应用程序,可视化开发平台给出了许多选用的对象,程序员可以选择所需要对象并为对象的属性确定参数值,由此搭建起应用程序的"大框架"。在这个"大框架"中,程序员根据需要进一步编写必要的细节代码段,最后构成完整的应用程序。

在 Windows 版本系列中,下列特点是始终保持并不断发展的:

- 图形化的窗口界面;

- 多任务方式的运行环境；
- 虚拟化的设备接口，如图形设备接口，它是与设备无关的图形化显示模式，使多样化的图形硬件和软件设备都能够运行于 Windows 中；
- 以虚拟内存为核心的内存管理；
- 网络功能及应用程序；
- 多媒体功能及应用程序，包括图形、图像、声音、动画和开发工具等；
- 功能丰富的用户管理工具和实用软件。

在用 Visual C++开发面向对象应用程序时，离不开两类函数，一类是使用 Windows 提供的 Windows API 函数，另一类是直接使用 Microsoft 提供的 MFC 类库中封装的相关函数。在后续各章内容的介绍中，大家就会体会到。

API 是应用程序编程接口（application programming interface）的缩写。操作系统除了协调应用程序的执行、内存分配、系统资源管理外，同时承担着服务中心的功能，通过调用这个服务中心的各种服务（每一种服务是一个函数），可以帮助应用程序完成一系列的工作，如开启视窗、描绘图形、使用周边设备等，由于这些函数服务的对象是应用程序，所以称为 API 函数。Windows API 是一系列函数、宏、数据类型、数据结构的集合，运行于 Windows 系统的应用程序，可以使用操作系统提供的接口来实现需要的功能。Windows API 是 Windows 系统和 Windows 应用程序间的标准程序接口。Windows 应用程序可以利用标准 API 函数调用系统功能。

MFC 类库集成了大量已经预先定义好的类，用户可以根据编程的需要调用相应的类，或根据需要自定义有关的类。本书将重点讲述基于 MFC 类库的编程方法，其中会涉及 Windows API 的应用，并通过相应实例来加深对它们的理解。

2.1.2　图形设备接口

Windows 应用程序使用图形设备接口（graphics device interface，GDI）和 Windows 设备驱动程序来支持与设备无关的图形，这就是设备无关性。所谓设备的无关性，就是指操作系统屏蔽了硬件设备的差异。因为计算机常与一系列不同的外部设备结合在一起，如打印机、绘图仪等输出设备以及显示设备等，因而设备无关性的图形能使用户编程时无需考虑特殊的硬件设置，这对 Windows 编程来说是非常重要的。图形设备接口是 Windows 系统的重要组成部分，负责系统与用户或绘图程序之间的信息交换，并控制在输出设备上显示图形或文字。

计算机的输出设备种类繁多，包括不同技术标准的显示器、打印机、绘图仪等，每类设备又包含许多不同的型号。为了适应不同的设备，Windows 系统提供了应用程序与具体设备分离的功能。操作系统管理并协调一系列外部设备驱动程序，将应用程序的图形输出请求转换为打印机、绘图仪、显示器或其他输出设备上的输出。GDI 的设备无关性是 Windows 操作系统的特色之一。对于开发人员而言，所要做的工作仅仅是在系统的帮助下建立一个与某个实际输出设备的关联，以要求系统加载相应的设备驱动程序，其他的具体输出操作则由系统实现。由此可见，Windows 系统起到了应用程序与硬件设备的桥梁作用。

设备描述表（device context，DC）是处理图形设备接口中的一个重要概念。它定义了一系列图形对象及其属性的结构，表 2-1 列出了图形对象及其属性。应用程序必须通知 GDI 来加载特定的设备驱动，一旦驱动得以加载，就可以准备应用设备进行相关的操作（如选择线型的宽度和颜色、画刷的样式和颜色等），这些任务都要通过创建和维护设备描述表来完成。当程序为设备描述表请求一个句柄时，就将创建一个设备描述表。创建的设备描述表包含了它所有的属性和默认值，应用程序可以修改这些属性。

表 2-1　图形对象及其属性

图形对象	相关属性
位图	位图的字节数、像素、颜色、缩放模式等
画刷	样式、颜色
调色板	颜色和尺寸（或颜色号）
字体	字体名称、宽度、高度、磅数、所属字符集等
画笔	样式、宽度和颜色
区域	位置和尺寸

目前的设备描述表有 4 种类型，分别是显示类型、打印类型、存储类型和消息类型。其中显示类型主要支持画图操作及视频显示；打印类型支持打印机和绘图仪的画图操作；存储类型主要支持绘制位图的操作；消息类型主要支持设备数据的恢复。本章主要介绍显示类型的设备描述表及其应用，其他内容读者可以通过本章内容的学习和参考相关资料举一反三。

应用程序的每一次图形操作均参照设备描述表中的属性执行，设备描述表的各个属性的默认值及其相关操作函数如表 2-2 所示。因此可以将设备描述表看成图形的"输出模板"。依靠这块模板，当程序员调用 GDI 函数输出图形或文字时，不必关心诸如背景颜色、字体等问题。

表 2-2　设备描述表属性及相关函数

属性	默认值	相关函数
背景色	WHITE	GetBkColor() SetBkColor()
背景模式	OPAQUE	GetBkMode() SetBkMode()
位图	NONE	CreateBitMap() CreateBitMapIndirect() CreateCompatibleBitmap() SelectObject()

属性	默认值	相关函数
画刷	WHITE_BRUSH	CreateBrushIndirect() CreateDIBPatternBrush() CreateHatchBrush() CreatePatternBrush() CreateSolidBrush() SelectObject()
画刷起始位置	(0,0)	GetBrushOrg() SetBrushOrg() UnrealizeObject()
剪裁区域（该区域由现有剪裁区域减去指定矩形组成）	DISPLAY SURFACE	ExcludeClipRect() IntersectClipRect() OffsetClipRgn() SelectClipPath() SelectObject() SelectClipRgn()
颜色调色板	DEFAULT_PALETTE	CreatePalette() RealizePalette() SelectPalette()
绘图方式	R2_COPYPEN	GetROP2() SetROP2()
字体	SYSTEM_FONT	CreateFont() CreateFontIndirect() SelectObject()
字符间距	0	GetTextCharacterExtra() SetTextCharacterExtra()
映像方式	MM_TEXT	GetMapMode() SetMapMode()
画笔	BLACK_PEN	CreatePen() CreatePenIndirect() SelectObject()
多边形填充方式	ALTERNATE	GetPolyFillMode() SetPolyFillMode()
缩放模式	BLACKONWHITE	SetStretchBltMode() GetStretchBltMode()
文本颜色	BLACK	GetTextColor() SetTextColor()
视图范围	(1,1)	GetViewportExtEx() SetViewportExtEx() ScaleViewportExtEx()
视图原点	(0,0)	GetViewportOrgEx() SetViewportOrgEx()
窗口范围	(1,1)	GetWindowExtEx() SetWindowExtEx() ScaleWindowExtEx()
窗口原点	(0,0)	GetWindowOrgEx() OffsetWindowOrgEx() SetWindowOrgEx()

2.1.3　句柄

句柄（handle）是 C++程序设计中经常提及的一个术语，它是一种特殊的指针，是 Windows 系统中对象或实例的标识，这些对象包括模块、应用程序实例、窗口、控件、位图、GDI 对象、资源、文件等。句柄用于标识应用程序中不同的对象和同类对象中不同的实例，诸如一个窗口、按钮、图标、滚动条、输出设备等都是不同的对象，而一个应用程序的界面中可能有多个按钮，这一系列按钮就是按钮对象的不同实例。应用程序通过句柄能够访问相应的对象信息。

在 Windows 应用程序中，句柄的使用是很频繁的，表 2-3 是部分常用句柄类型及其说明。

表 2-3　常用句柄类型及其说明

句柄类型	说　　明	句柄类型	说　　明
HWND	标识窗口句柄	HDC	标识设备环境句柄
HINSTANCE	标识当前实例句柄	HBITMAP	标识位图句柄
HCURSOR	标识光标句柄	HICON	标识图标句柄
HFONT	标识字体句柄	HMENU	标识菜单句柄
HPEN	标识画笔句柄	HFILE	标识文件句柄
HBRUSH	标识画刷句柄		

句柄在使用过程中，相当于一个"数据类型"，用某个句柄类型定义的一个变量，就是句柄，可以用来指向特定的对象。如：

HFONT　hf;

那么这里就定义了字体句柄变量 hf，可以用 hf 指向某个特定的字体，这个问题在后续章节的例题中会涉及。

2.1.4　图形刷新

本章主要介绍基于对话框应用程序的绘图，在动画图形的绘制中，一定要用到图形刷新。图形刷新是绘图过程中必须考虑的问题，图形刷新包括刷新的请求、系统对刷新请求的响应以及具体的刷新方法。

1.　刷新请求

首先考虑这样一种实际情况：应用程序在窗口的用户区绘制了一个椭圆，然后显示一个颜色列表框，用户在列表框上选择填充椭圆内部的颜色。但是，显示的列表框

45

覆盖了椭圆的一部分。现在的问题是，当用户结束颜色选择操作并关闭对话框后，应用程序将如何恢复椭圆被覆盖部分的颜色和形状。

Windows 应用程序大部分的用户操作都集中在用户区内，因此上述情况可能频繁出现。在窗口大小调整、窗口移动或其他对象覆盖后，都必须刷新窗口内用户区的内容，以恢复用户区内应有的显示形态。但是，Windows 系统并不总是记录窗口中需保存的内容，这样做既不现实又没有必要，系统只能在有限的几种情况下自动刷新。因此，应用程序必须具有及时处理刷新请求和刷新响应的功能。

基于 MFC 构架的应用程序，系统自动为用户生成了刷新函数（OnPaint()函数）的框架，在这个框架的基础上，用户可以根据需要，扩展系统定义的 OnPain()函数，就是增加响应的功能代码。

2. 系统对刷新请求的响应

一般情况下，窗口刷新有三种可能，分别是窗口移动后的刷新、被覆盖区域的刷新以及对象穿越后的刷新。刷新请求的产生比较复杂，系统的响应也不尽相同。因此 Windows 系统对刷新请求的响应也相应分为以下三种情况：

（1）窗口移动后的刷新

窗口移动后的刷新可以理解为下列事件的发生，这时系统将向应用程序发送 WM_PAINT 消息：

● 用户区移动或显示；

● 用户窗口大小改变；

● 程序通过滚动条滚动窗口。

（2）被覆盖区域的刷新

当下面的事件发生时，Windows 系统将试图保存被覆盖的区域，以备以后刷新：

● 下拉式菜单（或快捷菜单）关闭，并需要恢复被覆盖的部分；

● 因为清除对话框或消息框等对象而需要恢复被覆盖的部分。

对于这种情况，程序员必须有效地组织应用程序，使其能够在系统刷新失效时利用窗口处理函数刷新。

窗口被另一个窗口覆盖的区域称为无效区域。用户区中无效区域的产生可能导致系统向应用程序发送一条消息。

Windows 系统为每个窗口建立了一个 PAINTSTRUCT 结构，该结构中包含了包围无效区域的一个最小矩形的结构 RECT，这个矩形称为无效矩形。应用程序可以根据这个无效矩形执行刷新操作。

PAINTSTRUCT 数据结构是 Windows 系统提供的标识无效区域的结构，其定义如下：

```
typedef struct tagPAINTSTRUCT
{       HDC hdc;                        // 设备环境句柄
        BOOL fErase;                    // fErase 一般取真值，表示擦除无效矩形的背景
        RECT rcPaint;                   // 无效矩形区标识，指定绘制矩形的左上角和右下角
        BOOL fRestore;                  // 系统保留
        BOOL fIncUpdate;                // 系统保留
        BYTE rgbReserved[32];           // 系统保留
} PAINTSTRUCT;
```

rcPaint 为标准的 RECT 数据结构，其作用是标识无效矩形区，该结构中包含了无效矩形区的左上角和右下角的坐标。

（3）对象穿越后的刷新

对于下面的对象穿越后的情况，Windows 系统自动完成刷新任务，应用程序不必考虑：

- 光标穿过用户区；
- 图标拖过用户区。

因此，为了执行有效的刷新，应用程序必须全面分析系统可能发送的刷新请求，并根据不同的情况分别处理。这是编写应用程序的一个难点。

3. 刷新方法

常用的 Windows 应用程序刷新窗口的方法如下：

- 在内存中保持一个显示输出的副本，当需要重新绘制窗口时，将副本复制到相应的窗口中。该方法适用于刷新位图等复杂图形；
- 记录曾经发生的事件，在窗口需要刷新时重新调用窗口执行这个事件；
- 重新绘制图形，一般对于简单图形常采用重新绘制图形的方法执行刷新。

2.2 获取设备环境的方法

获取设备环境是应用程序输出图形的先决条件，常用的三种获取设备环境的方法是调用函数 BeginPaint()、GetDC() 和 GetDCEx()。

1. 调用 BeginPaint 函数

应用程序响应刷新请求进行图形刷新时，主要通过调用 BeginPaint 函数获取设备环境 hdc，其形式为：

hdc=BeginPaint(hwnd,&ps);

其中，ps 为 PAINTSTRUCT 类型结构，定义方式为：

PAINTSTRUCT ps;

系统调用 BeginPaint 函数获取设备环境的同时，填写 PAINTSTRUCT 结构，以标识需要刷新的无效矩形区，提供给后继过程进一步处理。

hwnd 是窗口的句柄。

由 BeginPaint()函数获取的设备环境必须用 EndPaint()函数释放，其原型为：

BOOL EndPaint(HWND hwnd, PAINTSTRUCT &ps)

2. 调用 GetDC()函数

如果 Windows 应用程序的绘图工作并非由刷新请求消息驱动，则需调用 GetDC()函数获取设备环境 hdc。其形式为：

hdc=GetDC();

由 GetDC()函数获取的设备环境必须用 ReleaseDC()函数释放，其原型为：

int ReleaseDC(HDC hdc);

3. 调用 GetDCEx()函数

GetDCEx()函数返回指向特定窗口的客户区或整个窗口的句柄，它是 GetDC()的扩展，但提供更灵活的操作。它的释放也是使用 ReleaseDC()函数。

获取设备环境方法的区别如表 2-4 所示。

表 2-4　BeginPaint()与 GetDC()的区别

项目	函　数	
	BeginPaint()函数	GetDC()函数
使用环境	只用于图形刷新时获取设备环境	使用较为广泛
操作区域	使用 BeginPaint()函数获取设备环境后，操作区域为无效区域	使用 GetDC()函数获取设备环境后，操作区域为特定窗口的客户区或整个窗口
释放设备环境所用函数	由 EndPaint()函数释放	由 ReleaseDC()函数释放

2.3　映　像　模　式

映像模式是设备描述表的内容之一，其优点是程序员不必考虑输出设备的坐标系情况，而在一个统一的逻辑坐标系中组成图形的绘制与操作，映像模式定义了将逻辑单位转换为设备的度量单位以及设备的 X 方向和 Y 方向。Windows 中的映像模式如表 2-5 所示。

表 2-5　Windows 中的映像模式

映像模式	尺寸特点	坐标系设定
MM_ANISOTROPIC	由 SetWindowExtEx()或 SetViewportExtEx()函数确定	可选
MM_ISOTROPIC	由 SetWindowExtEx()或 SetViewportExtEx()函数确定	可选，但 X 轴和 Y 轴的单位比例为 1∶1
MM_HIENGLISH	0.001 英寸	Y 向上，X 向右
MM_HIMETRIC	0.01 mm	Y 向上，X 向右
MM_LOENGLISH	0.01 英寸	Y 向上，X 向右
MM_LOMETRIC	0.1 mm	Y 向上，X 向右
MM_TEXT	一个像素	Y 向下，X 向右
MM_TWIPS	1/1440 英寸	Y 向上，X 向右

注：1 英寸=25.4 mm

映像模式对应用程序是很重要的。上述的映像模式中，MM_TEXT 映像模式得到了普遍的应用，是默认的映像模式。

MM_ANISOTROPIC 和 MM_ISOTROPIC 这两种模式通过将图形从程序员定义的逻辑坐标窗口映像到物理设备的视口以实现坐标转换。窗口是对应逻辑坐标系上程序员设定的一个区域，视口是对应于实际输出设备上程序员设定的一个区域。换言之，如果程序员设定的映像模式为 MM_ANISOTROPIC 和 MM_ISOTROPIC，则只需确定一个以逻辑坐标系为基础的窗口和一个以物理设备坐标系为基础的视口，Windows 系统即可按照窗口和视口的坐标比例自动调整图形。

这两种映像模式的不同是，MM_ISOTROPIC 模式要求将窗口中的对称图形映像到视口时仍为对称图形，这种要求可能导致系统强制变换视口。而 MM_ANISOTROPIC 模式则完全按照窗口和视口的坐标比例进行映像。

1. 坐标系统

在 Windows 应用程序中有好几种坐标系统，它们大致可以分为两大类：设备坐标系统和逻辑坐标系统。

在设备坐标系统中又有三种相互独立的坐标系统：屏幕坐标系统、窗口坐标系统和用户区坐标系统。这些设备坐标系统均以像素来表示度量的单位。X 轴的正方向为从左到右，Y 轴的正方向为从上向下。注意，改变像素数只是改变相关的视频模式，而改变度量单位将改变相关的设备描述表。

屏幕坐标系统使用整个屏幕作为坐标区域，原点为屏幕原点。

窗口坐标系统使用了边界在内的应用程序的窗口作为坐标区域。窗口边界的左上角是坐标系的原点。

用户区坐标系统是最经常使用的坐标系统。用户区是窗口工作区，不包括窗口边界、菜单条及滚动条等。用户一般只操作应用程序的用户区，因此用户区坐标系统对大多数应用程序都是适用的。

其他的坐标系统都是逻辑坐标系统。其中映像模式规定了 GDI 函数中定义的逻辑单位如何转化为设备坐标。在画一个对象之前，Windows 操作系统会把这些逻辑单位翻译成相应的设备坐标系统中的单位。

2. 映像模式的设置

应用程序可获取设备环境的当前映像模式，并可根据需要设置映像模式。相关的函数为 SetMapMode 和 GetMapMode。调用设置映像模式函数 SetMapMode 可设置设备环境的映像模式，其形式为：

SetMapMode(hdc,nMapMode)

其中，nMapMode 为映像模式，如表 2-5 所示。

调用 GetMapMode 函数可获取当前设备环境的映像模式，其形式为：

nMapMode=GetMapMode(hdc);

窗口区域的定义由 SetWindowExtEx 函数完成，其函数原型为：

```
BOOL SetWindowExtEx
(    HDC hdc,
     int nHeight,              // 以逻辑单位表示的新窗口区域高度
     int nWidth,               // 以逻辑单位表示的新窗口区域宽度
     LPSIZE lpSize             // 函数调用前窗口区域尺寸的 SIZE 结构地址，若取 NULL,
                               // 则忽略调用前的尺寸
)
```

视口区域的定义由 SetViewportExtEx 函数完成，其函数原型为：

```
BOOL SetViewportExtEx
(    HDC hdc,
     int nHeight,              // 以物理设备单位表示的新视口区域高度
     int nWidth,               // 以物理设备单位表示的新视口区域宽度
     LPSIZE lpSize             // 函数调用前视口区域尺寸的 SIZE 结构地址，若取 NULL,
                               // 则忽略调用前的尺寸
)
```

其中 LPSIZE 是 SIZE 结构的指针类型。

视口的默认原点和窗口的默认原点均为(0,0)。可通过调用函数 SetWindowOrgEx 和 SetViewportOrgEx 设定窗口与视口的原点。

SetWindoworgEx 函数的原型为:

```
BOOL SetWindowOrgEx
(   HDC hdc,
    int X,                      // X 和 Y 为以逻辑单位表示的新窗口原点坐标
    int Y,
    LPPOINT lpPoint             // 函数调用前原点坐标的 POINT 结构的地址，若取 NULL,
                                // 则忽略调用前的尺寸
)
```

其中 LPPOINT 是 POINT 的指针类型。

SetViewportOrgEx 函数的原型为:

```
BOOL SetViewportOrgEx
( HDC hdc,
  int X,                        // X 和 Y 为以物理单位表示的新视口原点坐标
  int Y,
  LPPOINT lpPoint               // 保存函数调用前原点坐标的 POINT 结构的地址，若 NULL,
                                // 则忽略调用前的尺寸
)
```

其中 SetWindowOrgEx 函数和 SetViewportOrgEx 函数只有在映像模式为 MM_ANISOTROPIC 和 MM_ISOTROPIC 时才有意义。

3. 获取客户区的尺寸

在 MFC 中，该函数的原型为

void GetClientRect(RECT lpRect);

其中，lpRect 是一个指向 RECT 结构的指针，该结构接收客户区的左上角和右下角的屏幕坐标并保存在 lpRect 中，此时使用逻辑坐标来表示客户区的尺寸。

在建立了窗口、视口以及映像模式的概念后，就可以在窗口中绘制相应的图形了，在绘制图形之前，还必须选择绘图工具如画笔或画刷以及它们的颜色属性等。

2.4 绘图工具与颜色

Windows 绘图使用画笔和画刷进行，画笔的功能是画直线和曲线，画刷用于指定区域的填充。

2.4.1　画笔

画笔的操作包括创建画笔，将画笔选入设备环境和删除画笔。

1. 画笔的创建

使用画笔之前必须事先定义一个画笔句柄，形式如下：

HPEN hP;

定义画笔句柄完成后，可直接调用函数 GetStockObject 获取 Windows 系统定义的 4 种画笔。这 4 种画笔分别是 WHITE_PEN、BLACK_PEN、DC_PEN 和 NULL_PEN。例如，获取画笔 BLACK_PEN 的形式如下：

hP=(HPEN)GetStockObject(BLACK_PEN);

当然，如果系统提供的画笔不能满足应用的需要，也可创建新画笔。创建新画笔的形式如下：

```
hP=CreatePen
(   int nPenStyle,          // 确定画笔样式，可选样式及说明如表 2-6 所示
    int nWidth,             // 画笔宽度，取 0 表示一个像素宽
    COLORREF rgbColor       // 画笔颜色
);
```

其中 COLORREF 类型用来描绘一个 RGB 颜色。其定义如下：

typedef DWORD COLORREF;

所以它实际上是一个整型类型。

表 2-6　画笔样式及说明

样　式	说　明	样　式	说　明
PS_DASH	虚线	PS_INSIDEFRAME	画笔在由椭圆、矩形、圆角矩形、饼图以及弦等生成的封闭对象框中画图
PS_DASHDOT	点画线	PS_NULL	画笔不能画图
PS_DASHDOTDOT	双点画线	PS_SOLID	实线
PS_DOT	点线		

2. 将画笔选入设备环境

创建画笔后，必须调用 SelectObject()函数将其选入设备环境。其形式如下：

```
hPenOld = SelectObject(hdc,hP);
```

其中，hP 为创建或获取的画笔句柄。调用该函数后，应用程序将使用画笔句柄 hP 所指向的画笔绘图，直到选入另外的一种画笔为止。SelectObject()函数的返回值中保存上一次使用的画笔句柄 hPenOld。

3．删除画笔

不再使用当前画笔时，需调用函数 DeleteObject 删除画笔，以免占用内存空间。在删除前应首先调用函数 SelectObject 恢复原来系统的画笔（如果必要的话），其形式为：

```
SelectObject(hdc, hPenOld);          // hPenOld 为系统原有的画笔
DeleteObject(hP);
```

2.4.2 画刷

画刷的创建与应用与画笔很相似，操作画刷也包括创建、选入设备环境和删除。

1．画刷的创建

使用画刷需事先定义一个画刷句柄 hBr。形式如下：

```
HBRUSH hBr;
```

其中，hBr 为画刷句柄。定义画刷句柄后，可直接调用函数 GetStockObject 获取 Windows 系统提供的 8 种画刷，调用画刷的形式如下：

```
hBr=(HBRUSH)GetStockObject(nBrushStyle);
```

其中，nBrushStyle 为画刷样式，具体详见表 2-7。

表 2-7　画刷的样式及其说明

样　　式	说　　明	样　　式	说　　明
BLACK_BRUSH	黑色画刷	LTGRAY_BRUSH	浅灰色画刷
DKGRAY_BRUSH	深灰色画刷	NULL_BRUSH	空画刷（同虚画刷）
GRAY_BRUSH	灰色画刷	WHITE_BRUSH	白色画刷
HOLLOW_BRUSH	虚画刷	DC_BRUSH	纯色画刷，可通过函数 SetDCBrushColor() 设定

也可调用函数 CreateSolidBrush() 和 CreateHatchBrush()创建画刷，调用函数 CreateSolidBrush()可创建一个具有指定颜色的单色画刷。调用形式如下：

hBr=CreateSolidBrush(COLORREF rgbColor);　// rgbColor 为画刷颜色

调用函数 CreateHatchBrush()可创建具有指定阴影图案和颜色的画刷，其调用形式如下：

```
hBr=CreateHatchBrush
    ( int nHatchStyle,        // nHatchStyle 为阴影模式标识，详见表 2-8
      COLORREF rgbColor       // 画刷颜色
    );
```

表 2-8　画刷的阴影模式

样式	说明	样式	说明
HS_BDIAGONAL	45°从左上角到右下角的阴影线	HS_CROSS	垂直相交的阴影线
HS_DIAGCROSS	45°叉线	HS_HORIZONTAL	水平阴影线
HS_FDIAGONAL	45°从左下角到右上角的阴影线	HS_VERTICAL	垂直阴影线

2.　选入设备环境

创建画刷完成后，必须调用 SelectObject()函数将其选入设备环境中。其形式如下：

hBrOld = SelectObject(hdc,hBr);

SelectObject()函数的返回值中保存上一次使用的画刷句柄 hBrOld。

3.　删除画刷

不再使用创建的画刷时，可以调用函数 DeleteObject()删除画刷，以释放占用的内存空间。在删除前应调用函数 SelectObject()恢复系统原有的画刷（如果必要的话），其形式为：

```
SelectObject(hdc, hBrOld);
DeleteObject(hBr);
```

2.4.3　颜色

Windows 使用宏 RGB 定义绘图的颜色，其形式为：

RGB(nRed,nGreen,nBlue)

其中 nRed、nGreen 和 nBlue 分别表示红色值、绿色值和蓝色值，例如 RGB(255,0,0)

54

表示纯红色，RGB(0,255,0)代表纯绿色，RGB(0,0,255)为纯蓝色。

在定义了画笔或画刷及其属性以后，就可以利用这些画笔或画刷通过调用相关的绘图函数进行绘图操作了。

2.5 一个绘图过程中常用的类 CDC

CDC 类提供用于处理设备上下文（如显示器或打印机）的成员函数，以及用于处理与窗口工作区关联的显示上下文的成员。

通过 CDC 类的成员函数进行所有绘图。该类是定义设备上下文对象的类。可以通过 CDC 对象的成员函数进行绘图操作以及处理颜色和调色板等。该类定义的成员函数很丰富，读者可以参见 Microsoft 相关网站的内容介绍。它还提供了用于获取和设置绘图属性、映像、使用视区、使用窗口范围、转换坐标、使用区域、剪切、绘制线条、绘制文本、处理字体以及绘制简单形状的成员函数。

此外，Microsoft 基础类库提供了几个派生自 CDC 的类。如 CPaintDC 封装对 BeginPaint 和 EndPaint 的调用。CClientDC 管理与窗口的工作区关联的显示上下文。CWindowDC 管理与整个窗口关联的显示上下文，其中包括其框架和控件。

CDC 类有很多成员函数，这里主要介绍比较常用的绘图成员函数，包括绘制点、直线、矩形、椭圆、多边形、文本以及位图等的成员函数。

1. 画点功能函数

```
COLORREF SetPixel(int x,int y,COLORREF crColor);
COLORREF SetPixel(POINT point,COLORREF crColor);
```

上面两个成员函数用来将指定坐标点的像素设置为指定的颜色，这样就实现了画点功能。其中参数 x 和 y 分别为点的逻辑 x 和 y 坐标；参数 crColor 为点设置的颜色；参数 point 指定点的逻辑 x 和 y 坐标，可以为其传入 POINT 结构体变量或者 CPoint 对象。

2. 将当前点移动到指定位置的函数

```
CPoint MoveTo(int x,int y);
CPoint MoveTo(POINT point);
```

其中参数 x 和 y 为指定新位置的逻辑坐标；参数 point 为指定新位置的逻辑 x 和 y 坐标，可以为其传入 POINT 结构体变量或者 CPoint 对象。语句如下：

```
BOOL LineTo(int x,int y);
BOOL LineTo(POINT point);
```

绘制一条从当前点到指定点（不包括指定点）的直线。参数 x 和 y 为指定点的逻辑坐标；参数 point 为指定点的逻辑 x 和 y 坐标。一般绘制直线时可以先调用 MoveTo()函数移动当前点到某个位置，然后调用 LineTo()画直线。

3．绘制矩形

```
BOOL Rectangle(int x1,int y1,int x2,int y2);
BOOL Rectangle(LPCRECT lpRect);
```

其中，参数 x1 和 y1 为指定矩形左上角的坐标；参数 x2 和 y2 为指定矩形右下角的坐标；以上坐标均为逻辑单位。参数 lpRect 为矩形对象的指针，可以为其传入 CRect 对象或 RECT 结构体变量的指针。

4．绘制圆角矩形

使用当前画笔绘制一个圆角矩形，并使用为当前画刷进行填充的函数 RoundRect，该函数的原型为：

```
BOOL RoundRect
(    int X1,int Y1,              //矩形左上角的逻辑坐标
     int X2,int Y2,              //矩形右下角的逻辑坐标
     int nWidth,                 //圆角的宽度
     int nHeight                 //圆角的高度
)
```

5．绘制椭圆

```
BOOL Ellipse(int x1,int y1,int x2,int y2);
BOOL Ellipse(LPCRECT lpRect);
```

参数 x1 和 y1 为指定椭圆的外接矩形左上角的坐标；参数 x2 和 y2 为指定椭圆的外接矩形右下角的坐标；以上坐标均为逻辑单位。参数 lpRect 为指定椭圆的外接矩形，可以传入 CRect 对象或 RECT 结构体变量的指针。值得注意的是，绘制椭圆，是在一个矩形内绘制内切椭圆，因此，由一个矩形唯一确定一个内切椭圆。

6．绘制椭圆弧线的函数 Arc()

绘制椭圆弧线的函数 Arc()的原型如下：

```
BOOL Arc
(    int X1,int Y1,              //矩形左上角的逻辑坐标
     int X2,int Y2,              //矩形右下角的逻辑坐标
```

int X3,int Y3,	// 椭圆弧起始径线的确定点坐标
int X4,int Y4	// 椭圆弧终止径线的确定点坐标
)	

Arc()函数所画的椭圆弧线由给定边框矩形所形成的椭圆定义，这个矩形由左上角逻辑坐标（$X1$，$Y1$）和右下角逻辑坐标（$X2$，$Y2$）确定。该弧的起点是（$X3$，$Y3$）和矩形中心的连线与椭圆的交点，终点为（$X4$，$Y4$）和矩形中心的连线与椭圆的交点。（$X3$，$Y3$）和（$X4$，$Y4$）的值未必一定在椭圆上，它们只起到角度定位的作用，而且该弧是从起点向终点逆时针画出，如图 2-1 所示。

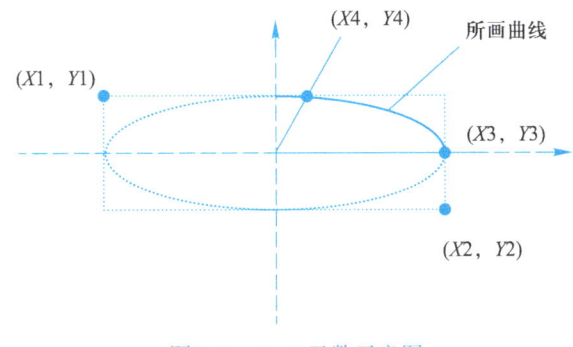

图 2-1 Arc()函数示意图

7. 绘制饼图

使用当前画笔绘制一个饼图，并使用当前画刷进行填充的函数 Pie()，该函数的原型如下：

BOOL Pie	
(int X1,int Y1,	// 矩形左上角的逻辑坐标
int X2,int Y2,	// 矩形右下角的逻辑坐标
int X3,int Y3,	// 椭圆弧起始径线的坐标，该点未必在椭圆上它只是表明起始径线
	// 的方向和角度
int X4,int Y4	// 椭圆弧终止径线的坐标，X4,Y4 取值与 X3,Y3 同理
)	

Pie()函数所画饼图为椭圆弧线和两条径线所围的区域，如图 2-2 所示。

8. 绘制多边形图形

BOOL Polyline(LPPOINT lpPoints,int nCount);

其中，参数 lpPoints 为指向一个 POINT 结构体变量数组或 CPoint 对象数组的指针，其中的 POINT 结构体变量或 CPoint 对象代表了多边形顶点的坐标；参数 nCount 为数组中点的个数，至少为 2。对于封闭的多边形，起点与终点的坐标应相同。

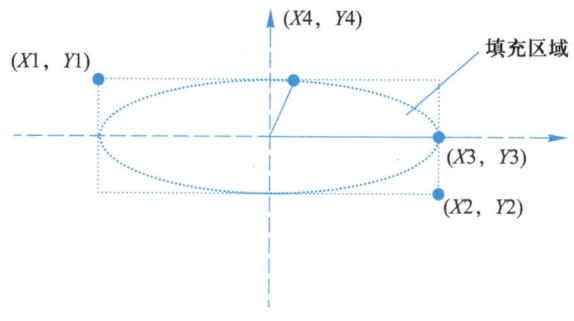

图 2-2　Pie() 函数示意图

9. 文本输出函数

virtual BOOL TextOut(int x,int y,LPCTSTR lpszString,int nCount);
BOOL TextOut(int x,int y,const CString& str);

其中，参数 x 和 y 为文本起始点的坐标；参数 lpszString 为要输出的文本字符串；参数 nCount 指定字符串中的字节个数；参数 str 为包含要输出的字符的 CString 对象。

2.6　CDC 类的派生类 CPaintDC 简介

CPaintDC 类是一个来自 CDC 的设备环境类。它在构造时执行 CWnd::BeginPaint，在销毁时执行 CWnd::EndPaint。仅当响应刷新消息时，才能使用 CPaintDC 对象，而且通常是出现在 OnPaint 消息处理成员函数中。

画图过程中经常会用到如下语句：

CPaintDC dc(this);

这里的 this 是指当前窗体的对象，dc 用带有 this 指针的构造函数进行构造，是指当前窗口的 dc。用了 this 指针初始化后，用户操作的 dc 就是当前的窗体，每个类都有一个默认的指针 this 指向自己，所以 CPaintDC dc(this) 就是获取当前的窗口而已，可以用这个 DC 在当前的窗口绘图。

CPaintDC 类的构造函数：

CPaintDC::CPaintDC

其功能是构造对象 CPaintDC，准备用于绘制的应用程序窗口，并将 PAINTSTRUCT

结构存储在 m_ps 成员变量中。

PAINTSTRUCT 的结构是什么样的呢？具体如下：

```
typedef struct tagPAINTSTRUCT
{
    HDC    hdc;                  // 要用于绘制的显示 DC 的句柄
    BOOL fErase;                 // 是否必须擦除背景。如果需要，则此值为非零值
    RECT rcPaint;                // 绘制矩形的左上角和右下角
    BOOL fRestore;               // 保留，由系统内部使用
    BOOL fIncUpdate;             // 保留，由系统内部使用
    BYTE rgbReserved[32];        // 保留，由系统内部使用
} PAINTSTRUCT
```

PAINTSTRUCT 实际上是一个自定义结构体，用它定义的变量拥有该结构的属性。

2.7 应 用 实 例

【例2-1】 这个例子主要是进行画线、画圆及填充练习。请使用画笔和画刷绘制一个矩形，然后使用红色网格绘制一个椭圆，再使用绿色点画线绘制椭圆的轴线。

代码具体信息详见代码中的注释。

具体过程如下：

（1）创建一个基于对话框的应用程序，工程文件名称为"2_1"。

（2）在系统生成的 2_1Dlg.cpp 文件中找到 OnPaint()函数，然后用如下代码替换原有的代码：

```
void CMy21Dlg::OnPaint()
{   CPaintDC dc(this);
    hdc = GetDC();                                      // 取得当前客户区的设备环境句柄
    hdc->Rectangle(130, 60, 270, 200);                 // 使用当前画笔绘制矩形并填充
    hB = (HBRUSH)CreateHatchBrush(HS_CROSS, RGB(255, 0, 0));// 自定义红色网格状画刷
    hdc->SelectObject(hB);                             // 将红色网格状画刷选入设备环境
    hdc->Ellipse(130, 70, 270, 190);                   // 绘制椭圆并填充
    hP = (HPEN)CreatePen(PS_DASHDOT, 1, RGB(0, 255, 0));   // 宽度为 1 的绿色画笔，画
                                                          // 点画线
    hdc->SelectObject(hP);                             // 将前面定义的 hP 画笔选入当前设备环境
    hdc->MoveTo(100, 130);                             // 使用当前画笔绘制轴线
    hdc->LineTo(300, 130);                             // 画线
    hdc->MoveTo(200, 30);
    hdc->LineTo(200, 230);
```

```
    ReleaseDC(hdc);                        // 释放 hdc
    }
```

这里用到了如下参数：

```
CDC* hdc;                                  // 设备环境句柄指针
HPEN hP;                                   // 定义画笔句柄
HBRUSH hB;                                 // 定义画刷句柄
```

　　由于绘图工作都是通过 CDC 类的成员函数进行的，因此需要通过语句"CDC* hdc;"创建设备环境句柄 hdc，同时需要创建画笔进行绘图，因此需要创建画笔句柄。由于要进行填充图形的操作，因此需要创建画刷。其他的代码含义在代码注释中已经详细给出，这里就不再赘述了。

　　由于创建的是基于对话框的应用程序，系统自动创建了一个对话框类，关联到我们定义的工程文件名 2_1，因此系统自动生成的对话框类的名字为"CMy21Dlg"，该类的定义在头文件"2_1Dlg.h"文件中。上述 3 个参数均在对话框类定义的头文件(2_1Dlg.h)中加入。

　　添加方法如下：

　　在界面中找到所创建的应用程序的对话框类"CMy21Dlg"，然后右击，在弹出的菜单中选择"添加"菜单选项和级联菜单选项"添加变量"，如图 2-3 所示。

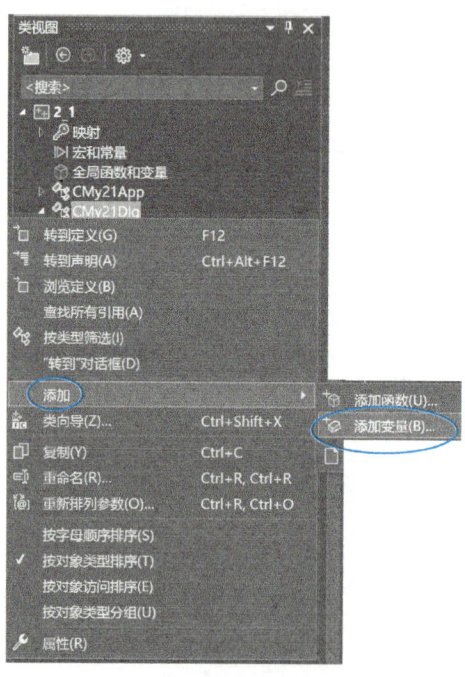

图 2-3　在类 CMy21Dlg 中添加变量

然后在弹出的菜单中进行变量的添加，并逐个添加其他两个变量，如图 2-4 所示。

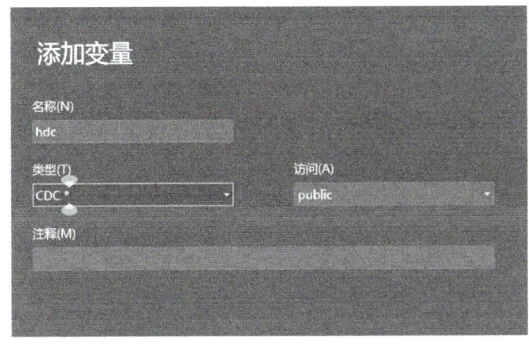

图 2-4　添加 hdc 变量

然后就可以在工程文件中的 2_1Dlg.h 头文件中看到添加的 3 个参数。

```
public:
    CDC* hdc;
    HPEN hP;
    HBRUSH hB;
```

程序运行结果如图 2-5 所示。

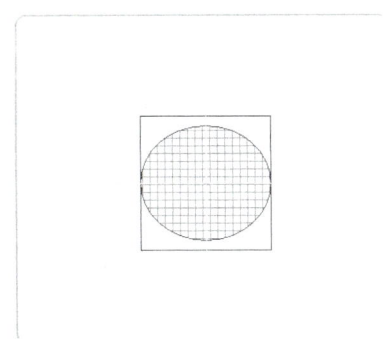

图 2-5　【例 2-1】程序运行结果

【例 2-2】　利用绘图函数创建填充区。应用程序通过使用当前画笔画一个图形的边界，然后用当前的刷子填充这个图形来创建一个填充图形。共有三个填充图形，第一个是用深灰色画刷填充带圆角的矩形，第二个是用亮灰色画刷填充一个椭圆形，第三个是用虚画刷填充饼形图。使用虚画刷填充时，看不出填充效果。单击鼠标，分别在六种不同的映射方式下进行切换显示，六种映像方式分别是：

（1）映像方式采用 MM_TEXT。

（2）映像方式采用 MM_ISOTROPIC：窗口坐标为(20,20)，将视口尺寸映像为
10*10，图形缩小 1 倍。

（3）映像方式采用 MM_ISOTROPIC：窗口坐标为(10,10)，将视口尺寸映像为
20*20，图形放大 1 倍。

（4）映像方式采用 MM_ANISOTROPIC：窗口坐标为(10,10)，将视口尺寸映像为
20*10，图形横向放大 1 倍，纵向不变。

（5）映像方式采用 MM_ANISOTROPIC：窗口坐标为(10,10)，将视口尺寸映像为
20*5，图形横向放大 1 倍，纵向缩小 1 倍。

（6）映像方式采用 MM_ISOTROPIC：窗口坐标为(10,10)，将视口尺寸映像为
20*5，图形为了保持原纵横比，系统会调整映像比例。

参考运行界面如图 2-6 所示。

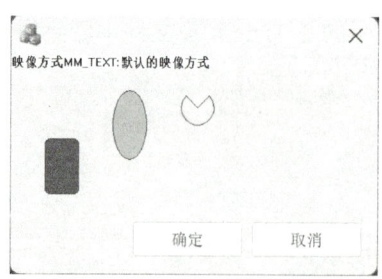

图 2-6　【例 2-2】的运行界面

编程过程如下：

（1）创建基于对话框的应用程序 2_2。

（2）由于需要执行绘图操作，因此需要创建 hdc，绘制图形及填充的时候，还需
要用到画笔和画刷句柄 hPen 和 hBrush，此外还要输出文字显示当前的映像模式，文
字存放在一个字符串中，因此设置了字符型指针 str。在头文件 2_2Dlg.h 中添加如下
变量的方法同前一个例子：

```
CDC* hdc;                    // 设备环境句柄指针
HBRUSH hBrush;               // 画刷句柄
HPEN hPen;                   // 画笔句柄
LPCTSTR str;                 // 字符型指针
```

（3）将 OnPaint()函数的代码替换如下：

```
CPaintDC dc(this);           // 用于绘制的设备上下文
hdc = GetDC();
static int dispMode = -1;
```

```
dispMode = (dispMode + 1) % 6;
switch (dispMode)
{
case 0:
    str = _T("映像方式 MM_TEXT:默认的映像方式");
    hdc->SetMapMode(MM_TEXT);                              // 设置映像方式为默认方式
    hdc->TextOutW(0, 0, str, (int)wcslen(str));            // 输出映像方式及映像比例
    break;
case 1:
    str=_T("映像方式 MM_ISOTROPIC:窗口坐标为 20*20,将视口尺寸映像为 10*10,图形缩小 1 倍");
    hdc->SetMapMode(MM_ISOTROPIC);                         // 设置映像方式
    hdc->SetWindowExt(20, 20);                             // 窗口矩形为 20*20
    hdc->SetViewportExt(10, 10);                           // 将视口尺寸映像为 10*10
    hdc->TextOutW(0, 0, str, (int)wcslen(str));
    break;
case 2:
    str=_T("映像方式 MM_ISOTROPIC:窗口坐标为 10*10,将视口尺寸映像为 20*20,图形放大 1 倍");
    hdc->SetMapMode(MM_ISOTROPIC);
    hdc->SetWindowExt(10, 10);                             // 窗口矩形为 10*10
    hdc->SetViewportExt(20, 20);                           // 将视口尺寸映像为 20*20
    hdc->TextOutW(0, 0, str, (int)wcslen(str));
    break;
case 3:
    str = _T("映像方式 MM_ANISOTROPIC:窗口坐标为(10,10),将视口尺寸映像为 20*10,图形
横向放大 1 倍,纵向不变");
    hdc->SetMapMode(MM_ANISOTROPIC);
    hdc->SetWindowExt(10, 10);                             // 窗口矩形为 10*10
    hdc->SetViewportExt(20, 10);                           // 将视口尺寸映像为 20*10
    hdc->TextOutW(0, 0, str, (int)wcslen(str));
    break;
case 4:
    str = _T("映像方式 MM_ANISOTROPIC:窗口坐标为(10,10),将视口尺寸映像为 20*5,图形横
向放大 1 倍,纵向缩小 1 倍");
    hdc->SetMapMode(MM_ANISOTROPIC);
    hdc->SetWindowExt(10, 10);                             // 窗口矩形为 10*10
    hdc->SetViewportExt(20, 5);                            // 将视口尺寸映像为 20*5
    hdc->TextOutW(0, 0, str, (int)wcslen(str));
    break;
case 5:
    str = _T("映像方式 MM_ISOTROPIC:窗口坐标为(10,10),将视口尺寸映像为 20*5,图形为了
保持原纵横比,系统会调整映像比例");
    hdc->SetMapMode(MM_ISOTROPIC);
```

```
        hdc->SetWindowExt(10, 10);                          // 窗口矩形为 10*10
        hdc->SetViewportExt(20, 5);                         // 将视口尺寸映像为 20*5
        hdc->TextOutW(0, 0, str, (int)wcslen(str));
        break;
    }
    hPen = (HPEN)GetStockObject(BLACK_PEN);                 // 设置画笔为系统预定的黑色画笔
    hBrush = (HBRUSH)GetStockObject(DKGRAY_BRUSH);          // 深灰色画刷
    hdc->SelectObject(hBrush);                              // 选择画刷
    hdc->SelectObject(hPen);                                // 选择画笔
    hdc->RoundRect(50, 120, 100, 200, 15, 15);             // 圆角矩形
    hBrush = (HBRUSH)GetStockObject(LTGRAY_BRUSH);          // 淡灰色画刷
    hdc->SelectObject(hBrush);                              // 选择画刷
    hdc->Ellipse(150, 50, 200, 150);                       // 椭圆
    hBrush = (HBRUSH)GetStockObject(HOLLOW_BRUSH);          // 采用系统预定义的虚画刷
    hdc->SelectObject(hBrush);                              // 选择画刷
    hdc->Pie(250, 50, 300, 100, 250, 50, 300, 50);        // 饼形
    ReleaseDC(hdc);
```

在上述的 OnPaint()函数中有一行代码"static int dispMode=-1;"，请考虑一下，如果把 static 去掉，会出现什么情况？大家会发现，鼠标单击过程中界面是不变化的，因为每次调用进行刷新操作的时候，变量 dispMode 都被重新初始化，然后"dispMode=(dispMode+1)%6;"的值始终保持不变，这样由于映像模式不变，因此界面就不变，而用了 static，正是采用了静态变量在函数的多次调用过程中仅第一次被调用时进行初始化，而后的调用，在上次运行的结果上进一步进行而不再进行初始化的特性。

代码中 TextOutW()函数的作用是在窗口或设备上输出 Unicode 字符串。该函数将 Unicode 字符串作为输入参数。_T(" ")的作用是将字符串转换为 Unicode 字符串。

Unicode 是国际标准字符集，它将世界各种语言的每个字符定义一个唯一的编码，以满足跨语言、跨平台的文本信息转换。代码中的其他语句的含义请详见注释内容。

（4）添加鼠标左键消息响应。由于题目要求单击鼠标左键进行相应操作，就要添加给予鼠标左键的消息相应代码，具体如下：

在"类视图"中找到基于对话框的类 CMy22Dlg，然后右击，在弹出的快捷菜单中选择"类向导"选项，界面如图 2-7 所示。

在界面中找到"消息"页，并选择列表中的 WM_LBUTTONDOWN 项，系统生成如下消息处理函数：

```
void CMy22Dlg::OnLButtonDown(UINT nFlags, CPoint point)
{
```

```
// TODO: 在此添加消息处理程序代码和/或调用默认值
Invalidate();                                    // 添加的代码，任务是发出刷新请求
CDialogEx::OnLButtonDown(nFlags, point);
}
```

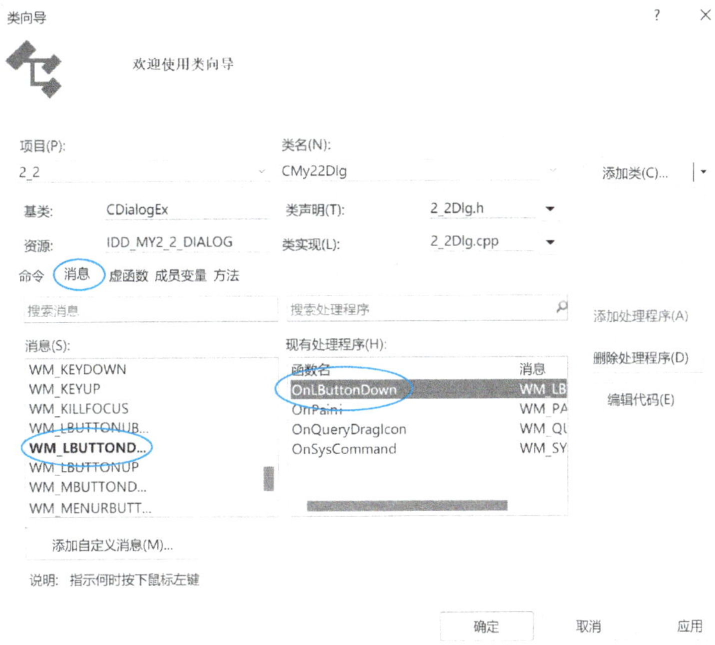

图 2-7　添加鼠标左键消息响应函数

在上面的函数中添加如下代码：

```
Invalidate();
```

WM_LBUTTONDOWN 是响应鼠标左键的消息。当按下鼠标左键的时候，系统响应 Invalidate()函数，触发 OnPaint()函数，进行相应的刷新操作。

【例 2-3】　编写一个程序，在屏幕上出现一个圆心沿正弦曲线轨迹移动的实心圆，而且每隔 1/4 周期，圆的填充色和圆的周边颜色都发生变化（颜色自己选取），同时圆的半径在 1/4 周期内由正弦曲线幅值的 0.2 倍至 0.6 倍线性增长。

对于这个问题，正弦曲线是基础。因此可以在初始化函数 OnInitDialog()中生成正弦曲线各点的坐标。把正弦曲线一个周期的横坐标分成 100 个等分点，存储在数组 lpSin[100]中，100 个点的坐标计算如下：

```
for (int j = 0; j < 100; j++)                    // 生成正弦曲线的点坐标
{    lpSin[j].x = (long)(j * 2 * Pi / 100 * 60);
```

```
        lpSin[j].y = (long)(dfRange * sin(j * 2 * Pi / 100));
}
```

其中，dfRange 是正弦曲线的幅值，本题取值为 100。

有了点坐标之后，如何动态显示圆在正弦曲线上移动呢？因为数组 lpSin[100]的长度为 100，所以设定圆在正弦曲线移动时共有 100 个位置，数组中每一个值是圆移动时圆心的坐标，因此每四分之一周期有 25 个位置，定义全局变量 i 来记录当前圆的位置。

在刷新处理过程中，在函数 OnPaint()中获得设备环境句柄。然后全局变量 i 自增，当 0<=i<25 时处于第 1 个 1/4 周期，创建红色画笔和画刷；25<=i<50 时处于第 2 个 1/4 周期，创建绿色画笔和画刷；50<=i<75 时，处于第 3 个 1/4 周期，创建蓝色画笔和画刷；75<=i<100 时，处于第 4 个 1/4 周期，创建黄色画笔和画刷；i%25 代表了圆在每个 1/4 周期中的相对位置，由此经过线性差分计算圆半径的大小 lRadious，第 1 个 1/4 周期的程序代码如下：

```
if((0<=i)&&(i<25))                                      // 第一个 1/4 周期
{
    hPen=CreatePen(PS_DASH,1,RGB(255,0,0));             // 创建红画笔
    hBrush=CreateHatchBrush(HS_BDIAGONAL,RGB(255,0,0)); // 创建红画刷
    lRadious=(long)(dfRange*0.2+i%25*dfRange*0.4/25);   // 计算半径
}
```

将创建的画笔和画刷选入设备环境后，调用函数 Ellipse()绘制圆形。下面这段代码是动态显示的关键：

```
Sleep(100);                                             // 停 0.1 秒
if(i<100) InvalidateRect();                             // 刷新用户区
```

调用 Sleep(100)函数使程序暂停 0.1 秒。所含参数 100 代表暂停的时间，使用毫秒作为单位。当 i<100 时，调用函数 InvalidateRect()刷新用户区发送刷新请求，这样就使得 OnPaint()函数被不断调用，呈现动态效果。

具体的源程序代码如下：

（1）创建基于对话框的应用程序，工程文件名称为 2_3。

（2）在这里，代码中用到一系列变量，这些变量通过添加变量的形式扩展到对话框类中。具体如下：

```
CDC* hDC;
HBRUSH hBrush;
HPEN hPen;
double dfRange;                                         // 正弦曲线幅值
```

```
long i;
long lCenterX;                                      // 圆心 x 坐标
long lCenterY;                                      // 圆心 y 坐标
long lRadious;                                      // 圆半径
POINT lpSin[100];                                   // 正弦曲线上的 100 个等分点坐标
```

（3）参数的初始化。

上述代码中有些参数是需要初始化的，初始化的工作通常都是在函数 OnInitDialog() 中完成的，在 OnInitDialog()函数中添加如下初始化代码：

```
dfRange = 100.0;                                    // 正弦曲线的幅值，本例取值为 100
i = 0;
lCentreX = 0;                                       // 初始圆心坐标
lCentreY = 0;
lRadious = (long)(0.2 * dfRange);                   // 初始圆的半径，为幅值的 0.2 倍
for (int j = 0; j < 100; j++)                       // 生成正弦曲线的点坐标
{       lpSin[j].x = (long)(j * 2 * Pi / 100 * 60);
        lpSin[j].y = (long)(dfRange * sin(j * 2 * Pi / 100));
}
```

此外，由于用到了 pi=3.1415926 这个圆周率参数，在对话框 2_3Dlg.cpp 文件中 增加如下宏定义：

```
#define Pi 3.1415926
```

（4）OnPaint()函数的代码如下：

```
CPaintDC dc(this);
hDC = GetDC();                                      // 获得设备环境指针
hDC->SetWindowOrg(-200, -200);                      // 设置原点坐标为(-200,-200)
hPen = CreatePen(PS_DASH, 1, RGB(255, 0, 0));       // 创建画笔句柄
hDC->SelectObject(hPen);                            // 选入画笔
hDC->Polyline(lpSin, 100);                          // 绘制正弦曲线
if (i < 25)                                         // 第一个 1/4 周期
{       hPen = CreatePen(PS_DASH, 1, RGB(255, 0, 0)); // 创建红色画笔
        hBrush = CreateHatchBrush(HS_BDIAGONAL, RGB(255, 0, 0));   // 创建红色画刷
        lRadious = (long)(dfRange * 0.2+ i % 25 * dfRange * 0.4 / 25);   // 计算半径
}
else if (i < 50)                                    // 第二个 1/4 周期
{       hPen = CreatePen(PS_DASH, 1, RGB(0, 255, 0)); // 创建绿色画笔
        hBrush = CreateHatchBrush(HS_DIAGCROSS, RGB(0, 255, 0));   // 创建绿色画刷
        lRadious = (long)(dfRange * 0.2 + i % 25 * dfRange * 0.4 / 25);  // 计算半径
}
```

```
else if (i < 75)                                                    // 第三个周期
{       hPen = CreatePen(PS_DASH, 1, RGB(0, 0, 255));              // 创建蓝色画笔
        hBrush = CreateHatchBrush(HS_CROSS, RGB(0, 0, 255));      // 创建蓝色画刷
        lRadious = (long)(dfRange * 0.2 + i % 25 * dfRange * 0.4 / 25);    // 计算半径
}
else                                                               // 第四个周期
{       hPen = CreatePen(PS_DASH, 1, RGB(255, 255, 0));           // 创建黄色画笔
        hBrush = CreateHatchBrush(HS_VERTICAL, RGB(255, 255, 0)); // 创建黄色画刷
        lRadious = (long)(dfRange * 0.2 + i % 25 * dfRange * 0.4 / 25);    // 计算半径
}
hDC->SelectObject(hBrush);                                         // 选入画刷
hDC->SelectObject(hPen);                                           // 选入画笔
lCenterX = lpSin[i].x;                                             // 圆心 x 坐标
lCenterY = lpSin[i].y;                                             // 圆心 y 坐标
hDC->Ellipse(lCentreX - lRadious, lCentreY - lRadious,
        lCenterX + lRadious, lCentreY + lRadious);                // 画圆
i++;
DeleteObject(hPen);                                                // 删除画笔
DeleteObject(hBrush);                                              // 删除画刷
ReleaseDC(hDC);                                                    // 删除设备环境句柄
Sleep(100);                                                        // 停 0.1 秒
if (i < 100) Invalidate();                                         // 刷新用户区
```

刷新函数的代码含义在注释里头已经给予详细说明，这里就不再赘述了。

图 2-8 为其运行过程中圆到某个位置的截图。

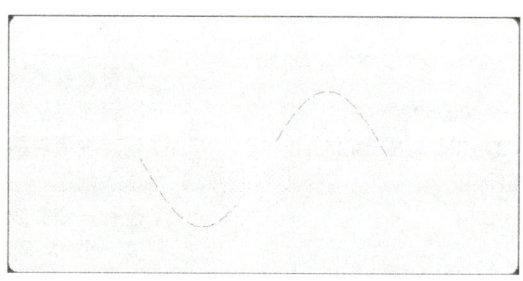

图 2-8　【例 2-3】的运行界面

【例 2-4】　在窗口中使用定时器，每隔 1 秒，交替使用黄色、天蓝色和粉红色的画刷来填充整个窗口客户区。

对于这个问题，要考虑在初始化函数中定义定时器，那就要用到定时器设定函数 SetTimer()，函数中时间是以毫秒为单位的，那么每隔 1 秒，就是隔 1000 毫秒，变化一次颜色。具体步骤如下：

（1）创建基于对话框的工程文件 2_4。

（2）为了操作定时器，在 2_4Dlg.cpp 中定义定时器 ID_TIMER，宏定义具体如下：

```
#define ID_TIMER 1
```

（3）根据代码的功能需求，还应该在头文件 2_4Dlg.h 中添加如下变量：

```
CDC* hdc;
RECT rc;                    // 定义矩形区
int colors;                 // 定义颜色
```

由于需要在客户区（通常都是一个矩形区域）显示颜色，因此需要定义一个客户区变量 rc，同时由于有三种颜色的变化，这里定义了描述颜色的整型变量 colors。

（4）在创建了定时器 ID_TIMER 后，还需要通过"类向导"进行 WM_TIMER 的消息响应，系统生成了 OnTimer()函数，在该消息处理程序中加入如下代码：

```
switch (nIDEvent)
{     case ID_TIMER:
          MessageBeep(-1);
          Invalidate();
          break;
}
```

调用函数 MessageBeep(-1)发出一个声音，然后调用函数 Invalidate()刷新客户区，并发送刷新请求进行绘图。

（5）为了让定时器发挥作用，要在初始化函数 OnInitDialog()中对定时器进行初始化，同时也初始化颜色值，加入如下代码：

```
colors = 0;                      // 这里设置颜色初值为 0
SetTimer(ID_TIMER, 1000, NULL);  // 产生一个定时时间值，时间间隔为 1000 毫秒
```

（6）下面接着就要响应刷新请求，其工作是使用 3 种颜色的画刷来填充客户区。为简单起见，设置第一个颜色为黄色，第二个颜色为天蓝色，最后一个粉红色可以设置为默认的颜色，代码如下：

```
void CMy24Dlg::OnPaint()
{     CPaintDC dc(this);         // 用于绘制的设备上下文
      CBrush hBrush;
      hdc = GetDC();
      GetClientRect(&rc);        // 获取客户区大小
      switch (colors)            // 根据颜色值的变化进行客户区颜色的显示
```

69

```
{case 0:                                    // 第一个颜色值为 0
    hBrush.CreateSolidBrush(RGB(255, 255, 0));    // 得到某种颜色的逻辑刷
    colors += 1;
    break;
 case 1:
    hBrush.CreateSolidBrush(RGB(0, 255, 255));
    colors += 1;.
    break;
 default:
    hBrush.CreateSolidBrush(RGB(255, 0, 255));
    colors = 0;
    break;
}
hdc->FillRect(&rc, &hBrush);                 // 用指定的格式刷填充矩形区
DeleteObject(hBrush);
ReleaseDC(hdc);
}
```

上述代码中，颜色值在 0、1 和 2 之间变化，当颜色值为 0 或 1 时，都是通过"colors += 1;"语句增加颜色值，当颜色值为 2 的时候，执行 default 部分，然后颜色值恢复到 0。由于在初始化函数中加入了"SetTimer(ID_TIMER, 1000, NULL);"，那么程序从运行开始就一直不断地发送刷新请求，那么颜色就一直不断地循环变化，直至外部操作介入才能停止程序的运行。

根据整数 colors 的值，创建不同颜色的画刷并改变 colors 的值，最后调用函数 FillRect()来填充整个客户区。

【例 2-5】　绘制一个模拟时钟，要求表盘为一个粉色的圆，并带有刻度，秒针、分针和时针的运行应与实际接近，而且当改变窗口尺寸时，时钟图案也按比例变化。

由于时钟都是以秒为基础步进单位，因此本例应设置一个 1 秒的计时器，处理计时器发生的消息时对屏幕进行重绘，重绘时对时间显示进行调整，并根据新的时间绘制表中的时针、分针和秒针。为了保持时间，可以将时间设为静态变量或全局变量。因表中的时间是动态的，所以绘图的代码应放在响应刷新消息处理函数 OnPaint()中。创建对话框应用程序后，后续具体过程如下：

（1）设置定时器，要在初始化函数中进行，在 OnInitDialog()函数中增加如下代码：

```
SetTimer(9999, 1000, NULL);              // 设置定时器，这里直接用 9999 代表定时器 ID
```

（2）由于需要使用画笔绘图和画刷填充粉红色圆盘背景，因此在对话框类中添加画笔和画刷句柄，由于需要在客户区中，因此有如下变量及函数：

```
CDC* hDC;
HBRUSH hBrush;                          // 画刷句柄
HPEN hPen;                              // 画笔句柄
RECT clientRect;                        // 客户区变量
```

由于用到时间参数，因此还需要定义一个时间结构体，这个全局的时间结构体需要在该头文件的起始处定义：

```
typedef struct Time
{       int hour;                       // 小时
        int min;                        // 分
        int sec;                        // 秒
}TimeStructure;
```

（3）这里需要添加一个自定义函数 AdjustTime，进行时间的操作，60 秒进一分，60 分进一小时，面板上是 12 小时制的，也就是时钟走到 12 点整的时候，重新归零开始。

添加void AdjustTime(TimeStructure* x);的步骤如下：

选择对话框类，右击，在弹出的快捷菜单中，选择"添加"选项下的子选项"添加函数"，在弹出的对话框中加入相应内容，如图 2-9 所示。

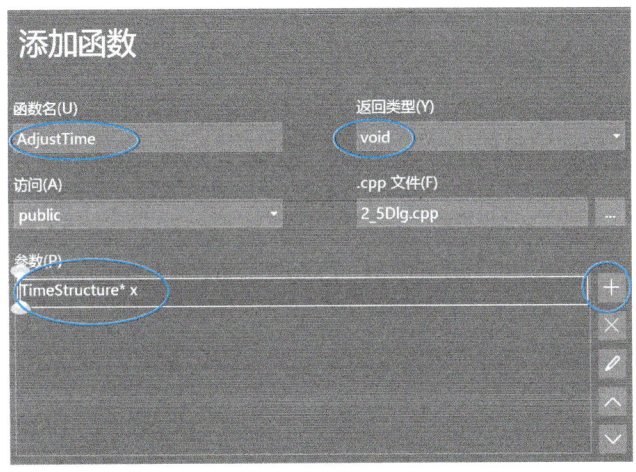

图 2-9　添加 AdjustTime()函数的操作

然后在对话框类的 2_5Dlg.cpp 文件中定义一个变量 x：

```
TimeStructure x;                        // 实际上这是根据前面定义的时间结构体而定义的变量
```

相应的时间处理函数如下：

```
void CMy25Dlg::AdjustTime(TimeStructure* x)
{    // TODO: 在此处添加实现代码.
    if (x->sec == 60)                // 如果秒值到达 60，进一分，秒值回零
    {    x->sec = 0;
        x->min++;                    // 秒值回零，分进 1
        if (x->min == 60)            // 如果到达 60 分，分钟值回零，时值加 1
        {    x->min = 0;
            x->hour++;
            if (x->hour == 12)       // 如果到达 12 小时，小时值回零，时间重新进行计算
                x->hour = 0;
        }
    }
}
```

时间函数的代码含义在注释语句中已经详细说明。

由于还要响应一个时间定时器的消息，因此在"类向导"中响应 WM_TIMER 消息，操作如图 2-10 所示。

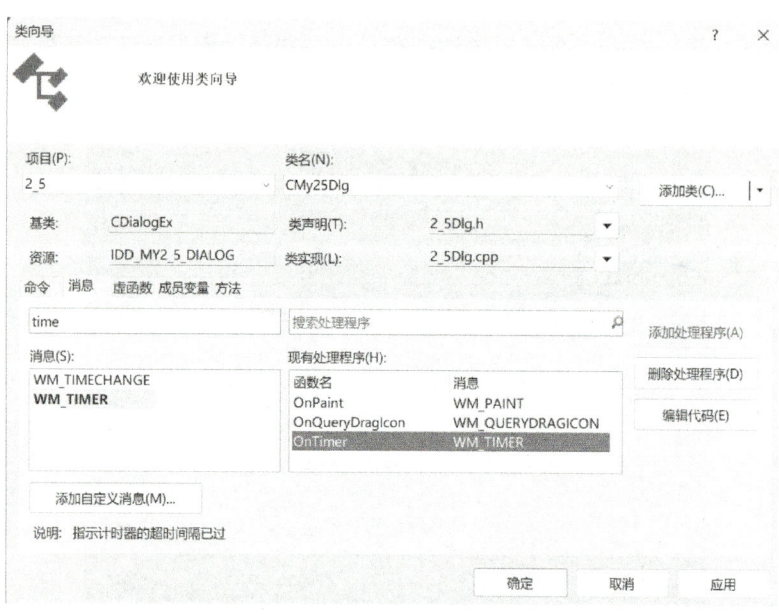

图 2-10　添加 WM_TIMER 消息处理函数

代码如下（蓝色部分为添加的代码内容，以下全书同，不再提示）：

```
void CMy25Dlg::OnTimer(UINT_PTR nIDEvent)
{    // TODO: 在此添加消息处理程序代码和/或调用默认值
    x.sec++;
```

```
        switch (nIDEvent)
        {    case 9999:                          // 响应 ID 为 9999 的定时器
                Invalidate();                     // 发送刷新请求
        }
        CDialogEx::OnTimer(nIDEvent);
}
```

由于在初始化函数中定义了一个 ID 为 9999 的定时器，这里的 case 对 ID 为 9999
（不一定都要取值为 9999，可以是任意正整数）的定时器进行响应。由于题目要求能
进行窗口大小的变化，因此要在"类向导"中响应 WM_SIZE 消息，响应过程就是发
送刷新请求，由刷新函数进行改变窗口大小后的图形绘制，因为刷新函数中获取了窗
口大小的尺寸，代码如下：

```
void CMy25Dlg::OnSize(UINT nType, int cx, int cy)
{    CDialogEx::OnSize(nType, cx, cy);
     // TODO: 在此处添加消息处理程序代码
     Invalidate();
}
```

最后编写刷新处理函数，代码如下：

```
void CMy25Dlg::OnPaint()
{ double sita = 0;                               // 秒针旋转的角度
  int xOrg, yOrg, rSec, rMin, rHour, rClock, xBegin, xEnd, yBegin, yEnd;
  CPaintDC dc(this);                             // 用于绘制的设备上下文
  AdjustTime(&x);                                // 调用时间调整函数
  hDC = GetDC();                                 // 获取当前 DC，为了画表盘的画图使用
  GetClientRect(&clientRect);                    // 获取客户区的尺寸
  hPen = (HPEN)GetStockObject(BLACK_PEN);        // 设置画笔为系统预定义的黑色画笔
  hBrush = CreateSolidBrush(RGB(255, 220, 220)); // 创建粉红色的单色画刷
  hDC->SelectObject(hPen);                       // 选择画笔
  hDC->SelectObject(hBrush);                     // 选择画刷
  xOrg = (clientRect.left + clientRect.right) / 2;
  yOrg = (clientRect.top + clientRect.bottom) / 2;  // 计算屏幕中心的坐标，它也是钟表的中心
  rClock = min(xOrg, yOrg) - 50;                 // 钟表的半径
  rSec = rClock * 6 / 7;                         // 秒针的半径
  rMin = rClock * 5 / 6;                         // 分针的半径
  rHour = rClock * 2 / 3;                        // 时针的半径
  hDC->Ellipse(xOrg - rClock, yOrg - rClock, xOrg + rClock, yOrg + rClock);  // 绘制表面圆
  for (int i = 0; i < 60; i++)                   // 绘制表面的刻度
  {   if (i % 5)                                 // 绘制表面的整点刻度，以 5 分钟为间隔
      {    hPen = CreatePen(PS_SOLID, 2, RGB(255, 0, 0));
           hDC->SelectObject(hPen);
```

```
            xBegin = (int)(xOrg + rClock * sin(2 * 3.1415926 * i / 60));
            yBegin = (int)(yOrg + rClock * cos(2 * 3.1415926 * i / 60));
            hDC->MoveTo(xBegin, yBegin);
            xEnd = (int)(xOrg + (rClock − 20) * sin(2 * 3.1415926 * i / 60));
            yEnd = (int)(yOrg + (rClock − 20) * cos(2 * 3.1415926 * i / 60));
        }
        else                                        // 绘制表面的非整点刻度
        {   hPen = CreatePen(PS_SOLID, 5, RGB(255, 0, 0));
            hDC->SelectObject(hPen);
            xBegin = (int)(xOrg + rClock * sin(2 * 3.1415926 * i / 60));
            yBegin = (int)(yOrg + rClock * cos(2 * 3.1415926 * i / 60));
            hDC->MoveTo(xBegin, yBegin);
            xEnd = (int)(xOrg + (rClock − 25) * sin(2 * 3.1415926 * i / 60));
            yEnd = (int)(yOrg + (rClock − 25) * cos(2 * 3.1415926 * i / 60));
        }
        hDC->LineTo(xEnd, yEnd);                     // 画线
        DeleteObject(hPen);
    }
    hPen = CreatePen(PS_SOLID, 2, RGB(255, 0, 0));
    hDC->SelectObject(hPen);
    sita = 2 * 3.1415926 * x.sec / 60;
    xBegin = xOrg + (int)(rSec * sin(sita));
    yBegin = yOrg − (int)(rSec * cos(sita));        // 秒针的起点，它的位置在秒针的最末端
    xEnd = xOrg + (int)(rClock * sin(sita + 3.1415926) / 8);
    yEnd = yOrg − (int)(rClock * cos(sita + 3.1415926) / 8);    // 秒针的终点，设置位置为秒针线长度
                                                    // 的 1/8 处
    hDC->MoveTo(xBegin, yBegin);
    hDC->LineTo(xEnd, yEnd);                        // 绘制秒针
    hPen = CreatePen(PS_SOLID, 5, RGB(0, 0, 0));    // 创建画笔
    hDC->SelectObject(hPen);                        // 将画笔选入当前的设备环境
    sita = 2 * 3.1415926 * x.min / 60;              // 计算每分钟分针转过的角度
    xBegin = xOrg + (int)(rMin * sin(sita));
    yBegin = yOrg − (int)(rMin * cos(sita));        // 分针的起点坐标
    xEnd = xOrg + (int)(rClock * sin(sita + 3.1415926) / 8);
    yEnd = yOrg − (int)(rClock * cos(sita + 3.1415926) / 8);    // 分针的终点坐标
    hDC->MoveTo(xBegin, yBegin);
    hDC->LineTo(xEnd, yEnd);                        // 绘制分针
    hPen = CreatePen(PS_SOLID, 10, RGB(0, 0, 0));   // 创建画笔
    hDC->SelectObject(hPen);                        // 将新创建的画笔选入当前设备环境
    sita = 2 * 3.1415926 * x.hour / 12;             // 计算时钟每小时转过的角度
    xBegin = xOrg + (int)(rHour * sin(sita));       // 计算时针的起始坐标
    yBegin = yOrg − (int)(rHour * cos(sita));
    xEnd = xOrg + (int)(rClock * sin(sita + 3.1415926) / 8);    // 计算时针线的终点坐标
```

```
yEnd = yOrg − (int)(rClock * cos(sita + 3.1415926) / 8);
hDC->MoveTo(xBegin, yBegin);
hDC->LineTo(xEnd, yEnd);                            // 绘制时针
DeleteObject(hPen);
DeleteObject(hBrush);
ReleaseDC(hDC);                                     // 结束绘图
}
```

代码含义在注释里已清晰表示，这里不再赘述。

该程序某个运行瞬间的结果如图 2-11 所示。

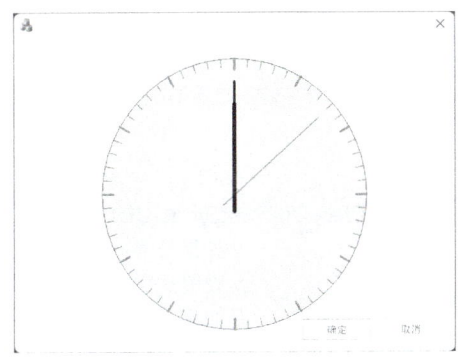

图 2-11 【例 2-5】的运行界面

【例 2-6】 设置映像与使用映像模式实例。本例中的程序运行时，初始阶段按模式 MM_TEXT 绘图，图形为一个坐标系，以逻辑坐标系的原点为原点，X、Y 轴分别是逻辑坐标系的 X、Y 轴。当用户按下"A"键、"B"键或"C"键时，产生 WM_CHAR 消息，将映像模式分别设置为 ISOTROPIC、ANISOTROPIC 或 LOMETRIC，同时刷新用户区，如图 2-12 所示。

按A键　　　　　　　　按B键　　　　　　　　按C键

图 2-12 不同映像模式下图形的变换实验

本例题涉及线型的绘制、键盘上的字符 A、B 和 C 的消息响应，X 轴和 Y 轴分别由三个直线构成，即一条线加上表示箭头的两条线。

具体步骤如下：

（1）创建基于对话框的应用程序 2_6；

（2）添加变量：

```
CDC* hdc;
HPEN hPen;
```

（3）由于要响应字符 A、B 和 C 的消息，因此要通过"类向导"添加 WM_CHAR 消息处理函数，添加后系统生成的函数声明如下：

```
afx_msg void OnChar(UINT nChar, UINT nRepCnt, UINT nFlags);
```

代码如下：

```
void CMy26Dlg::OnChar(UINT nChar, UINT nRepCnt, UINT nFlags)
{    if (nChar == 'a' || nChar == 'A')        // 如果是字符 A，这里要考虑字符的大小写兼容
         nMode = MM_ISOTROPIC;              // 设置映像模式
     else if (nChar == 'b' || nChar == 'B')  // 如果是字符 B，这里要考虑字符的大小写兼容
         nMode = MM_ANISOTROPIC;            // 设置映像模式
     else if (nChar == 'c' || nChar == 'C')  // 如果是字符 C，这里要考虑字符的大小写兼容
         nMode = MM_LOMETRIC;               // 设置映像模式
     else;
     Invalidate();                          // 根据设定的映像模式刷新用户区
     CDialogEx::OnChar(nChar, nRepCnt, nFlags);
}
```

这个函数的主要作用就是根据所输入的字符进行映像模式的设置，然后根据映像模式进行客户区的刷新。

（4）这里还需要定义一个全局的映像模式的变量作为初始的映像模式：

```
int nMode = MM_TEXT;
```

（5）编写刷新处理函数：

```
void CMy26Dlg::OnPaint()
{    CPaintDC dc(this);                      // 用于绘制的设备上下文
     hdc = GetDC();                          // 取得设备环境句柄
     hdc->SetMapMode(nMode);                 // 设置映像模式
     hdc->SetWindowExt(15, 5);               // 设置窗口区域
     hdc->SetViewportExt(15, 10);            // 设置视口区域
     hdc->SetViewportOrg(120, 120);          // 设置视口原点
```

```
        hPen = CreatePen(PS_SOLID, 3, RGB(255, 0, 0)); // 创建红色画笔
        hdc->SelectObject(hPen);                    // 将画笔选入设备环境
        // 画坐标系，原点在视口原点，共 6 条线
        hdc->LineTo(200, 0);
        hdc->LineTo(195, -5);
        hdc->MoveTo(200, 0);
        hdc->LineTo(195, 5);
        hdc->MoveTo(0, 0);
        hdc->LineTo(0, 200);
        hdc->LineTo(-5, 195);
        hdc->MoveTo(0, 200);
        hdc->LineTo(5, 195);
        DeleteObject(hPen);                         // 删除画笔
        ReleaseDC(hdc);                             // 释放设备环境句柄
}
```

（6）这个时候编译应用程序，发现并不能正常运行，什么原因呢？我们需要截获键盘消息，如何截获呢？

MFC 对话框不能响应 OnKeyDown()和 OnChar()函数，因为 MFC 在设计的时候，这两个消息被对话框上的控件截获了，也就是说对话框上的控件的优先级更高。对于这个问题，可以通过重载 PreTranslateMessage()函数来解决，PreTranslateMessage()函数是用来截获键盘的字符消息的。在函数中加上"SendMessage(pMsg->message, pMsg->wParam,pMsg->lParam);"代码，对话框中的 OnKeyDown()和 OnChar()函数就能起作用了。

通过"类向导"添加虚函数：

virtual BOOL PreTranslateMessage(MSG *pMsg)

完整函数如下：

```
BOOL CMy26Dlg::PreTranslateMessage(MSG* pMsg)
{      // TODO: 在此添加专用代码和/或调用基类
        SendMessage(pMsg->message, pMsg->wParam,NULL);
        return CDialogEx::PreTranslateMessage(pMsg);
}
```

在 SendMessage(pMsg->message, pMsg->wParam,NULL)函数中，wParam 是键盘字符的虚拟码，就是所截获的键盘字符，由于字符消息没有 lparam 这个参数，因此最后一个参数为 NULL（函数原型里最后一个参数是 pMsg->lParam），这个函数的作用就是向系统发送所截获的键盘字符消息，供后续处理。

【例 2-7】 万花筒绘制（图 2-13 是绘制过程中和绘制结束后的图形状态）。

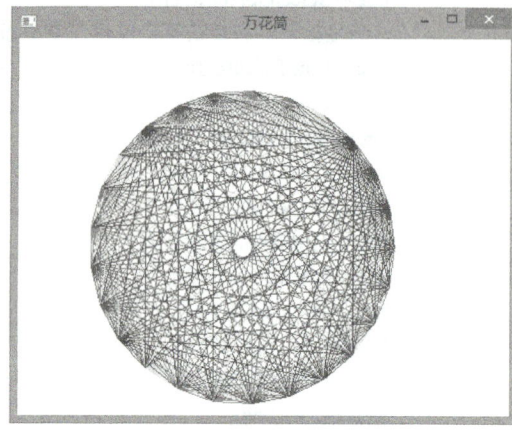

绘制过程中　　　　　　　　　　　　　绘制结束后

图 2-13　绘制万花筒

这个万花筒的图形很漂亮，要绘制它，看起来似乎很复杂，实际上很简单。就是把圆周分成 25 个等分，求出圆周上 25 个点的坐标，然后两两连线，连线过程中 6 条线的颜色依次交替变换就行了。具体步骤如下：

（1）创建类成员 hdc：

CDC* hdc;

（2）在对话框的 2_7Dlg.cpp 文件中创建全局的画笔数组，由于是 6 支笔，因此数组长度为 6，以保存 6 个不同颜色的画笔。

HPEN hpen[6];

（3）在 OnInitDialog()函数中初始化 6 支笔的颜色：

```
hpen[0] = (HPEN)CreatePen(PS_SOLID, 0, RGB(125, 0, 0));
hpen[1] = (HPEN)CreatePen(PS_SOLID, 0, RGB(255, 0, 0));
hpen[2] = (HPEN)CreatePen(PS_SOLID, 0, RGB(0, 125, 0));
hpen[3] = (HPEN)CreatePen(PS_SOLID, 0, RGB(0, 255, 0));
hpen[4] = (HPEN)CreatePen(PS_SOLID, 0, RGB(0, 0, 125));
hpen[5] = (HPEN)CreatePen(PS_SOLID, 0, RGB(0, 0, 255));
```

（4）编写刷新函数 OnPaint()。

```
void CMy27Dlg::OnPaint()
{    CPaintDC dc(this); // 用于绘制的设备上下文
     double t;
```

```
int x0 = 220, y0 = 200;                    // 取七点坐标
int n = 25, i, j, r = 150;                 // 将圆周分成 25 等分，150 为圆周半径
int x[25], y[25];                          // 圆周点坐标数组
t = 2 * 3.1415926 / n;
hdc = GetDC();
for (i = 0; i < n; i++)
{    x[i] = int(r * cos(i * t) + x0);       // 求 25 个点的坐标
     y[i] = int(r * sin(i * t) + y0);
}
for (i = 0; i <= n - 2; i++)               // 两两连线绘图，且 6 个颜色循环交替
{    for (j = i + 1; j <= n - 1; j++)
     {    hdc->SelectObject(hpen[j % 6]);
          Sleep(50);
          hdc->MoveTo(x[i], y[i]);
          hdc->LineTo(x[j], y[j]);
     }
}
ReleaseDC(hdc);
}
```

在上述代码中，"hdc->SelectObject(hpen[j % 6]);"的作用是用数组表示笔的颜色，通过"j % 6"不断变化数组下标，以达到不断更换笔的颜色的目的。其他代码大家通过阅读代码注释很容易理解。

【例 2-8】 绘制旋转的风车，其中风车有三个叶片，按圆周三等分排布，直径为外圆的一半，运行结果如图 2-14 所示。

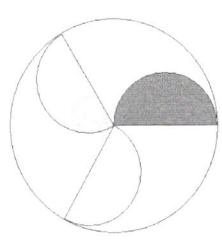

图 2-14 风车运行结果

对于这个问题，求解是很方便的。风车的叶片有三种颜色，直径为外圆的半径。接下来主要解决的是叶片旋转过程中的刷新问题，当然需要把叶片活动一周所需要刷新的次数（绘图次数）设定为一个值，这里用变量 nMaxNum 记录叶片循环一周中绘图的次数。也就是分 20 次转完一周，然后继续循环，叶片不断转动。具体步骤如下：

（1）创建基于对话框的应用程序 2_8，由于是进行绘图，需要定义如下变量：

```
CDC* hDC;                                      // 定义设备环境句柄
HBRUSH hBrush;                                 // 定义画刷句柄
HPEN hPen;                                      // 定义画笔句柄
```

（2）在 2_8Dlg.cpp 文件中定义如下参数和宏定义：

```
#define Pi 3.1415926
int nNum = 0, nMaxNum = 20;                     // nMaxNum 记录了叶片循环一周中绘图的次数
```

（3）编写刷新函数：

```
CPaintDC dc(this);                              // 用于绘制的设备上下文
int nCenterX, nCenterY;                         // 定义 3 个叶片的圆心的坐标
double fAngle;                                   // 叶片活动刷新一次所转过的角度
hDC = GetDC();                                   // 获得设备环境指针
hDC->SetMapMode(MM_ANISOTROPIC);                 // 设置映像模式
hDC->SetWindowExt(400, 300);                     // 设置窗口区域，逻辑单位
hDC->SetViewportExt(600, 450);                   // 设置视口区域，物理单位
hDC->SetViewportOrg(300, 200);                   // 设置视口原点坐标为(300,200)，物理单位
// 绘制外圆
hPen = (HPEN)GetStockObject(BLACK_PEN);          // 将 BLACK_PEN 颜色赋给画笔句柄
hDC->SelectObject(hPen);                         // 将画笔句柄选入当前设备环境
hDC->Ellipse(-100, -100, 100, 100);             // 画圆
// 绘制风车的叶片
hBrush = CreateSolidBrush(RGB(255, 0, 0));       // 为绘制红色的叶片，创建红色画刷
hDC->SelectObject(hBrush);                       // 将红色画刷选入当前设备环境
fAngle = 2 * Pi / nMaxNum * nNum;                // 计算叶片活动刷新一次所转过的角度
nCentreX = (int)(50 * cos(fAngle));              // 计算绘制叶片的坐标
nCentreY = (int)(50 * sin(fAngle));
hDC->Pie(nCenterX - 50, nCenterY - 50,nCentreX + 50, nCenterY + 50,
    (int)(nCenterX + 50 * cos(fAngle)), (int)(nCenterY + 50 * sin(fAngle)),
    (int)(nCenterX + 50 * cos(fAngle + Pi)), (int)(nCenterY + 50 * sin(fAngle + Pi)));
hBrush = CreateSolidBrush(RGB(255, 255, 0));     // 画黄色的叶片，代码过程跟画红色叶片一样
hDC->SelectObject(hBrush);
nCenterX = (int)(50 * cos(fAngle + 2 * Pi / 3));
nCenterY = (int)(50 * sin(fAngle + 2 * Pi / 3));
hDC->Pie(nCenterX - 50, nCenterY - 50,nCenterX + 50, nCenterY + 50,
(int)(nCenterX+50*cos(fAngle+2*Pi/3)),(int)(nCenterY+50*sin(fAngle+2*Pi/3)),
(int)(nCenterX+50*cos(fAngle+Pi+2*Pi/3)),(int)(nCenterY+50*sin(fAngle+Pi+2*Pi/ 3)));
hBrush = CreateSolidBrush(RGB(0, 255, 255));     // 画天蓝色的叶片，代码过程跟画红色叶片一样
hDC->SelectObject(hBrush);
```

nCenterX = (int)(50 * cos(fAngle + 4 * Pi / 3));
nCenterY = (int)(50 * sin(fAngle + 4 * Pi / 3));
hDC−>Pie(nCenterX − 50, nCentreY − 50,nCentreX + 50, nCenterY + 50,
 (int)(nCenterX+50*cos(fAngle+4*Pi/3)),(int)(nCenterY + 50 * sin(fAngle + 4 * Pi / 3)),
 (int)(nCenterX+50*cos(fAngle+Pi+4*Pi/3)),(int)(nCenterY+50*sin(fAngle+Pi+4*Pi/ 3)));
nNum++;   // 当前序数加 1
if (nNum == 20) nNum = 0;
ReleaseDC(hDC);   // 释放环境指针
Sleep(100);   // 等待 0.1 秒
Invalidate();   // 发送刷新请求，重绘窗口区域

值得注意的是，由于叶片转过角度的计算由语句"fAngle = 2 * Pi / nMaxNum * nNum;"完成，因此，在计算"nNum++;"时，它的值会超过 20，因此要通过语句"if (nNum == 20) nNum = 0;"来复位。其他的代码，注释中已经描述得很清楚了。

2.8 练 习 题

【2-1】 什么是图形设备接口？

【2-2】 如何进行图形的刷新？

【2-3】 如何定义映像模式？

【2-4】 请编写程序，要求如下：

（1）定义一支红色的画笔，绘制一个等五边形。

（2）用不同颜色的线条连接互不相邻的两个点。

（3）用不同颜色的画刷填充用上述方法所形成的图形中的每一个区域。

【2-5】 如图 2-15 所示，分别调用系统定义的四种笔样式 PS_DOT、PS_ DASHDOT、PS_DASHDOTDOT 和 PS_DASH 画出四个圆，看一看有什么差别。然后调用系统定义的 6 种实画刷画出矩形，调用系统定义的 6 种阴影画刷来画出圆角矩形。调用函数 Pie()画一个圆，红黄蓝各占 1/3。

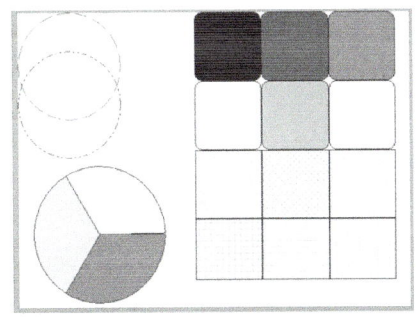

图 2-15　练习【2-5】的效果示意图

第3章 字体及其应用

基于 Windows 的应用程序经常使用 GDI 进行文本输出。事实上，在基于 Windows 的应用程序中，图形和文本并没有明显的界限。在一定意义上，任何内容都可以看成图形实体，文本事实上也是按照所选用字体的格式画出来的。一个字体包含了字符集中每一个字母、数字和标点符号的形状和外表的特殊信息。使用定义好的与设备无关的字体集，Windows 就能维护它的设备无关性，提供"所见即所得"的好处，这就意味着屏幕上显示的文本与用打印机或绘图仪等输出设备输出的文本是完全一样的。

在基于 Windows 的编程中，文本操作通常需要设置字符集、字体、字符大小、字符颜色等有关属性，并将这些属性选入设备环境，然后输出到输出设备。

电子教案：第3章字体及其应用

源代码：第3章例题源代码

3.1 设置文本的设备环境

字体描述了所要显示的文本的大小、类型和外形，也就是说，字体包含了字符集中每个字符的一个特殊描述。在 Windows 中，字体一般又可以分成两大类型：逻辑字体和物理字体。逻辑字体定义的字符集是与设备无关的，而物理字体则是为特殊设备设计的，因而是设备相关的。逻辑字体的开发相对设备字体来说更为困难，但是由于其与设备无关的特性使逻辑字体使用起来更灵活，而且逻辑字体往往是可精确表示的，因此逻辑字体得到了广泛的应用。

字体的应用主要涉及的概念及操作有字体的句柄、字体的创建及字体的颜色与背景色的定义等。

3.1.1 字体句柄

Windows 系统提供了 7 种基本字体，如表 3-1 所示。

表 3-1　Windows 系统提供的基本字体

字体	说明
ANSI_FIXED_FONT	ANSI 标准的固定宽度的字体
DEFAULT_GUI_FONT	当前 GUI 的默认字体
OEM_FIXED_FONT	标准原设备制造商(OEM)提供的字体

续表

字体	说明
SYSTEM_FONT	Windows 提供的可变宽度的字体，它常作为默认字体
ANSI_VAR_FONT	ANSI 标准的可变宽度的字体
DEVICE_DEFAULT_FONT	当前图形设备的字体
SYSTEM_FIXED_FONT	Windows 的标准固定宽度的字体

常用的默认字体为 SYSTEM_FONT, Windows 使用该字体作为系统界面字体。

但是由于系统提供的字体往往不能满足应用程序的需要，实际上，中文的字体是很丰富的。程序员可调用函数 CreateFont 创建自定义字体。该函数的调用形式如下：

```
HFont=CreateFont
    (int nHeight,              //字体高度，取 0 则采用系统默认值，使用逻辑单位
    int nWidth,                //字体宽度，取 0 则由系统根据高宽比取最佳值，使用逻辑单位
    int nEscapement,           //每行文字相对于页底的角度，以 1/10 度为单位
    int nOrientation,          //每个文字相对于页底的角度，以 1/10 度为单位
    int nWeight,               //字体粗细度，取值范围为 0～1000
    DWORD fdwltalic,           //如果要求字体倾斜，则取非零
    DWORD fdwUnderLine,        //如果要求下画线，则取非零
    DWORD fdwStrikeOout,       //如果要求中画线，则取非零
    DWORD fdwCharSet,          //字体所属字符集
    DWORD fdwOutputPrecision,  //输出精度，一般取默认值 OUT_DEFAULT_PRECIS
    DWORD fdwClipPrecision,    //剪裁精度，一般取默认值 CLIP_DEFAULT_PRECIS
    DWORD fdwQuality,          //输出质量，一般取默认值 DEFAULT_QUALITY
    DWORD fdwPitchAndFamily,   //字体的间距及字体的系列，一般取默认值 DEFAULT_
                               //PITCH
    DWORD lpszFacename         //字体名
);
```

其中参数 fdwCharSet 定义的字符集有：ANSI_CHARSET，BALTIC_CHARSET，CHINESEBIG5_CHARSET，DEFAULT_CHARSET，EASTEUROPE_CHARSET，GB2312_CHARSET，GREEK_CHARSET，HANGUL_CHARSET，MAC_CHARSET，OEM_CHARSET，RUSSIAN_CHARSET，SHIFTJIS_CHARSET，SYMBOL_CHARSET，TURKISH_CHARSET，VIETNAMESE_CHARSET 等字符集。

选择系统字体一般需要执行如下步骤：

（1）定义字体句柄变量，语法如下：

```
HFONT hF;                      //hF 为字体的句柄
```

（2）调用 CDC 类的成员函数 SelectObject 将所选的字体句柄选入当前设备环

境，语法如下：

hDC->SelectObject(hF);　　　　　　　// 其中 hDC 为 CDC 类的对象

3.1.2　设置字体和背景颜色

了解了字体句柄及创建字体以后，在有关文本输出的编程中，还需要进一步了解字体的设置及背景颜色的设置，这样才能得到精美的输出效果。

应用程序通过调用函数 SetTextColor 设置当前 DC 环境下的字体颜色，其形式为：

hDC->SetTextColor(crColor)　　　　　// crColor 为设置的颜色

应用程序还可调用函数 SetBkColor 设置背景颜色，其形式为：

hDC->SetBkColor(crColor)

3.2　文本的输出过程

在定义了字体句柄、字体及字体颜色以后，就可以把设置的字体输出到相应的设备上。Windows 应用程序的文本输出过程比较复杂，因为程序员除了确定输出内容外，还要管理输出的格式及位置，由应用程序完成窗口用户区的管理，Windows 系统并不参与窗口用户区的管理。这样虽然为程序员管理用户区提供了编程的自由，但也加重了编写应用程序的负担。例如，在用户区内输出文本，应用程序必须管理换行、后续字符的位置等输出格式，Windows 系统并未提供管理输出文本格式的函数。

文本的输出过程应用程序必须先确定文本在窗口中输出的位置。确定文本的位置通常用绝对定位和相对定位的方式。绝对定位就是用逻辑坐标来定位，它的缺点是已输出文本对后续位置有影响，这种影响无法从直接定位坐标中体现出来。而且当窗口的位置或输出字体发生变化时，文本不能随着窗口的尺寸和新的字体变化灵活调整。相对定位则根据已输出内容，通过获取字体信息，然后格式化文本，确定后续文本的输出的位置，调用函数在窗口中输出文本。

1. 获取字体信息

应用程序在输出文本之前必须获取当前使用字体的有关信息，如当前使用的字符高度等，以确定输出文本格式和下一行字符的输出位置。

Windows 程序中通过调用函数 GetTextMetrics() 获取当前使用字体的信息。调用该函数时，系统将当前字体的信息复制到 tm 标识的 TEXTMETRIC 结构中。其形式为：

GetTextMetrics (&tm);　　　　　　　　// tm 为 TEXTMETRIC 结构

系统定义的 **TEXTMETRIC** 的结构如下：

```
typedef struct tagTEXTMETRIC
  {                                     // tm
    LONG tmHeight;                      // 字符高度
    LONG tmAscent;                      // 字符基线以上高度
    LONG tmDescent;                     // 字符基线以下高度
    LONG tmInternalLeading;             // tmHeight 定制的字符高度顶部的控件
    LONG tmExternalLeading;             // 行与行之间的间隔
    LONG tmAveCharWidth;                // 平均字符宽度
    LONG tmMaxCharWidth;                // 最大字符宽度
    LONG tmWeight;                      // 字符的粗细度
    LONG tmOverhang;                    // 合成字体间附加的宽度
    LONG tmDigitizedAspectX;            // 为输出设备设计的 X 轴尺寸
    LONG tmDigitizedAspectY;            // 为输出设备设计的 Y 轴尺寸
    BCHAR tmFirstChar;                  // 字体中的第一个字符值
    BCHAR tmLastChar;                   // 字体中的最后一个字符值
    BCHAR tmDefaultChar;                // 代替不在字体中字符的字符
    BCHAR tmBreakChar;                  // 作为分隔符的字符
    BYTE tmItalic;                      // 非 0 则表示字体为斜体
    BYTE tmUnderlined;                  // 非 0 则表示字体有下画线
    BYTE tmStruckOut;                   // 非 0 则表示字符为删除字体
    BYTE tmPitchAndFamily;              // 字体间距和字体族
    BYTE tmCharSet;                     // 字符集
  }TEXTMETRIC;
```

调用函数 GetTextMetrics()获取当前字体的 TEXTMETRIC 结构后，即可为其中的成员设置文本输出格式。

2. 格式化文本

格式化处理一般针对两种情况：一是在文本行中确定后续文本的坐标，二是在换行时确定下一行文本的坐标。

（1）确定后续文本的坐标。确定后续文本的坐标，应先获取当前字符串的宽度，Windows 系统提供函数 GetTextExtentPoint32 完成这项任务，并把它存储在一个 SIZE 结构中。该函数的原型为：

```
BOOL GetTextExtentPoint32
    ( HDC hdc,
      LPCTSTR lpszString,          // lpszString 为指定的字符串
      int nLength,                 // nLength 为字符串中的字符数
      LPSIZE lpSize                // lpSize 为返加字符串宽度及高度的 SIZE 数据结构的地址
)
```

SIZE 数据结构的定义如下：

```
typedef struct tagSIZE
    {
      LONG cx;
      LONG cy;
    } SIZE;
```

通过计算字符串的起始坐标与字符串宽度之和，即可得到后续文本的起始坐标。例如，X 轴的起始坐标为 x0，如果当前字符串的信息存储在 size 指向的 SIZE 结构中，则后续文本的起始坐标 x 为：

x=x0+size.cx;

（2）确定换行时的文本坐标。通过计算当前行文本字符的高度与行间隔之和，即可得到换行时文本的起始坐标，而上述两个数值均可通过获取当前字体的信息得到。若当前行的坐标为 y0，则换行时 Y 轴上文本的坐标 y 为：

```
y=y0+tm.tmHeight+tm.tmExternalLeading;    // tm 的信息由函数 GetTextMetrics()获取
或: y=y0+size.cy;                          // size 的信息由函数 GetTextExtentPoint32()获取
```

3. 文本输出

Windows 编程中最常用的文本输出函数是 TextOut()，其函数原型如下：

```
BOOL TextOut
(       HDC hdc,
        int X, int Y,                // (X, Y)为用户区中字符串的起始坐标
        LPCTSTR lpString,            // lpString 为显示的字符串
        int nCount                   // nCount 为字符串中的字节数
)
```

用户调用函数 TextOut()，以坐标(X,Y)为起点，输出字节数为 nCount、名为 lpString 的字符串。

也可以使用 DrawText()函数将文本输出到一个矩形中，DrawText()函数的原型如下：

```
int DrawText(
    HDC hDC,                          // DC 句柄
    LPCTSTR lpString,                 // 输出的文本内容
    int nCount,                       // 文本长度
    LPRECT lpRect,                    // 输出尺寸
    UINT uFormat                      // 输出选项
);
```

其中，输出选项 uFormat 是用来指定格式化正文的方法。它可以是下列值的任意组合，部分选项（详细的选项内容可参见相关参考资料）如下：

DT_BOTTOM：将正文调整到矩形底部，此值必须和 DT_SINGLELINE 组合。

DT_CALCRECT：决定矩形的宽和高。

DT_CENTER：使正文在矩形中水平居中。

DT_LEFT：正文左对齐。

DT_RIGHT：正文右对齐。

DT_TOP：正文顶端对齐（仅对单行）。

DT_VCENTER：正文水平居中（仅对单行）。

3.3　文本操作实例

【例 3-1】 在用户窗口上输出几行字符串，输出结果如图 3-1 所示。

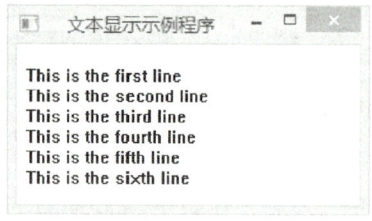

图 3-1　【例 3-1】的输出结果

作为文字输出的练习，这是一个非常简单的例子。在文字输出过程中，首先要获取 DC，并获取系统的文字信息，这里使用的是系统定义的默认文字，暂时不涉及自定义字体（后续会有相关的例子），参见下面的步骤（1）；在文字输出过程中，需要获取输出的位置信息，于是定义了变量 nXChar,和 nYChar，参见下面的步骤（2）；然后需要在初始化过程中获取文字信息，这些工作在初始化函数中完成，参见下面的步骤（3）；最后就是通过刷新操作进行文字的具体输出，参见下面的步骤（4）。具体编程步骤如下：

（1）本例所创建的工程文件名为 3_1，在 CMy31Dlg 类中添加如下变量：

```
CDC* hDC;                        // 创建 DC
TEXTMETRIC tm;                   // 该变量是为了获取字体信息
```

（2）在 3_1Dlg.cpp 文件中添加如下变量：

```
long nXChar, nYChar;             // 这两个变量用来存储字符宽度和高度
```

（3）在初始化函数 OnInitDialog()中添加如下代码：

```
hDC = GetDC();                               // 获取当前设备表句柄
hDC->GetTextMetrics(&tm);                    // 获取字体信息
nXChar = tm.tmAveCharWidth;                  // 获取字符宽度
nYChar = tm.tmHeight + tm.tmExternalLeading;
ReleaseDC(hDC);                              // 释放当前设备句柄
```

输出文字类似于绘制图形，因此需要创建 DC，所以要获取 hDC，字体的信息通常是在初始化过程中获取，这样就可以在其他函数中使用，而不必在不同的函数模块中分别获取，因此字体的信息通常赋值给全局变量，这里表征字体宽度和高度的变量 nXChar 和 nYChar 就定义为全局变量。

（4）编写刷新函数 OnPaint()如下：

```
CPaintDC dc(this);                          // 用于绘制的设备上下文
short x;
int LnCount = 6;                            // 输出的内容共有 6 行
TCHAR textbuf[6][50] =     { L"This is the first line",
                             L"This is the second line",
                             L"This is the third line",
                             L"This is the fourth line",
                             L"This is the fifth line",
                             L"This is the sixth line"};
hDC = GetDC();                              // 获取 DC，准备输出文字
for (x = 0; x < LnCount; x = x + 1)
    hDC->TextOut(nXChar, nYChar * (1 + x), textbuf[x], lstrlen(textbuf[x]));
ReleaseDC(hDC);
```

这个例子比较简单，详细过程请参见代码注释内容。

【例 3-2】 在窗口中显示出 26 个英文字母，从左向右字母位置依次提高 10 像素，并且颜色变为红色，然后回到正常位置；当到达最右端后改变方向从右向左依次变成红色并位置提高 10 像素。在窗口的第二行显示 26 个字母，字体从正常到斜体，颜色从黑色到天蓝色不断变换。图 3-2 是该程序运行到某个时刻的截图，此时字母 v

比其他字母高 10 像素。

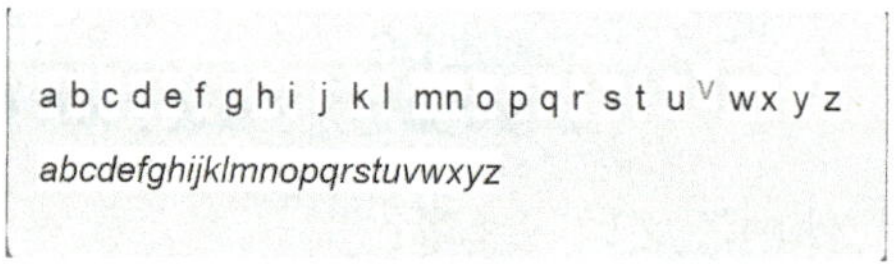

图 3-2　【例 3-2】程序的运行截图

根据题目的要求，要做到如下几点：

（1）定义一个全局变量 nChar 来标志蓝色跳起字母在 26 个字母中的位置，因为红色的字母移动方向是左右循环的，所以定义全局布尔型变量 bRight 和 bLeft，以标志当前移动方向是向右还是向左，初始化 bRight=TRUE，bLeft=FALSE，表明方向是从左向右开始的；

（2）由于本例子中的文字动画显示是周而复始的，因此可以设置一个定时器消息，每隔一定时间发送一个刷新请求，来达到动画显示的效果。系统提供了一个 WM_TIMER 的消息，其对应的消息处理函数是 OnTimer，因此在初始化函数 OnInitDialog()中添加如下代码：

```
SetTimer(1, 100, NULL);           //建立计时器,每 0.1 秒发出 WM_TIMER 消息
```

上述的 SetTimer 说明是每 0.1 秒发出 WM_TIMER 消息，然后定时器消息处理过程会调用 Invalidate()函数并发出刷新用户区的请求，发送刷新请求，实现用户区的动态显示。由 OnPaint()函数完成刷新操作。

（3）然后处理第一行字符：在 OnPaint 消息处理程序中，在得到了设备环境句柄 hDC 后，调用用户自定义的函数 HFONT CreateFont(int nCharHeight, BOOL bItalic)，第一个参数 nCharHeight 是字体高度，这里自定义为 40，第 2 个参数 bItalic 是斜体的标志变量，取 0 表示不倾斜，取 1 表示倾斜。

具体编码过程如下：

（1）本例的工程文件名为基于对话框的应用程序 3_2，在头文件 3_2Dlg.h 中添加如下变量：

```
CDC* hDC;                 //定义设备环境句柄
HFONT hF;                 //定义字体句柄
TEXTMETRIC tm;            //定义包含字体信息的结构体变量
```

（2）在 3_2Dlg.cpp 文件的前部，定义全局函数及变量如下：

```
HFONT CreateFont(int nCharHeight, BOOL bItalic);
int nChar = 0;                  //当前字符的位置
BOOL bRight = TRUE, bLeft = FALSE, bItalic = FALSE;
```

（3）在初始化函数中创建定时器：

SetTimer(1, 100, NULL);　　　　　　　　　　　　// 建立计时器，每 0.1 秒发出 WM_TIMER 消息

（4）创建对定时器的消息处理函数如下：

在对话框类中，右击，在弹出的快捷菜单中选择"类向导"选项，然后在"类向导"中的"消息"页中找到 WM_TIMER 消息，双击它，就可以添加默认函数名为 OnTimer()的消息处理函数，如图 3-3 所示。

图 3-3　添加 WM_TIMER 消息处理函数

在生成的 OnTimer()函数中添加如下蓝色的代码 Invalidate()，它的作用是提出刷新请求，响应该刷新请求的函数是 OnPaint()函数。

```
void CMy32Dlg::OnTimer(UINT_PTR nIDEvent)
{
    // TODO: 在此添加消息处理程序代码和/或调用默认值
    Invalidate();
    CDialogEx::OnTimer(nIDEvent);
}
```

函数中的形参 nIDEvent 表示定时器的序号。也就是说可以同时启动多个定时器，不同的定时器通过 nIDEvent 来标识区别。

（5）在刷新处理函数 OnPaint()中加入如下代码，代码中已经给出详细注释：

CPaintDC dc(this);　　　　　　　　　　　　// 用于绘制的设备上下文

91

```
WCHAR lpsz_1[] = L"abcdefghijklmnopqrstuvwxyz";       // 定义输出的字符串
int nCharlen = (int)wcslen(lpsz_1);                    // 定义字符串长度变量
// 注意 wcslen()函数的返回值为宽字符串的长度，类型为 size_t，是无符号的（易错），所以
// 转换成 int
int X = 0, Y = 0, i;
hDC = GetDC();                                         // 获得设备环境指针
// 输出第 1 行字体.
hF = CreateFont(40, 0);                                // 创建字体
hDC->SelectObject(hF);                                 // 选入字体
hDC->GetTextMetrics(&tm);                              // 得到包含字体信息的结构体
Y = tm.tmExternalLeading + 10;                         // 设置输出字符的 Y 坐标
for (i = 0; i < nChar; i++)
{     hDC->SetTextColor(RGB(0, 0, 0));                 // 设置字体的颜色为黑色
      X = X + tm.tmAveCharWidth * 2;                   // 设置输出字符的 X 坐标
      hDC->TextOut(X, Y, &lpsz_1[i], 1);               // 输出从第 1 个到第 nChar 个字符
}
// 下面代码操作是要输出跳起来的那个字符
hDC->SetTextColor(RGB(255, 0, 0));                     // 设置字体的颜色为红色
X = X + tm.tmAveCharWidth * 2;                         // 设置输出字符的 X,Y 坐标
Y = tm.tmExternalLeading;                              // 此字的位置高 10 个物理单位
hDC->TextOut(X, Y, &lpsz_1[nChar], 1);                // 输出第 nChar 个字符
// 在输出跳起来的那个字符时，要注意，在默认模式的屏幕上，Y 坐标是向下的。因此，在输出
// "没有跳起来" 的字符串时，是输出这些字符串的 Y 坐标加了 10 个单位，是下沉了 10 个单
// 位，而 "跳" 起来的字符，Y 坐标并没有做过调整，这样看起来的效果是有一个字符 "跳" 起
// 来了
Y = tm.tmExternalLeading + 10;                         // 恢复后续输出字符的 Y 坐标高度
for (i = nChar + 1; i < nCharlen; i++)
{     hDC->SetTextColor(RGB(0, 0, 0));                 // 设置字体的颜色为黑色
      X = X + tm.tmAveCharWidth * 2;                   // 设置输出字符的 X 坐标
      hDC->TextOut(X, Y, &lpsz_1[i], 1);               // 输出后面的字符
}
// 下面的条件判断语句，要解决当输出到最后一个字符时，要改变 "跳" 起来字符的行进方
向，即从右到左，这个时候，把 bRight 设为 FALSE，bLeft 设为 TRUE;
if (nChar == nCharlen - 1)                             // 当输出到最后的一个字符时，
{     bRight = FALSE;                                  // 改变红色字符移动的方向为向左
      bLeft = TRUE;
}
else if (nChar == 0)              // 当从右到左行进到第一个字符时，改变行进方向
{     bRight = TRUE;              // 改变红色字符移动的方向为向右
      bLeft = FALSE;
}
// 下面的 if 判断是当向右方向为真时，每显示一次，nChar 这个字符位置加 1，否则减 1
```

```
    if (bRight == TRUE)
        nChar++;
      else
        nChar—;
    DeleteObject(hF);                                    // 删除字体句柄
    // 输出第 2 行字体
    hF = CreateFont(40, bItalic);                        // 创建字体，大小为 40
    hDC->SelectObject(hF);                               // 选入字体
    X = tm.tmAveCharWidth * 2;                           // 设置输出位置
    Y = tm.tmHeight * 2;
    if (bItalic == TRUE)          // 如果斜体标识为真，输出斜体字，文字颜色为黑色
        hDC->SetTextColor(RGB(0, 0, 0));
      else                        // 如果斜体标识为假，输出正体字，文字颜色为天蓝色
        hDC->SetTextColor(RGB(0, 255, 255));
    hDC->TextOut(X,Y,lpsz_1,(int)wcslen(lpsz_1));        // 输出普通字符
    if (bItalic == TRUE) bItalic = FALSE;
    else bItalic = TRUE;
    DeleteObject(hF);                                    // 删除字体句柄
    ReleaseDC(hDC);                                      // 删除设备用户指针
```

如果 nChar 等于字符串长度，表示已经运动到了字符串的末尾，将向右移动标志变量 bRight 设置为 True，当字符长度等于 0 时，表明向左移动已到了最左端，将向左移动标志设置为 True；当 bRight=True 时，字符位置标志 nChar 加 1，当 bLeft=True 时，字符位置标志变量减 1。

（6）由于本例用到了自定义字体，自定义字体的函数 CreateFont 代码如下：

```
HFONT CreateFont(int nCharHeight, BOOL bItalic)
{
    HFONT hFont;                                         // 定义字体句柄
    hFont = CreateFont(                                  // 定义字体句柄
        nCharHeight,                                     // 字体高度
        0,                                               // 由系统根据高宽比选取字体最佳宽度值
        0,                                               // 文本倾斜度为 0，表示水平
        0,                                               // 字体倾斜度为 0
        400,                                             // 字体粗度，400 为正常
        bItalic,                                         // 是斜体字否？
        0,                                               // 无下画线
        0,                                               // 无删除线
        ANSI_CHARSET,                                    // 表示所用的字符集为 ANSI_CHARSET
        OUT_DEFAULT_PRECIS,                              // 删除精度为默认值
        CLIP_DEFAULT_PRECIS,                             // 裁剪精度为默认值
```

```
        DEFAULT_QUALITY,                    // 输出质量为默认值
        DEFAULT_PITCH | FF_DONTCARE,        // 字间距和字体系列使用默认值
        L"Arial");                          // 字体名称
    if (hFont == NULL)
        return NULL;
    else
        return hFont;
}
```

　　上述的 CreateFont 函数，经过如此定义后，如果需要多次调用该函数，只要传递有限的两个参数（本例是这样），这样的处理方法是为了减少参数的输入量，那些默认值就不用重复输入，以降低出错的可能性。

　　【例 3-3】　本程序通过在窗口中分 7 行分别显示 7 行文本，以说明在窗口用户区中的格式及输出文本的方法。其中，第 1 行的文字是红色的；第 2 行是绿色的；第 3 行是蓝色的；第 4 行使用斜体文字，并带下画线；第 5 行的文字恢复为红色，但仍使用第 4 行字体的设置输出，其中最后一行实际上是两个字符串同行输出。第 7 行使用 DrawText()输出文本，并使显示效果具有卡拉 OK 的效果，本程序的界面效果如图 3-4 所示。

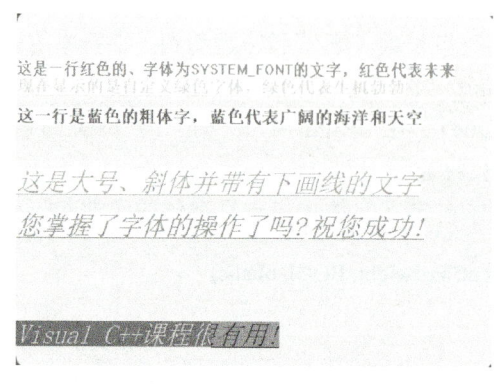

图 3-4　【例 3-3】的运行结果

　　本例题的编码步骤如下，首先创建一个基于对话框的应用程序 3_3，然后依如下步骤进行：

　　（1）添加类成员变量：

```
CDC* hdc;
HFONT hF_black, hF_big;          // 定义两种字体句柄
TEXTMETRIC tm;                   // 定义一个 TEXTMETRIC 结构，用以记录字体信息
```

　　（2）由于最后一行涉及文字的变化速度，因此需要设定定时器及定时器的消息响

应，在初始化函数中定义一个定时器如下：

SetTimer(9999, 100, NULL);　　　// 设置定时器，这里设置的定时器的 ID 值为 9999

然后在"类向导"中添加 WM_TIMER 的消息响应，蓝色部分为加入的内容，主要就是针对 ID 为 9999 的定时器发送 Invalidate() 刷新请求，这个刷新请求由 OnPaint() 函数进行响应。代码如下：

```
void CMy33Dlg::OnTimer(UINT_PTR nIDEvent)
{      // TODO:在此添加消息处理程序代码和/或调用默认值
       switch (nIDEvent)
       {
         case 9999:
             Invalidate();
       }
       CDialogEx::OnTimer(nIDEvent);
}
```

（3）最后编写刷新函数 OnPaint() 函数

```
CPaintDC dc(this);                              // 用于绘制的设备上下文
LPCWSTR lpsz_1 = L"这是一行红色的、字体为 SYSTEM_FONT 的文字，红色代表未来";
LPCWSTR lpsz_2 = L"现在显示的是自定义绿色字体，绿色代表生机勃勃";
LPCWSTR lpsz_3 = L"这一行是蓝色的粗体字，蓝色代表广阔的海洋和天空";
LPCWSTR lpsz_4 = L"这是大号、斜体并带有下画线的文字";
LPCWSTR lpsz_5 = L"您掌握了字体的操作了吗?";
LPCWSTR lpsz_6 = L"祝您成功!";
LPCWSTR lpsz_7 = L"Visual C++课程很有用!";
int X = 0, Y = 0;                               // 第一行的输出起始点位置坐标
static RECT rect = { 0,300,0,350 };// 定义一个矩形区，用来对第 7 行文字进行输出
SIZE size;                                      // 定义一个 SIZE 类型的结构
rect.right += 2;    // 矩形的右边界增 2，实际上这是第 7 行的"卡拉 OK"效果行进速度
hdc = GetDC();
hdc->SetTextColor(RGB(255, 0, 0));              // 设置文本颜色为红色
hdc->GetTextMetrics(&tm);                       // 获取默认字体，写入 tm 结构中
hdc->TextOut(X, Y, lpsz_1, (int)_tcsclen(lpsz_1)); // 使用当前字体输出文本
Y = Y + tm.tmHeight + tm.tmExternalLeading;     // 计算换行时下一行文本的输出坐标
hF_black = CreateFont                           // 创建自定义字体
(      20,                                       // 字体的高度
       0,                                        // 由系统根据高宽比选取字体最佳宽度值
       0,                                        // 文本的倾斜度为 0，表示水平
       0,                                        // 字体的倾斜度为 0
       FW_HEAVY,                                 // 字体的粗度，FW_HEAVY 为最粗
```

```
        0,                                    // 非斜体字
        0,                                    // 无下画线
        0,                                    // 无删除线
        GB2312_CHARSET,                       // 表示所用的字符集为 ANSI_CHARSET
        OUT_DEFAULT_PRECIS,                   // 输出精度为默认精度
        CLIP_DEFAULT_PRECIS,                  // 剪裁精度为默认精度
        DEFAULT_QUALITY,                      // 输出质量为默认值
        DEFAULT_PITCH | FF_DONTCARE,          // 字间距和字体系列使用默认值
        L"粗体字"                             // 字体名称
);
hdc->SetTextColor(RGB(0, 255, 0));            // 设置文本颜色为绿色
hdc->SelectObject(hF_black);                  // 将自定义字体选入设备环境
hdc->GetTextMetrics(&tm);                     // 获取字体的信息，并写入 tm 结构中
hdc->TextOut(X, Y, lpsz_2, (int)_tcsclen(lpsz_2)); // 使用当前字体输出文本
Y=Y+tm.tmHeight+5*tm.tmExternalLeading;       // 换行输出文本，计算新行的起始 Y 坐标位置
GetTextExtentPoint32(*hdc,lpsz_2,(int)tcsclen(lpsz_2), &size);   // 获取字符串的宽度
hdc->SetTextColor(RGB(0, 0, 255));            // 设置文本颜色为蓝色
hdc->TextOut(X, Y, lpsz_3, (int)_tcsclen(lpsz_3)); // 用当前字体输出文本
Y = Y + tm.tmHeight + 5 * tm.tmExternalLeading;
hF_big = CreateFont                           // 引入新字体
(       30,                                    // 字体高度
        0,
        0,
        0,
        FW_NORMAL,
        1,                                     // 定义斜体
        1,                                     // 定义输出时带下画线
        0,
        GB2312_CHARSET,                        // 所使用的字符集
        OUT_DEFAULT_PRECIS,
        CLIP_DEFAULT_PRECIS,
        DEFAULT_QUALITY,
        DEFAULT_PITCH | FF_DONTCARE,
        L"大号字"
);
hdc->SelectObject(hF_big);                    // 将第二种自定义字体选入设备环境
hdc->SetTextColor(RGB(155, 155, 155));        // 设置文本颜色为灰色
Y = Y + tm.tmHeight + 5 * tm.tmExternalLeading; // 设置输出文本的 Y 坐标
hdc->TextOut(X, Y, lpsz_4, (int)_tcsclen(lpsz_4)); // 以当前字体输出文本
hdc->SetTextColor(RGB(255, 0, 0));            // 设置文本颜色为红色
Y = Y + tm.tmHeight + 10 * tm.tmExternalLeading; // 设置输出文本的 Y 坐标
hdc->TextOut(X, Y, lpsz_5, (int)_tcsclen(lpsz_5)); // 输出文本
```

```
// 在该行继续输出文本
GetTextExtentPoint32(*hdc, lpsz_5, (int)_tcsclen(lpsz_5), &size);
X = X + size.cx;                                              // 获取字符串的宽度
hdc->TextOut(X + 5, Y, lpsz_6, (int)_tcsclen(lpsz_6));        // 输出文本
hdc->SetTextColor(RGB(0, 0, 0));
hdc->SetBkColor(RGB(100, 150, 100));                          // 设置背景颜色
hdc->TextOut(0, 300, lpsz_7, (int)_tcsclen(lpsz_7));         // 输出文本
hdc->SetTextColor(RGB(0, 255, 0));                           // 设置文本颜色
hdc->SetBkColor(RGB(150, 50, 50));                           // 设置背景颜色
hdc->DrawText(lpsz_7, (int)_tcslen(lpsz_7), &rect, DT_LEFT); // 滚动输出文字
GetTextExtentPoint32(*hdc, lpsz_7, (int)_tcsclen(lpsz_7), &size);
if (rect.right >= size.cx) rect.right = 0;        // 如果滚动到最右边，回零，从头开始重新滚动
ReleaseDC(hdc);
```

这个例子相对比较简单，而且代码注释已经比较详细了，读者在前面知识点的支撑下，通过阅读代码注释的内容，就很容易弄清楚本例题的代码内容。这里最关键的是第 7 行的输出处理，先在设定一个矩形框，由语句 "static RECT rect = { 0,300,0,350 };" 来完成，然后设置字体颜色为黑色，由代码 "hdc->SetTextColor(RGB(0, 0, 0));" 来完成，设置绿色背景由代码 "hdc->SetBkColor(RGB(100, 150, 100));" 来完成，第 7 行的文字输出由语句 "hdc->TextOut(0, 300, lpsz_7, (int)_tcsclen(lpsz_7));" 来完成。然后再次设定背景颜色和文字颜色，通过 DrawText()函数进行精准覆盖输出，这样就显示了滚动输出的效果。如果滚动到最右边，则将矩形右边界回零，这个操作由判断语句 "if (rect.right >= size.cx) rect.right = 0;" 来完成，然后由于定时器还在继续工作，文字滚动将继续下去。具体的内容还可以参见上述代码中带下画线的部分，其中也包含了代码的详细注释，就可以更进一步地理解代码功能了。

本例中还用到 DrawText()函数，该函数在指定矩形中绘制带格式的文本。它根据指定的方法格式化文本。函数原型如下：

```
int DrawText(LPCTSTR lpchText,int cchText,LPRECT  lprc, UINT format);
```

lpchText：指向指定要绘制的文本的字符串的指针。

cchText：字符串的长度（以字符为单位）。DrawText ()会自动计算字符计数。

lprc：指向 RECT 结构的指针，该结构包含要设置文本格式的逻辑坐标。

format：设置文本格式的方法。此参数可使用以下一个或多个值，本例中用 DT_LEFT，是将文本左对齐，即从左开始滚动。

【例 3-4】 显示竖版的诗词

我国古代的文字版面写法与现代不同，这一点大家很熟悉。古代的文字是从右到左，从上到下的竖版排布，现在是从左到右，从上到下，横版排布。那么如何现实竖版古诗词的输出呢？这里举一个简单的例子。实际上，主要工作在于计算每个文字的

输出坐标，通过循环操作就可以很快地解决，本例的运行结果如图 3-5 所示。具体步骤如下：

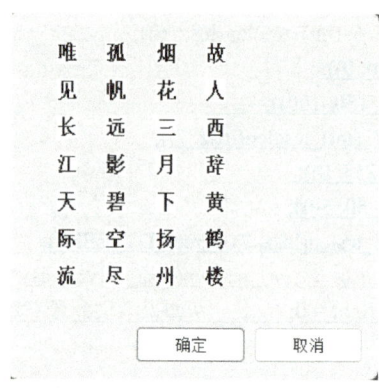

图 3-5 【例 3-4】运行结果

（1）创建一个基于对话框的应用程序，工程文件名为 3_4，在对话框中定义变量：

```
CDC* hDC;                                        // 定义指向设备环境的句柄
TEXTMETRIC tm;                                   // 存放字体各种属性的结构体变量
```

（2）字符的宽高度等字体信息均是在初始化函数 OnInitDialog 中获取的，具体如下：

```
hDC = GetDC();                                   // 获取当前设备句柄
hDC->GetTextMetrics(&tm);                        // 获取字体信息
nXChar = tm.tmAveCharWidth;                      // 获取字符宽度
nYChar = tm.tmHeight + tm.tmExternalLeading;     // 获取字符高度
nCaps = (tm.tmPitchAndFamily & 1 ? 3 : 2) * nXChar / 2;   // 字间距
ReleaseDC(hDC); return 0;                        // 释放当前设备句柄
```

大家可以看到，在初始化函数中增加的代码，涉及一些变量，这些变量需要在 3_4Dlg.cpp 文件的开始位置定义为全局变量，具体如下：

```
long nXChar, nYChar, nCaps;       // 定义存放字体宽度、高度及字间距的变量
```

（3）编写刷新函数，具体代码如下：

```
int pointx, pointy, i, j;                // pointx, pointy 为文字输出位置的坐标
LPCWSTR textbuf[4] = { L"故人西辞黄鹤楼",
                L"烟花三月下扬州",
                L"孤帆远影碧空尽",
                L"唯见长江天际流" };
```

```
CPaintDC dc(this);                                    // 用于绘制的设备上下文
hDC = GetDC();                                         // 开始绘图
for (i = 4; i > 0; i--)
{       for (j = 0; j < 7; j++)                        // 循环控制文本输出
        {       pointx = 300 + i * nXChar * 5;         // x 坐标计算
                pointy = 150 + j * (nYChar + nCaps);   // y 坐标计算
                hDC->TextOut(pointx, pointy, textbuf[4 - i] + j, 1); // 输出文字
        }
}
ReleaseDC(hDC);                                        // 结束绘图
```

这里的关键代码就在 for 循环中，先从右侧到左侧进行循环，由代码中的外层循环"for (i = 4; i > 0; i--)"来实现，然后嵌套内层循环"for (j = 0; j < 7; j++)"，实现每一列文字从上到下的输出。也就是说，变量 i 控制列的输出，共四列；变量 j 控制行的输出，每一句古诗占 7 行（竖版计算，每一个字占一行）。然后通过 TextOut()函数进行逐个文字的输出，就能得到所需要的效果。

【例 3-5】　在用户窗口中输出一个扇形，并在扇面竖向输出一首唐诗，诗词的内容为"黄鹤楼　唐·崔颢，昔人已乘黄鹤去，此地空余黄鹤楼。黄鹤一去不复返，白云千载空悠悠。晴川历历汉阳树，芳草萋萋鹦鹉洲。日暮乡关何处是，烟波江上使人愁。"本例使用绝对定位确定输出文字的位置，并采用多种自定义字体输出文字。此外，本例还要求当窗口放大或缩小后，扇形图案也随之缩放。本例的运行结果如图 3-6 所示。

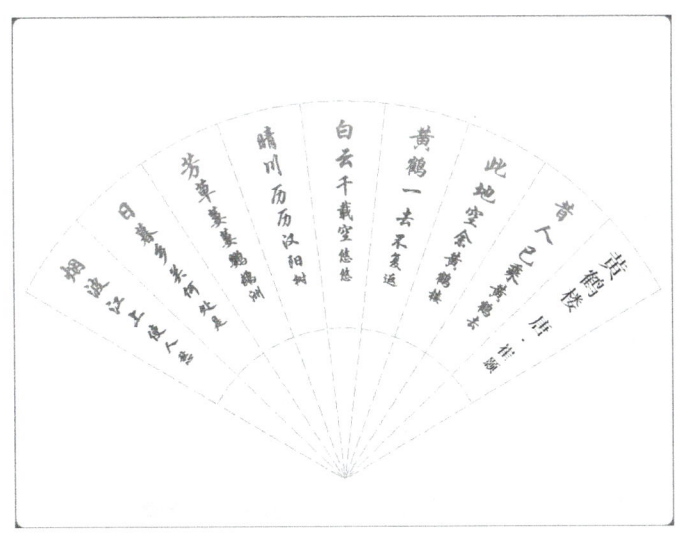

图 3-6　【例 3-5】的运行结果

这个例子在【例 3-4】的基础上更进了一步，输出的文字布局带有艺术效果，而且文字的大小和颜色均是渐进变化的，同时，文字输出的布局也不是传统意义上的横平竖直排列，因此，这个例子主要的工作在于文字输出位置的坐标计算，至于文字大小和颜色渐变，相对好处理，只要设置线型变化的规则即可。

在这个思路的基础上，首先绘制一个扇形，然后将扇形按角度九等分，这些都可以通过简单的几何计算得到结果。

本例的源程序代码如下：

（1）创建基于对话框的应用程序，工程文件为 3_5，然后添加类成员变量：

```
CDC* hDC;
HFONT font;                          // 这里有文字输出，需要定义字体句柄
HPEN hPen;                           // 为绘制扇形，需要定义画笔句柄
```

（2）由于是绘制扇形，程序需要用到圆周率，添加宏定义如下：

```
#define PI 3.1415926
```

（3）由于程序用到自定义字体，系统提供了自定义字体的函数 CreateFont()，但参数太多，这里定义了 CreateMyFont()函数，在其内部调用 CreateFont()函数，这样在多次调用时，就不用每次输入太多参数，减少出差错的几率，也使得代码简单。

```
HFONT CreateMyFont(LPCTSTR fontName, int height, int lean);
```

这里创建自定义字体，参数 fontName 是字体名称，height 是字体高度，lean 是文字倾斜度。

```
HFONT CreateMyFont(LPCTSTR fontName, int height, int lean)
{    return CreateFont                      // 创建自定义字体
              (      height,                // 字体的高度
                     0,                     // 由系统根据高宽比选取字体最佳宽度值
                     lean,                  // 倾斜度为 lean，其值由调用时传过来
                     0,                     // 字体的倾斜度为 0
                     FW_HEAVY,              // 字体的粗度，FW_HEAVY 为最粗
                     0,                     // 非斜体字
                     0,                     // 无下画线
                     0,                     // 无删除线
                     GB2312_CHARSET,        // 表示所用的字符集为 ANSI_CHARSET
                     OUT_DEFAULT_PRECIS,    // 输出精度为默认精度
                     CLIP_DEFAULT_PRECIS,   // 剪裁精度为默认精度
                     DEFAULT_QUALITY,       // 输出质量为默认值
                     DEFAULT_PITCH | FF_DONTCARE, // 字间距和字符集使用默认值
                     fontName               // 字体名称
```

```
                    );
        }
```

（4）扇形文字的输出，在刷新函数 OnPaint()中完成。刷新函数代码如下（为讲解方便，在代码中增添了行号）：

```
1.   void CMy35Dlg::OnPaint()
2.   {       LPCWSTR title = L"黄鹤楼    唐·崔颢";
3.           LPCWSTR poem[8] = { L"昔人已乘黄鹤去", L"此地空余黄鹤楼",
                                 L"黄鹤一去不复返", L"白云千载空悠悠",
                                 L"晴川历历汉阳树", L"芳草萋萋鹦鹉洲",
                                 L"日暮乡关何处是", L"烟波江上使人愁" };
4.       int r, r0, i, j = -1, fontSize, fontSize0, color;
5.       RECT clientDimension;                        // 存放客户区的尺寸
6.       POINT begin, end, org;                       // 保存点的信息，org 表示圆心坐标
7.       double sita;                                 // 表示文字倾斜及画图时的角度
8.       CPaintDC dc(this);                           // 用于绘制的设备上下文
9.       hDC = GetDC();
10.      hPen = CreatePen(PS_DASH, 1, RGB(127, 127, 127));
11.      hDC->SelectObject(hPen);
12.      GetClientRect(&clientDimension);             // 获取客户区的尺寸
13.      if ((clientDimension.right-clientDimension.left)<400
             ||(clientDimension.bottom- clientDimension.top) < 300)    // 判断屏幕尺寸
         {
             MessageBox(L"屏幕尺寸太小，无法绘图！", L"错误信息", 0);
             return;
         }
14.      r = (clientDimension.bottom-clientDimension.top)*8/10;  // 用屏幕高度的 4/5 作为扇形的半径
15.      org.x = (clientDimension.right - clientDimension.left) / 2;
16.      org.y = (clientDimension.bottom - clientDimension.top) * 9 / 10;
         // 将圆心坐标定在屏幕中间向下的/10 处
17.      hDC->Arc(org.x - r, org.y - r, org.x + r, org.y + r, org.x + (int)(r * sin(PI / 3)),
                 org.y - (int)(r * cos(PI / 3)), org.x - (int)(r * sin(2 * PI / 3)),
                 org.y + (int)(r * cos(2 * PI / 3)));              // 画外围圆弧
18.      for (sita = PI / 6; sita <= PI * 5 / 6; sita += PI * 2 / 27)
         {
             begin.x = org.x - (int)(r * cos(sita));
             begin.y = org.y - (int)(r * sin(sita));
             hDC->MoveTo(begin.x, begin.y);
             end.x = org.x;
             end.y = org.y;
             hDC->LineTo(end.x, end.y);
```

```
    }                                                          // 画折线
19. r0 = r * 2 / 5;                                            // 计算内弧半径
20. hDC->Arc(org.x － r0, org.y － r0, org.x + r0, org.y + r0, org.x + (int)(r0 * sin(PI / 3)),
            org.y － (int)(r0 * cos(PI / 3)), org.x － (int)(r0 * sin(2 * PI / 3)),
            org.y + (int)(r0 * cos(2 * PI / 3)));              // 画内侧圆弧
21. sita = PI / 6 + PI * 4 / 15 / 5;                           // 右侧第一列角度
22. fontSize0 = fontSize = (r － r0) / 7;                       // 字体的大小
23. r0 = r － 20;                                               // 半径逐渐减小
24. for (i = 0; i < 7; i++)
    {LPCWSTR outInfo = &title[i];                              // 逐步取诗的标题字
     fontSize －= 3;
     font=CreateMyFont(_T("楷体_GB2312"), fontSize-5,(int)(－(sita+PI/15)*180/PI));// 创建字体
     hDC->SelectObject(font);                                 // 将创建的字体句柄选入设备环境
     begin.x = org.x + (int)(r0 * cos(sita));
     begin.y = org.y － (int)(r0 * sin(sita));                 // 计算输出文字的坐标
     hDC->TextOut(begin.x, begin.y, outInfo, 1);              // 输出文字
     r0 －= fontSize;                                          // 文字位置由外向内移动
     DeleteObject(font);
    }
25. for (sita=PI/6+PI*4/27-PI/40; sita<PI*5/6;sita+=PI*2/27) // 角度从右向左，角度与以下计算
位置及字体倾斜相配合
    {       fontSize = fontSize0;
            r0 = r － 20;
            j++;
            color = 0;
26.         for (i = 0; i < 7; i++)
            {       color += 255 / 7;                          // 设定 color 值的变化规则
                    hDC->SetTextColor(RGB(255 － color, 0, color)); // 将 color 的变化体现在颜色
                                                               // 设定中
                    LPCWSTR outInfo = &poem[j][i];             // 设定字体大小变化规则
                    fontSize －= 3;
                    font= CreateMyFont(L"华文行楷",fontSize,(int)(((sita － PI/2)*180/PI)) % 360);
                    hDC->SelectObject(font);                   // 将上一句所创建的字体选入 DC
                    begin.x = org.x + (int)(r0 * cos(sita));   // 计算输出点的坐标
                    begin.y = org.y － (int)(r0 * sin(sita));
                    hDC->TextOut(begin.x, begin.y, outInfo, 1); // 输出文字
                    r0 －= fontSize;
                    DeleteObject(font);
                    Sleep(100);                                // 输出一个文字暂停 0.1 秒
            }
    }
27. ReleaseDC(hDC);                                            // 结束绘图
}
```

（5）变化尺寸大小的代码，通过"类向导"，响应 WM_SIZE 消息，函数如下：

```
void CMy35Dlg::OnSize(UINT nType, int cx, int cy)
{    CDialogEx::OnSize(nType, cx, cy);
     // TODO: 在此处添加消息处理程序代码
     Invalidate();
}
```

上述代码中第 4 行，定义了扇形的外弧半径 r 和内弧半径 r0，fontSize 和 fontSize0 分别是字体大小，第 6 行的"begin, end, org"参数分别存储画线时的起点和终点坐标，org 是扇形圆心点的坐标。第 18 行的 for 循环，是绘制如图 3-6 所示的从圆心点出发的 10 条虚线，其中坐标值的计算很简单，这里就不多介绍了。第 21 行的 sita 值的计算，是字符串"黄鹤楼　唐·崔颢"的输出角度，第 24 行的 for 循环，是输出字符串"黄鹤楼　唐·崔颢"的过程。其中，文字是逐步变小的，每个文字位置所处的半径也是逐步变小的，这个工作由循环中的 CreateMyFont()语句来完成，其中涉及了文字大小计算("fontSize-5")的参数。第 25 行的 for 循环，是为了输出每一行诗句，按角度进行循环，实际上是计算每一行诗句的输出角度，在第 25 行的循环中嵌套了第 26 行的循环，这个循环负责诗句的输出，包括字体大小的计算及颜色值的计算，其余内容可以参见代码注释。

【例 3-6】　绘制如图 3-7 所示的文字界面。

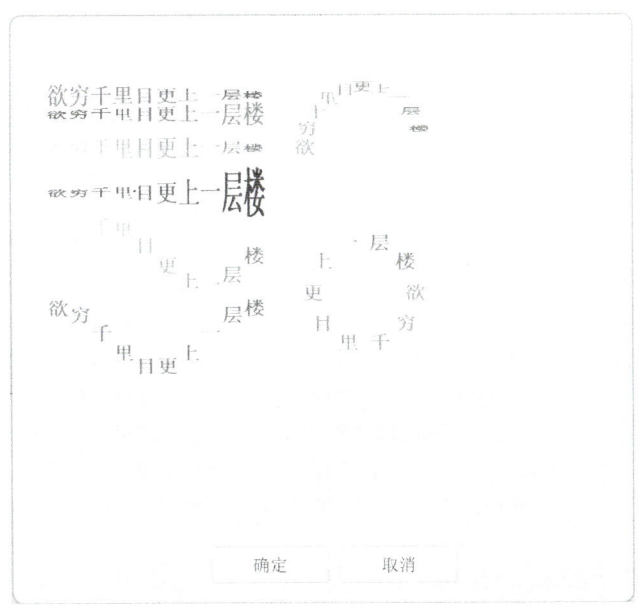

图 3-7　文字界面

103

对于这样的文字界面，细心观察就会发现，文字的展示是有规律的，比如文字由大到小渐变，或由小到大渐变，颜色也是一个渐变过程，同时，文字是在一定规则的曲线上分布，如在正弦函数、余弦函数、双曲线函数、圆周等规则曲线上分布，这样，输出文字的时候，只要在特定曲线上计算好坐标点和文字的大小，然后按一定规则设定文字的颜色，最后输出即可。所进行的计算，主要是简单的特定曲线方程的计算，这些曲线方程，大家在中学阶段都学习过，所以问题就变成很简单。

具体步骤如下：

（1）创建基于对话框的应用程序 3_6，在对话框类的定义中增加如下变量：

```
CDC* hDC;                    // 定义设备环境句柄
```

（2）由于需要用到圆周率，在 3_6Dlg.cpp 文件中宏定义一个变量 Pi 及创建字体函数 CreateFont()：

```
#define Pi 3.1415926
HFONT CreateFont(int, int);      // 创建字体函数的原型声明
```

（3）编写创建字体的 CreateFont 函数：

```
HFONT CreateFont(int nCharHeight, int nCharWidth)
{       HFONT hFont;
        const WCHAR font_name[] = L"Arial";
        hFont = CreateFont(                              // 定义字体句柄
                        nCharHeight,                     // 字体高度
                        nCharWidth,                      // 字体宽度
                        0,                               // 文本倾斜度为 0，表示水平
                        0,                               // 字体倾斜度为 0
                        800,                             // 字体粗度，800 为正常
                        0,                               // 是否为斜体
                        0,                               // 无下画线
                        0,                               // 无删除线
                        ANSI_CHARSET,                    // 表示所用的字符集为 ANSI_CHARSET
                        OUT_DEFAULT_PRECIS,              // 删除精度为默认值
                        CLIP_DEFAULT_PRECIS,             // 裁剪精度为默认值
                        DEFAULT_QUALITY,                 // 输出质量为默认值
                        DEFAULT_PITCH | FF_DONTCARE,     // 字间距和字符集使用默认值
                        font_name);                      // 字体名称
        if (hFont == NULL) return NULL;
        else return hFont;
}
```

104

（4）编写刷新函数 OnPaint()。

在刷新函数 OnPaint()中添加如下代码：

```
const WCHAR lpsz_1[] = L"欲穷千里目更上一层楼";
int nCharlen = (int)wcslen(lpsz_1);                          // 定义字符串长度的变量
int X, Y, i;
int nCharHeight;                                            // 定义字符高度的变量
CPaintDC dc(this);                                          // 用于绘制的设备上下文
hDC = GetDC();                                              // 获得设备环境指针
hDC->SetMapMode(MM_ANISOTROPIC);                           // 设置映像模式
hDC->SetWindowExt(800, 600);                               // 设置窗口范围
hDC->SetViewportExt(800, 600);                             // 设置视口范围
HFONT hF = NULL;
// 输出字体大小线性变化的艺术字.
for (i = 0; i < nCharlen; i++)
{    nCharHeight = 40 - (int)((40.0 - 15.0) / (nCharlen - 1) * i);   // 计算字符的高度
     X = i * 30;                                           // 字符输出位置的 X 坐标
     Y = 50 - nCharHeight / 2;                             // 字符输出位置的 Y 坐标
     hDC->SetTextColor(RGB(255 - i * 15, 0, 0));           // 设置字符的颜色
     hF = CreateFont(nCharHeight, 15);                     // 定义字体
     hDC->SelectObject(hF);
     hDC->TextOut(X + 50, Y, &lpsz_1[i], 1);
}
for (i = 0; i < nCharlen; i++)
{    nCharHeight = 15 + (int)((40.0 - 15.0) / (nCharlen - 1) * i);
     X = i * 30;
     Y = 75 - nCharHeight / 2;
     hDC->SetTextColor(RGB(105 + i * 15, 0, 0));
     hF = CreateFont(nCharHeight, 15);                     // 定义字体
     hDC->SelectObject(hF);
     hDC->TextOut(X + 50, Y, &lpsz_1[i], 1);
}
// 输出字体大小双线性变化的艺术字
for (i = 0; i < nCharlen; i++)
{    nCharHeight = (int)(-1.23 * i * i + 11.07 * i + 15.1);// 计算字符的高度
     X = i * 30;
     Y = 120 - nCharHeight / 2;                                        // 字符输出位置的 Y 坐标
     hDC->SetTextColor(RGB(0, 255 - i * 15, 0));                       // 设置字符的颜色
     hF = CreateFont(nCharHeight, 15);                                 // 定义字体
     hDC->SelectObject(hF);
     hDC->TextOut(X + 50, Y, &lpsz_1[i], 1);
}
```

```
for (i = 0; i < nCharlen; i++)
{      nCharHeight = (int)(0.9 * i * i + 15);                  // 计算字符的高度
       X = i * 30;
       Y = 180 - nCharHeight / 2;                              // 字符输出位置的 Y 坐标
       hDC->SetTextColor(RGB(0, 0, 255 - i * 20));             // 设置字符的颜色
       hF = CreateFont(nCharHeight, 15);                       // 定义字体
       hDC->SelectObject(hF);
       hDC->TextOut(X + 50, Y, &lpsz_1[i], 1);
}
// 输出位置为正弦波的字符串
for (i = 0; i < nCharlen; i++)
{      nCharHeight = 30;                                       // 字符的高度
       X = i * 30;                                             // 字符输出位置的 X 坐标
       Y = (int)(250 - 40 * sin(2 * Pi / (nCharlen - 1) * i)); // 字符输出位置的 Y 坐标
       hDC->SetTextColor(RGB(0, 255 - i * 15, 255 - i * 20));  // 设置字符的颜色
       hF = CreateFont(nCharHeight, 15);                       // 定义字体
       hDC->SelectObject(hF);
       hDC->TextOut(X + 50, Y, &lpsz_1[i], 1);
}
// 输出位置为余弦波的字符串
for (i = 0; i < nCharlen; i++)
{      nCharHeight = 30;                                       // 字符的高度
       X = i * 30;                                             // 字符输出位置的 X 坐标
       Y = (int)(360 - 40 * cos(2 * Pi / (nCharlen - 1) * i)); // 字符输出位置的 Y 坐标
       hDC->SetTextColor(RGB(150, 50, 255 - i * 20));          // 设置字符的颜色
       hF = CreateFont(nCharHeight, 15);                       // 定义字体
       hDC->SelectObject(hF);
       hDC->TextOut(X + 50, Y, &lpsz_1[i], 1);
}
// 输出位置为圆形的字符串
for (i = 0; i < nCharlen; i++)
{      nCharHeight = 30;                                       // 字符的高度
       X = (int)(420 + 70 * cos(2 * Pi / (nCharlen)*i));       // 字符输出位置的 X 坐标
       Y = (int)(300 + 70 * sin(2 * Pi / (nCharlen)*i));       // 字符输出位置的 Y 坐标
       hDC->SetTextColor(RGB(255 - i * 15, 100, 0));           // 设置字符的颜色
       hF = CreateFont(nCharHeight, 15);                       // 定义字体
       hDC->SelectObject(hF);
       hDC->TextOut(X + 50, Y, &lpsz_1[i], 1);
}
// 输出位置为半圆形
for (i = 0; i < nCharlen; i++)
{      nCharHeight = 30 - i * 2;                               // 字符的高度
```

```
X = (int)(420 - 80 * cos(-Pi / (nCharlen)*i));        // 字符输出位置的 X 坐标
Y = (int)(120 + 80 * sin(-Pi / (nCharlen)*i) - nCharHeight / 2);   // 字符输出位置的 Y 坐标
hDC->SetTextColor(RGB(255 - i * 15, 100, 255 - i * 15));   // 设置字符的颜色
hF = CreateFont(nCharHeight, 15);                     // 定义字体
hDC->SelectObject(hF);
hDC->TextOut(X + 50, Y, &lpsz_1[i], 1);
}
DeleteObject(hF);                                     // 删除字体句柄
ReleaseDC(hDC);                                       // 删除设备用户指针
```

在输出文本的函数 hDC->TextOut()中，坐标 X+50，这里的 50 是为了调整输出的坐标起始点位置，免得太偏左，紧靠着窗口的边界，视觉效果不好。代码注释很详细，请参见代码注释来理解程序。

【例 3-7】 旋转古诗，界面效果如图 3-8 所示。其中文字是动画的。读者可以先运行一下代码，看一下运行效果，然后基于这个效果，自行编写程序，看看你能否完成这样的演示效果。

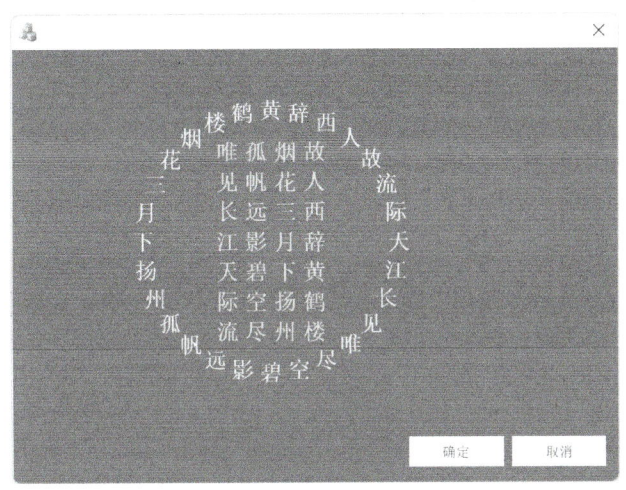

图 3-8 【例 3-7】的运行结果

大家可以先运行一下这个应用程序，体验一下该应用程序的执行过程，然后再来思考如何实现这个应用程序。参考步骤如下：

（1）创建一个基于对话框的应用程序 3_7，由于这个应用程序涉及文字输出、界面背景颜色、画笔、字体等信息，因此需要添加如下变量：

```
CDC* hDc;           // 定义 DC
HFONT hf_black;     // 字体句柄
HBRUSH hb;          // 画刷句柄
```

```
TEXTMETRIC   tm;          // 定义字体信息结构体变量
```

（2）从图 3-8 可以看出，有在圆周上输出的文字，因此需要在 3_7Dlg.cpp 文件中添加 PI 的定义：

```
#define PI 3.1415926
```

（3）剩下的工作就是通过刷新函数 OnPaint 进行文字的输出操作，参考代码如下：

```
void CMy37Dlg::OnPaint()
{
    CPaintDC dc(this);                                   // 用于绘制的设备上下文
    LPCWSTR lpsz_1[4] = { L"故人西辞黄鹤楼",L"烟花三月下扬州",
                          L"孤帆远影碧空尽",L"唯见长江天际流" };
    int h = 0;                                           // h 为螺旋线曲率半径
    int height = 40, x, y, x0 = 425, y0 = 300;          // height 为字体高度
    hDc = GetDC();                                       // 创建 DC
    hb = CreateSolidBrush(RGB(100, 0, 200));            // 设置画刷颜色
    hf_black = CreateFont(height, 0, 0, 500, FW_HEAVY,  // 创建字体
        0, 0, 0, ANSI_CHARSET, OUT_DEFAULT_PRECIS,
        CLIP_DEFAULT_PRECIS, DEFAULT_QUALITY,
        DEFAULT_PITCH | FF_DONTCARE, L"粗体字");
    hDc->SelectObject(hb);                               // 将画刷选入当前设备环境
    hDc->Rectangle(0, 0, 2880, 1920);                   // 创建矩形区
    hDc->SetBkColor(RGB(100, 0, 200));                  // 设置背景颜色
    hDc->SetTextColor(RGB(0, 255, 255));                // 设置文本颜色为天蓝色
    hDc->GetTextMetrics(&tm);                           // 获取字体信息
    hDc->SelectObject(hf_black);                        // 将前面创建的字体选入当前设备环境
    for (int i = 0; i < 4; i++)                         // 通过循环输出四句诗词
        for (int j = 0; j < 7; j++)
        {
            hDc->TextOut((int)(500 - 50 * i), (int)(150 + 50 * j), lpsz_1[i] + j, 1);
            Sleep(100);
        }
    for (int i = 0; i < 4; i++)                         // 通过循环擦除诗句内容
        for (int j = 0; j < 7; j++)
        {   x = 350 + 50 * i;
            y = 150 + 50 * j;
            hDc->SetTextColor(RGB(100, 0, 200));        // 设置颜色为背景颜色
            hDc->TextOut(x, y, lpsz_1[i] + j, 1);       // 以背景颜色输出文字，达到擦除
                                                        // 文字的效果
            hDc->SetTextColor(RGB(0, 255, 0));
```

```
                Sleep(100);
            }
        for (int k = 0; k < 3; k++)
        {    height = 40;
            for (int g = 0; g < 200; g = g + 5)        // 做螺旋运动
            {    if (k == 1)
                        h = g;
                hDc->Rectangle(0, 0, 2880, 1920);
                for (int i = 0; i < 4; i++)
                    for (int j = 0; j < 7; j++)
                    {    hDc->SetTextColor(RGB(0, 255, 0));
                        hDc->TextOut((int)(x0-(200-2*(h + 1))*cos(h*PI/14)), (int)(y0+(200-
2*(h+1))*sin(h*PI/14)), lpsz_1[i] + j, 1);
                        h++;                        // 逐渐扩大曲率半径
                    }
                if (k == 0)  Sleep(100);            // 为增强趣味性，这里设定不同的延迟时间
                if (k == 1)        Sleep(150);
                if (k == 2)        Sleep(50);
                hf_black = CreateFont(height, 0, 0, 500, // 创建输出文字的字体
                    FW_HEAVY, 0, 0, 0, ANSI_CHARSET,
                    OUT_DEFAULT_PRECIS, CLIP_DEFAULT_PRECIS,
                    DEFAULT_QUALITY, DEFAULT_PITCH | FF_DONTCARE,
                    L"粗体字");
                height = height - 2;                // 字体高度递减
                hDc->SelectObject(hf_black);
            }
        }
    hDc->Rectangle(0, 0, 2880, 1920);
    for (int i = 0; i < 4; i++)                     // 结尾处，按圆状输出诗
        for (int j = 0; j < 7; j++)
        {    x = 350 + 50 * i;
            y = 150 + 50 * j;
            hDc->SetTextColor(RGB(0, 255, 0));
        hDc->TextOut((int)(x0-220*cos(h*PI/14)),(int)(y0+220*sin(h*PI/14)),lpsz_1[i]+j,1);
            h++;
        }
    hDc->SetTextColor(RGB(200, 200, 0));
    for (int i = 0; i < 2; i++)                     // 在中间输出诗句
        for (int j = 0; j < 7; j++)
        {    hDc->TextOut(350 + 50 * i, 150 + 50 * j, lpsz_1[3 - i] + j, 1);
            hDc->TextOut(500 - 50 * i, 150 + 50 * j, lpsz_1[i] + j, 1);
            Sleep(100);
```

```
        }
    ReleaseDC(hDc);
}
```

大家如果运行这个程序，就会发现，显示的诗词消失后开始沿螺旋线旋转，这个文字消失是如何处理的呢？其实很简单，重写一遍文字，用背景色作为文字的颜色，写上了也看不见，显得消失了。这个功能由如下代码段完成，读者可以找到这段代码在程序中的位置：

```
for (int i = 0; i < 4; i++)                          // 通过循环擦除诗句内容
    for (int j = 0; j < 7; j++)
    {   x = 350 + 50 * i;
        y = 150 + 50 * j;
        hDc->SetTextColor(RGB(100, 0, 200));          // 设置颜色为背景颜色
        hDc->TextOut(x, y, lpsz_1[i] + j, 1);         // 以背景颜色输出文字，达到擦除文字
                                                      // 的效果
        hDc->SetTextColor(RGB(0, 255, 0));
        Sleep(100);
    }
```

在螺旋线上如何输出文字呢？这里需要熟悉螺旋线上点的坐标计算公式，大家在中学阶段学习平面几何的时候已经学过相关知识。坐标计算体现在输出函数 TextOut() 的输出点坐标的计算上，参见代码段如下：

```
for (int i = 0; i < 4; i++)
    for (int j = 0; j < 7; j++)
    {hDc->SetTextColor(RGB(0, 255, 0));
     hDc->TextOut((int)(x0-(200-2*(h + 1))*cos(h*PI/14)), (int)(y0+(200-2*(h+1))*sin(h*PI/14)),
lpsz_1[i]+j,1);
        h++;                                          // 逐渐扩大曲率半径
    }
```

其余的代码，请参加代码注释。

3.4　练　习　题

【3-1】　如何获取自定义字体的句柄？

【3-2】　如何设置字体的颜色和背景色？

【3-3】　文本是如何输出的？

【3-4】　编写一个程序，在窗口中显示 "Visual C++很容易学！"，字体颜色为红色，背景颜色为黄色，如图 3-9 所示。

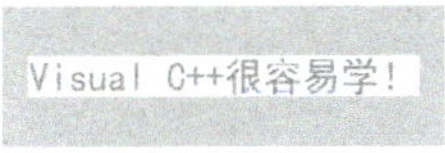

3.4 练 习 题

Visual C++很容易学!

图 3-9 练习题【3-4】的运行结果

【3-5】 设计一个窗口，在窗口中有五行文字，字体分别为楷体、黑体和自定义字体，字号由 8 到 40 线性增长，每一行的文字相继出现后又消失，而且每一行文字的颜色由 GRB(0,0,0)到 RGB(255,255,255)线性增长，程序运行结果如图 3-10 所示。

图 3-10 练习题【3-5】的运行结果

第4章 Windows 应用程序对键盘与鼠标的响应

键盘和鼠标是 Windows 应用程序中非常重要的输入设备。键盘是一个基本的输入设备，鼠标在 Windows 提供的图形界面中的单击和拖放操作更是极大地方便了用户对应用软件的操作。本章将介绍在采用键盘和鼠标作为应用程序的基本输入设备时所涉及的基本概念和编程原则。

电子教案：第4章 Windows 应用程序对键盘与鼠标的响应

源代码：第4章 例题源代码

4.1 键盘在应用程序中的应用

键盘作为输入设备，是 Windows 应用程序的一个十分重要的输入手段。键盘上每一个有意义的键都对应着一个唯一的标识值，我们称之为扫描码。当用户按下或释放某键时，都会产生扫描码，但扫描码是依赖于具体设备的，为达到设备无关性的要求，在应用程序中，往往使用的是与具体设备无关的虚拟码，虚拟码是由 Windows 系统定义的与设备无关的键的标识。

设备驱动程序截取键的扫描码后，把它翻译成虚拟码，这样，由于键盘的输入，就产生了一条消息，它含有扫描码、虚拟码以及其他与击键有关的消息，设备驱动程序就把这些消息放到系统的消息队列中去，Windows 从系统消息队列中取出这条消息，进行必要的后续处理。

虚拟码是一种与设备无关的键盘编码，用以标识哪一个键被按下或释放，最常用的虚拟码在 Windows 系统下的 WinUser.h 中定义，常用的虚拟码如表 4-1 所示。

表 4-1　常用的虚拟码

符号常量名称	等价的键盘键	符号常量名称	等价的键盘键
VK_RETURN	回车键	VK_PRIOR	Page Up 键
VK_SHIFT	Shift 键	VK_END	End 键
VK_MENU	Alt 键	VK_LEFT	左箭头键
VK_CAPITAL	Caps Lock 键	VK_UP	上箭头键

续表

符号常量名称	等价的键盘键	符号常量名称	等价的键盘键
VK_0～VK_9	字符 0～9 键	VK_NEXT	Page Down 键
VK_INSERT	Insert 键	VK_HOME	Home 键
VK_TAB	制表键	VK_RIGHT	右箭头键
VK_ADD	+键	VK_DOWN	下箭头键
VK_DECIMAL	*键	VK_A～VK_Z	字符 A～Z 键
VK_BACK	退格键	VK_DELETE	Delete 键
VK_CONTROL	Ctrl 键	VK_SPACE	Space 键
VK_PAUSE	Pause 键	VK_SUBTRACT	-键
VK_ESCAPE	Esc 键	VK_DIVIDE	/键

键盘消息可以分成两类，即按键消息和字符消息。每当用户按下或松开一个键时，就产生了一个按键消息。当一个按键或组合产生了一个可以显示的字符时，就产生了一个字符消息。例如，用户如果按下键 H，则将产生两个消息：一个是按下键消息，一个是松开键消息，当然还会产生一个附加的字符消息，因为这个按键消息组合是一个可显示的字符"H"。

按键消息一般又可以分成两类，系统按键消息和非系统按键消息。表 4-2 中列出了这些消息。系统按键消息对应于使用了 Alt 键与相关输入键的组合产生的消息，窗口收到系统按键之后，会自动将它解释成系统事件，或者根据键盘加速表，将系统按键翻译成加速表指定的信息。如"Alt+字母"的组合可能会拉下某个菜单。这些键一般由 Windows 系统内部直接处理，应用程序一般不必处理，如果应用程序处理了这些系统键消息，就要调用 DefWindowProc()函数，以便不影响 Windows 对它们的处理，非系统消息则对应那些不使用 Alt 键组合的按键消息。

表 4-2 按 键 消 息

消息	类型	含义
WM_KEYDOWN	非系统	按下了非系统键消息
WM_KEYUP	非系统	松开了非系统键消息
WM_SYSKEYDOWN	系统	按下了系统键消息
WM_SYSKEYUP	系统	松开了系统键消息

同样，字符消息也可以分成两类即系统的和非系统的。表 4-3 中列出了所有的字符消息。

表 4-3　字 符 消 息

消息	类型	含义
WM_CHAR	非系统	非系统字符
WM_DEADCHAR	非系统	非系统死字符
WM_SYSCHAR	系统	系统字符
WM_SYSDEADCHAR	系统	系统死字符

在某些非 U.S 英语键盘上，有些键用于给字母加上音调。因为它们本身不产生字元，所以称为「死键」。死字符是指一般情况下不能显示的字符（如日耳曼语系中的一些字符），通常是标准字符与具有某些特征的字符的合成，如ê。

值得注意的是，WM_KEYDOWN 和 WM_KEYUP 的按键消息只能产生 WM_CHAR 和 WM_DEADCHAR 字符消息，WM_SYSKEYDOWN 和 WM_SYSKEYUP 按键消息只能产生 WM_SYSCHAR 和 WM_SYSDEADCHAR 字符消息。

Windows 支持 ANSI、OEM、Unicode 等字符集。OEM 是设备厂商如 IBM 推出的字符集（在 Windows 中已经很少使用）；现在大多使用的是 ANSI 字符集。

在 Windows 操作系统中，使用光标（cursor）来指示当前鼠标的位置，用插字符（Caret）指示当前正文位置。插字符是应用程序共享的系统资源，因此，Windows 桌面上只有一个插字符，并且只有拥有"输入焦点"的窗口才能拥有插字符。

4.2　键盘操作应用举例

【例 4-1】　设计一个应用程序，在该应用程序的窗口中练习键盘的响应，要求如下：

（1）按键盘上的向上箭头时，窗口中显示"You had pressed the Up key"；

（2）按〈Shift〉键时，窗口中显示"You had pressed the Shift key"；

（3）按〈Ctrl〉键时，窗口中显示"You had pressed the Ctrl key"；

（4）按〈Ctrl+A〉键时，窗口中显示"You had pressed the Ctrl A key"；

（5）按〈Shift+B〉键时，窗口中显示"You had pressed the Shift B key"。

对于这个问题，难点在于如何区分"按 Ctrl 键"和"按 Ctrl+A 键"以及"按 Shift 键"和"按 Shift+B"键。为此定义了变量 nUpKeyDown 来标志上箭头键是否被按下，定义 CtrlKeyDown 变量来标志 Ctrl 键是否被按下，定义 nCtrlAKeyDown 来标志 Ctrl+A 键是否被按下，定义变量 nShiftKeyDown 来标志 Shift 键是否被按下，定义变量 nShiftBKeyDown 来标志 Shift+B 键是否被按下。

由于这里执行的是按下键的操作，因此系统提供了按下键的消息响应方法，就是在类向导中响应 WM_KEYDOWN 消息，此时系统生成了如下函数：

OnKeyDown(UINT nChar, UINT nRepCnt, UINT nFlags)

这个函数有三个参数，分别介绍如下：

nChar 是虚拟键码，nRepCnt 参数保存了键被重按的次数，nFlags 是一个 16 位的 UINT 型数据，各位代表的意义如下：

- 第 0~7 位：扫描码；
- 第 8 位：扩展键,比如说功能键（F1~F12），或者数字区的键；
- 第 9~10 位：没有使用；
- 第 11~12 位：供 Windows 内部使用；
- 第 13 位：状态描述码（如果键按下时 Atl 键也是按下的，那么值为 1，否则为 0）；
- 第 14 位：前一个键的状态（如果是按下的，值为 1，否则为 0）；
- 第 15 位：变换状态（如果键是正在被按下，值为 1，如果是正在放开，值为 0）。

那么本例要判断 nChar 的值，当为向上箭头键的虚拟码时，nUpKeyDown 的值为真；当为 Ctrl 键的虚拟码时，nCtrlKeyDown 的值为真；当为 Shift 键时，nShiftKeyDown 的值为真。但此时还不能简单地输出结果，因为此时还不知是否按下了 A 或者 B 键。由于当按下 A 和 B 键时，系统会产生 WM_CHAR 消息，此时系统生成如下字符响应函数：

OnChar(UINT nChar, UINT nRepCnt, UINT nFlags)

OnChar 函数的三个参数与前面介绍的 OnKeyDown 函数的三个参数含义一样。

需要在此消息处理程序中设置 nCtrlAKeyDown 和 nShiftBKeyDown 的值。代码如下：

```
if (nChar == 1)
    {    if (nCtrlKeyDown == TRUE)
        {    nCtrlAKeyDown = TRUE;
            nCtrlKeyDown = FALSE;
        }
    }
    else if (nChar == 98 || nChar == 66)          // 当按下 b 键时
    {    if (nShiftKeyDown == TRUE)               // 检查 Shift 键是否处于按下状态
        {    nShiftBKeyDown = TRUE;               // 当按下 Shift 键时，变量被设置为真
            nShiftKeyDown = FALSE;
        }
    }
```

由于"Ctrl+a"是组合键，WM_CHAR 传入的 nChar 并不是 a 的键码，也不是 a 和

116

Ctrl 的与运算，而是 1，如果是其他键比如 Shift+a 的话，nChar 传入的就是 a 的键码，所以 Ctrl+a 应该是一个系统组合键，这个问题要注意，所以，这里对 Ctrl+A 的判断用的是 "nChar ==1"；对于 Shift+B 的操作，则判断 nChar，当是 98 和 66 时，表明 B 键按下（这两个数字是字符 b 和 B 的 ASCII 码），同时也可以考虑调用函数 GetKeyState(VK_SHIFT)来判断 Shift 键的状态，当按下时返回值为 1，此时设置 nShiftBKeyDown 的值为"真"，同时将 nShiftKeyDown 的值设为"假"。同理处理 nCtrlAKeyDown 和 nCtrlKeyDown 的值。

当释放按键时，系统发送 WM_KEYUP 消息，在 WM_KEYUP 消息处理程序中，调用 Invalidate()产生 WM_PAINT 消息。

在 OnPaint 消息处理程序中输出结果。这一部分的程序非常简单：根据定义的五个标志变量的值，分别输出各自的结果即可。

此外，还有一个问题要注意，由于进行了字符操作，还需要响应虚函数：

```
BOOL CMy41Dlg::PreTranslateMessage(MSG* pMsg)
{
    // TODO: 在此添加专用代码和/或调用基类
    SendMessage(pMsg->message, pMsg->wParam, pMsg->lParam);
    return CDialogEx::PreTranslateMessage(pMsg);
}
```

这个问题在前面章节的例子中已经涉及。

运行结果如图 4-1 所示。

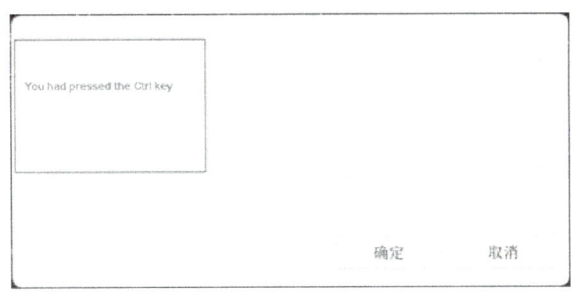

图 4-1 【例 4-1】的运行界面

本例题具体代码的编写过程如下：

（1）创建基于对话框的工程文件 4_1，并添加如下类的成员变量：

```
CDC* hDC;                    // 定义设备环境句柄
```

（2）定义一系列 BOOL 型变量，用来表示相关键的状态，并定义一系列操作的响应信息字符串：

```
BOOL nUpKeyDown = FALSE;
BOOL nShiftKeyDown = FALSE;
BOOL nCtrlKeyDown = FALSE;
BOOL nCtrlAKeyDown = FALSE;
BOOL nShiftBKeyDown = FALSE;
LPCWSTR   cUp = L"You had pressed the Up key";
LPCWSTR   cCtrl = L"You had pressed the Ctrl key";
LPCWSTR   cShift = L"You had pressed the Shift key";
LPCWSTR   cCtrl_A = L"You had pressed the Ctrl A key";
LPCWSTR   cShift_B = L"You had pressed the Shift B key";
```

（3）通过"类向导"，响应 WM_KeyDown 按键消息，并添加如下蓝色部分的代码：

```
void CMy41Dlg::OnKeyDown(UINT nChar, UINT nRepCnt, UINT nFlags)
{     // TODO: 在此添加消息处理程序代码和/或调用默认值
      switch (nChar)
      {     case VK_UP:                    // 当按上箭头键时，变量被设置为真
                  nUpKeyDown = TRUE;
                  break;
            case VK_SHIFT:                 // 当按 Shift 键时，变量被设置为真
                  nShiftKeyDown = TRUE;
                  nShiftBKeyDown = FALSE;
                  break;
            case VK_CONTROL:               // 当按 Ctrl 键时，变量被设置为真
                  nCtrlKeyDown = TRUE;
                  nCtrlAKeyDown = FALSE;
                  break;
            default:
                  break;
      }
      CDialogEx::OnKeyDown(nChar, nRepCnt, nFlags);
}
```

（4）通过"类向导"响应 WM_KeyUp 消息处理函数，并添加如下蓝色部分的代码：

```
void CMy41Dlg::OnKeyUp(UINT nChar, UINT nRepCnt, UINT nFlags)
{     // TODO: 在此添加消息处理程序代码和/或调用默认值
      Invalidate();
      CDialogEx::OnKeyUp(nChar, nRepCnt, nFlags);
}
```

当释放键时，执行 Invalidate()函数，发送刷新请求，由 OnPaint()函数对刷新请求进行响应。

（5）通过"类向导"响应 WM_CHAR 消息，并添加如下蓝色部分的代码：

```
void CMy41Dlg::OnChar(UINT nChar, UINT nRepCnt, UINT nFlags)
{    // TODO: 在此添加消息处理程序代码和/或调用默认值
    if (nChar == 1)
    {    if (nCtrlKeyDown == TRUE)                // 如果按下 Ctrl 键进行后续两行代码的设置
        {    nCtrlAKeyDown = TRUE;
            nCtrlKeyDown = FALSE;
        }
    }
    else if (nChar == 98 || nChar == 66)         // 当按下 b 键时
    {    if (nShiftKeyDown == TRUE)              // 检查 Shift 键是否处于按下状态
        {    nShiftBKeyDown = TRUE;             // 当 Shift 键按下时，变量被设置为真
            nShiftKeyDown = FALSE;
        }
    }
    CDialogEx::OnChar(nChar, nRepCnt, nFlags);
}
```

（6）通过"类向导"，添加虚函数 PreTranslateMessage，并添加如下蓝色部分的代码：

```
BOOL CMy41Dlg::PreTranslateMessage(MSG* pMsg)
{    // TODO: 在此添加专用代码和/或调用基类
    SendMessage(pMsg->message, pMsg->wParam, pMsg->lParam);
    return CDialogEx::PreTranslateMessage(pMsg);
}
```

（7）编写刷新函数 OnPaint()，并添加如下蓝色部分的代码：

```
void CMy41Dlg::OnPaint()
{    CPaintDC dc(this);                          // 用于绘制的设备上下文
    hDC = GetDC();
    hDC->SetTextColor(RGB(255, 0, 0));          // 设置字体颜色为红色
    // 输出信息
    if (nUpKeyDown == TRUE)
    {    hDC->Rectangle(0, 0, 300, 200);         // 设置一个矩形区域用来输出文字
        hDC->TextOut(20, 0, cUp, (int)wcslen(cUp)); // 输出文字
        nUpKeyDown = FALSE;
    }
    else if (nCtrlAKeyDown == TRUE)
```

```
{       hDC->Rectangle(0, 0, 300, 200);
        hDC->TextOut(20, 100, cCtrl_A, (int)wcslen(cCtrl_A));
        nCtrlAKeyDown = FALSE;
        nCtrlKeyDown = FALSE;
}
else if ((nCtrlKeyDown == TRUE) && (nCtrlAKeyDown == FALSE))
{       hDC->Rectangle(0, 0, 300, 200);
        hDC->TextOut(20, 60, cCtrl, (int)wcslen(cCtrl));
        nCtrlKeyDown = FALSE;
}
else if (nShiftBKeyDown == TRUE)
{       hDC->Rectangle(0, 0, 300, 200);
        hDC->TextOut(20, 0, cShift_B, (int)wcslen(cShift_B));
        nShiftBKeyDown = FALSE;
        nShiftKeyDown = FALSE;
}
else if ((nShiftKeyDown == TRUE) && (nShiftBKeyDown == FALSE))
{       hDC->Rectangle(0, 0, 300, 200);
        hDC->TextOut(20, 0, cShift, (int)wcslen(cShift));
        nShiftKeyDown = FALSE;
}
else;
ReleaseDC(hDC);
}
```

代码中的 if...else 块的判断，就是根据题目要求对各种情形的操作进行输出提示。

【**例 4-2**】　键盘输入示例。本例在用户窗口区输入字符，并将文字显示到客户区；若当前光标位置处于屏幕的起始位置，此时按下回退键（BackSpace），则出现"已至文件头"的错误提示信息，若插入字符到最后一个字符后，此时按下了 Delete 键，则出现"已至文件尾"的错误提示信息；按下 End 键时，当前输入位置在本行的末尾，当按下 Home 键时，当前输入位置为本行的起始位置。

本例题的源程序代码如下：

（1）创建基于对话框的应用程序 4_2，并添加类成员变量：

```
CDC* hDC;                      //定义 DC
TEXTMETRIC tm;                 //定义文字结构的变量 tm
```

（2）在 4_2Dlg.cpp 文件中添加如下变量及宏定义：

```
#define BufSize 10             //设置存放字符的缓冲区大小
```

```
WCHAR cCharBuf[BufSize];         // 字符数组，存放输入的字符，字符个数不能超出缓冲区大小
int nNumChar = 0;                // 现有字符个数
int nArrayPos = 0;               // 字符的位置
int nLnHeight;                   // 字符高度
int nCharWidth;                  // 字符宽度
```

（3）在初始化函数中获取字体信息并建立定时器：

```
hDC = GetDC();                              // 获取当前 DC
hDC->GetTextMetrics(&tm);                   // 获取字体信息
nLnHeight = tm.tmHeight + tm.tmExternalLeading;     // 获取字体高度
nCharWidth = tm.tmAveCharWidth;             // 获取字体宽度
SetTimer(1, 500, NULL);                     // 设置定时器
ReleaseDC(hDC);
```

（4）通过类向导，响应 **WM_CHAR** 这个字符消息，添加如下蓝色部分的代码：

```
void CMy42Dlg::OnChar(UINT nChar, UINT nRepCnt, UINT nFlags)
{       // TODO: 在此添加消息处理程序代码和/或调用默认值
    if(nChar == VK_BACK)            // 按回退键时的消息处理
    {if(nArrayPos == 0)                     // 如果已经在一行文字的开始处，则提示用户"不能回退"
        MessageBox(L"当前位置是文本的起始位置，不能回退", NULL, MB_OK);
     else
        {nArrayPos=nArrayPos-1;     // 每按一次回退键就回退一个字符的位置
         nNumChar=nNumChar-1;       // 对现有字符总数进行计数
         for(int i=nArrayPos; i<nNumChar; i++)
            cCharBuf[i]=cCharBuf[i+1];      // 由于按回退键，回退位置的后续字符依次前移
         invalidate();
        }
     return;
    }
    if (nNumChar >= BufSize)        // 如果写入的字符数超过缓冲区大小，则报警
    {MessageBox(L"缓冲区已满，不能再输入字符了\n 若需要删除字符，请用 BackSpace 键",
NULL, MB_OK);
     return;
    }
    for (int x = nNumChar; x > nArrayPos; x = x - 1)
        cCharBuf[x] = cCharBuf[x - 1];
    cCharBuf[nArrayPos] = (wchar_t)nChar;
    nArrayPos = nArrayPos + 1;
```

```
        nNumChar = nNumChar + 1;
        Invalidate();
        CDialogEx::OnChar(nChar, nRepCnt, nFlags);
    }
```

（5）通过类向导，响应按下键的 **WM_KEYDOWN** 消息，添加如下蓝色部分的代码：

```
void CMy42Dlg::OnKeyDown(UINT nChar, UINT nRepCnt, UINT nFlags)
{   // TODO: 在此添加消息处理程序代码和/或调用默认值
    if (nChar == VK_END)                    // 处理按下 End 键时的消息
    {    nArrayPos = nNumChar;              // 输入位置从本行的末尾开始
        return;
    }
    else if (nChar == VK_ESCAPE)           // 处理按下 Esc 键消息
    {    MessageBox(L"您现在不能按 Esc 键，请继续其他操作", NULL, MB_OK);
        return;
    }
    else if (nChar == VK_HOME)             // 处理按下 Home 键时的消息
    {    nArrayPos = 0;                     // 输入位置为本行的起始位置
        return;
    }
    else if (nChar == VK_DELETE)           // 对 Delete 键的操作
    {if (nArrayPos == nNumChar)            // 如果输入位置处于本行的末尾
      {
        MessageBox(L"缓冲区已空，没有字符可供删除", NULL, MB_OK);
      }
     else
    {    for (int x = nArrayPos; x < nNumChar; x = x + 1)
            cCharBuf[x] = cCharBuf[x + 1];  // 每删除一个字符，缓冲区中总字符数减 1
            nNumChar = nNumChar - 1;
            Invalidate();                   // 用户区刷新
      }
     return;
    }
    else if (nChar == VK_LEFT)             // 处理按下左箭头键时的消息
    {if (nArrayPos > 0)
     nArrayPos=nArrayPos-1;   // 当前输入位置前移一个位置，再输入字符时，等于插入字符
    else                       // 已经移到起始输入位置，不能再往前了
     MessageBox(L"您已经移动到起始位置，不能再往左移动了", NULL, MB_OK);
     return;
    }
```

122

```
        else if (nChar == VK_RIGHT)      // 处理按下右箭头键时的消息
        {if (nArrayPos < nNumChar)        // 若当前位置没有到缓冲区的最后位置，还能向右移动
            nArrayPos = nArrayPos + 1;
         else
            MessageBox(L"已经到缓冲区的末尾,不能再向右移动了", NULL, MB_OK);
         return;
        }
        CDialogEx::OnKeyDown(nChar, nRepCnt, nFlags);
}
```

（6）响应字符消息的预处理，添加如下蓝色部分的代码：

```
BOOL CMy42Dlg::PreTranslateMessage(MSG* pMsg)
{    // TODO: 在此添加专用代码和/或调用基类
    SendMessage(pMsg->message, pMsg->wParam, pMsg->lParam);
    if (pMsg->message == WM_KEYDOWN && pMsg->wParam == VK_ESCAPE)
                                        // 添加这一段代码，使得按下 Esc 键时不会关闭窗口
    {
        return TRUE;
    }
    return CDialogEx::PreTranslateMessage(pMsg);
}
```

（7）定时器消息处理函数，添加如下蓝色部分的代码：

```
void CMy42Dlg::OnTimer(UINT_PTR nIDEvent)
{    Invalidate();
    CDialogEx::OnTimer(nIDEvent);
}
```

（8）刷新函数，添加如下蓝色部分的代码

```
void CMy42Dlg::OnPaint()
{    CPaintDC dc(this);                  // 用于绘制的设备上下文
    hDC = GetDC();
    hDC->TextOut(nCharWidth, nLnHeight, cCharBuf, nNumChar); // 输出缓冲区中的文本
    ReleaseDC(hDC);
}
```

　　这个例子的代码注释比较详细了，通过阅读代码及其注释就很容易理解整个程序。本程序的运行结果如图 4-2 所示。如在缓冲区中输入"1234567890"十个字符，然后做进一步操作。其中的错误提示框分别是在右箭头移到缓冲区尾部，不能再往右的情形下、左箭头键移到缓冲区起始位置，不能再往左移动、在起始位置按回退键、

在缓冲区无字符的情形下按删除键及按 Esc 键时出现的错误操作提示信息。值得注意的是，这些错误提示框不会同时出现，这里仅是把这些提示框截图后放在一起展示给大家。程序的编写思路在代码注释中已经给出详细解释。

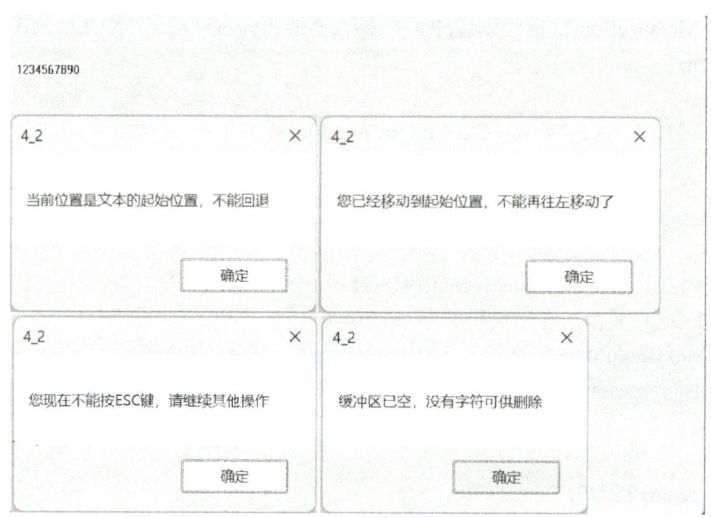

图 4-2　【例 4-2】的运行结果

4.3　鼠标在应用程序中的应用

鼠标作为一种定位输入设备在 Windows 中得到了广泛的应用，通过鼠标的单击、双击功能和拖动功能，用户可以很容易地操作基于 Windows 图形界面的应用程序。在 Windows 中，用户通过光标来指示当前鼠标的位置。在 Windows 操作系统中预定义了几种光标，并在 afxwin.h 头文件中加以定义，这些系统预定义的光标如表 4-4 所示。

表 4-4　系统预定义的光标

代表预定义光标的常量	光标属性描述
IDC_APPSTARTING	标准箭头和小沙漏
IDC_ARROW	箭头形光标
IDC_CROSS	十字形光标
IDC_HAND	手形光标
IDC_HELP	箭头加问号光标
IDC_IBEAM	I 形文本光标

续表

代表预定义光标的常量	光标属性描述
IDC_NO	单击鼠标左键后，光标变成圆圈中带一斜线
IDC_SIZEALL	带东西南北箭头的十字光标
IDC_SIZENESW	带有指向东北方向和西南方向箭头的光标
IDC_SIZENS	带有上下箭头的光标
IDC_SIZENWSE	带有指向西北方向和东南方向箭头的光标
ISC_SIZEWE	带有左右箭头的光标
IDC_UPARROW	垂直向上箭头的光标
IDC_WAIT	等待光标

用户也可以通过图形编辑器自定义光标形式，将其保存在扩展名为.cur 的文件中。采用自定义光标时，需要在资源文件中定义光标资源，其形式为：

光标名 CURSOR 光标文件(.cur)

然后应用程序通过调用 LoadCursor 加载光标资源，其形式为：

HCURSOR LoadCursor(NULL,lpszCursorname)

其中，lpszCursorname 为当前光标，应用程序加载光标资源常在定义窗口类时进行。此外，还可以在应用程序中调用 LoadCursor 函数改变光标形式。

所谓鼠标的单击操作，实际上是指用户按下鼠标按钮并松开的这一全过程。此过程可以用来选择对象；所谓鼠标的双击操作，实际上是指用户在很短的时间内（根据不同计算机的设置不同而不同，操作系统的默认时间为 0.5 s）进行两次单击鼠标的操作，此动作可以激活所选项的默认操作；所谓鼠标的拖动操作，实际上是指用户按下鼠标按钮并在不松开鼠标按钮的情况下移动鼠标，此动作一般可以用来选择菜单和移动有关内容。

Windows 操作系统通过鼠标设备驱动程序接收鼠标输入。鼠标驱动程序在启动 Windows 时装入，Windows 操作系统通过鼠标驱动程序能检测出鼠标是否存在。如果鼠标已经存在，则设备驱动程序将注意到 Windows 的任何鼠标事件。每当在窗口内有鼠标事件发生时，窗口就接收到一个鼠标事件（以消息的形式发送给应用程序的窗口）。注意，能接收鼠标事件的窗口并不一定是活动窗口或者是具有输入焦点的窗口。

当应用程序的用户区内产生一个鼠标事件时，将产生一个用户区鼠标消息。表 4-5 列出了所有的用户区鼠标消息。

表4-5　用户区鼠标消息

消息	含义
WM_LBUTTONDOWN	用户区内单击鼠标左键
WM_LBUTTONUP	用户区内松开鼠标左键
WM_LBUTTONDBLCLK	用户区内双击鼠标左键
WM_MBUTTONDOWN	用户区内单击鼠标中键
WM_MBUTTONUP	用户区内松开鼠标中键
WM_MBUTTONDBLCLK	用户区内双击鼠标中键
WM_RBUTTONDOWN	用户区内单击鼠标右键
WM_RBUTTONUP	用户区内松开鼠标右键
WM_RBUTTONDBLCLK	用户区内双击鼠标右键
WM_MOUSEMOVE	鼠标在用户区内移动
WM_MOUSEWHEEL	鼠标滚轮转动
WM_MOUSEACTIVATE	鼠标指针在非激活窗口时单击了鼠标按键
WM_MOUSEHOVER	鼠标指针在窗口的客户区盘旋时发出的消息

在鼠标消息中，可以定义一个点的结构参数：

POINT pt;

可以通过GetCursorPos(&pt);来获取当前光标的位置。

参数 lParam 包含了鼠标光标的位置，lParam 字的低位包含了鼠标光标位置的 x 坐标值，lParam 字的高位包含了鼠标光标的位置的 y 坐标值。lParam 所表示的坐标是相当于窗口的左上角为原点的坐标值；参数 wParam 内包含了一个指示各种虚键状态的值。wParam 参数是表 4-6 中所列值的组合。

表 4-6　wParam 的值

值	含义
MK_CONTROL	按下了键盘上的 Ctrl 键
MK_LBUTTON	按下了鼠标左键
MK_MBUTTON	按下了鼠标中键
MK_RBUTTON	按下了鼠标右键
MK_SHIFT	按下了键盘上的 Shift 键
MK_XBUTTON1	按下 Windows 第一徽标键
MK_XBUTTON2	按下 Windows 第二徽标键

通过用户区消息的 lParam 和 wParam 参数，程序员可以确定鼠标的位置和鼠标键的状态。

对于鼠标消息的处理，一般又分为两种，一种是对 Shift 和 Ctrl 等键进行监测，另一种则不监测。在按下鼠标左键的时候，系统会创建一个单击鼠标左键的消息响应函数，具体如下：

OnLButtonDown(UINT nFlags, CPoint point)

当按下鼠标左键，并同时按下 Ctrl 键或 Shift 键时，可以用上述函数的参数 nFlags 与 MK_CONTROL 或 MK_SHIFT 进行"与"运算，如下代码用于判断是否按下 Ctrl 键：

if (nFlags & MK_CONTROL)

前面已经谈到，对于鼠标双击，一般设定的双击时间间隔为 0.5 秒，这是 Windows 系统默认的时间间隔。当然，应用程序也可以调用 SetDoubleClickTime()函数来重新设定此值。

通常情况下，只有当鼠标指针位于某一窗口的用户区或非用户区时，该窗口的窗口函数才能接收到鼠标消息，但是由于光标移动的随机性，难以保证光标始终不离开某一个窗口，如果要使某一个窗口能不间断地捕获鼠标消息，就必须对鼠标加以捕获，从而使 Windows 发送的所有鼠标消息均定向到某一个窗口，而不管鼠标的光标处于何处。

调用 SetCapture()函数即可实现对鼠标的捕捉，一旦从窗口捕获了鼠标，系统的键盘功能就会暂时失效，其他窗口也无法得到鼠标消息，因此，当该窗口不再需要捕获所有的鼠标消息时，应及时调用 ReleaseCapture()函数释放鼠标，以便其他窗口可以正常地接收鼠标信息。

4.4　鼠标应用程序实例

【例 4-3】 设计一个鼠标程序，在按下 Ctrl 键的同时按下鼠标左键，在窗口中拖动鼠标，可画出一个圆；在按下 Shift 键的同时按下鼠标左键，在窗口中拖动鼠标，画出一个矩形。

这个例题比较简单，由于代码中做了很详细的注释，读者通过阅读注释内容就可以明白编程思路。运行结果如图 4-3 所示。为了帮助读者理解，本程序所显示的椭圆和矩形不是同时出现的，依次仅显示一个，这里把两个图叠加在一起了。

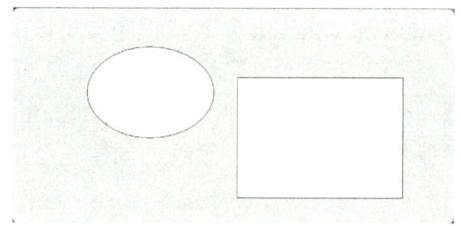

图 4-3 【例 4-3】的运行结果

对于这个问题应考虑如下几个方面:

（1）创建基于对话框的应用程序 4_3，添加类成员变量如下：

```
CDC* hDC;
RECT rect1;                          // 定义矩形结构体，记录图形的信息
int x, y;                            // 定义光标的位置坐标
BOOL bCircle = FALSE, bRect = FALSE; // 设置绘制圆和矩形的标志变量
```

（2）依次响应按下鼠标左键及鼠标移动的消息响应，添加如下蓝色的代码：

```
void CMy43Dlg::OnLButtonDown(UINT nFlags, CPoint point)
{    // TODO: 在此添加消息处理程序代码和/或调用默认值
     GetCursorPos(&point);           // 获取当前光标的位置
     ScreenToClient(&point);         // 将屏幕坐标转换为窗口坐标
     if (nFlags & MK_CONTROL)        // 同时按下 Ctrl 键时
     {    bCircle = TRUE;            // 画圆
          bRect = FALSE;
          rect1.left = point.x;       // 圆的左上角坐标为当前鼠标位置
          rect1.top = point.y;
     }
     else if (nFlags & MK_SHIFT)     // 同时按下 Shift 键时
     {    bRect = TRUE;              // 画矩形
          bCircle = FALSE;
          rect1.left = point.x;       // 矩形的左上角坐标为当前鼠标位置
          rect1.top = point.y;
     }
     else
     {    bRect = FALSE;
          bCircle = FALSE;
     }
     CDialogEx::OnLButtonDown(nFlags, point);
}
```

```
void CMy43Dlg::OnLButtonUp(UINT nFlags, CPoint point)
{     // TODO: 在此添加消息处理程序代码和/或调用默认值
      bRect = FALSE;
      bCircle = FALSE;
      CDialogEx::OnLButtonUp(nFlags, point);
}
```

在 OnLButtonUp()函数中，当鼠标左键抬起后，表征矩形的变量 bRect 和表征椭圆的变量 bCircle 均设置为 FALSE。

```
void CMy43Dlg::OnMouseMove(UINT nFlags, CPoint point)
{     // TODO: 在此添加消息处理程序代码和/或调用默认值
      GetCursorPos(&point);                       // 获取当前光标的位置
      ScreenToClient(&point);                     // 将屏幕坐标转换为窗口坐标
      rect1.right = point.x;                      // 图形的右下角坐标为当前光标位置
      rect1.bottom = point.y;
      if (bRect == TRUE || bCircle == TRUE) // 只要任何一个参数为真，就发送刷新请求
          Invalidate();                           // 发出重绘信息
      CDialogEx::OnMouseMove(nFlags, point);
}
```

（3）最后还需要响应刷新函数。

```
void CMy43Dlg::OnPaint()
{     CPaintDC dc(this);                          // 用于绘制的设备上下文
      hDC = GetDC();
      if (bCircle == TRUE)                        // 绘制圆形
          hDC->Ellipse(rect1.left, rect1.top, rect1.right, rect1.bottom);
      if (bRect == TRUE)                          // 绘制矩形
          hDC->Rectangle(rect1.left, rect1.top, rect1.right, rect1.bottom);
}
```

代码中，加入两个 BOOL 变量：bCircle，bRect，此两个变量用来标志当前所绘的是圆形还是矩形，还要定义全局变量矩形结构体 rect1 用来记录圆形和矩形的信息。当单击鼠标左键时，系统发送 WM_LBUTTONDOWN 消息，当 "nFlag & MK_CONTROL" 为"真"时，表明单击鼠标左键的同时，按下了 Ctrl 键，此时令变量 bCircle=TRUE，bRect=FALSE，同时，将光标当前位置赋值给矩形结构变量 rect1；同理，若 "nFlag & MK_SHIFT" 为"真"时，表明单击鼠标左键的同时，按下了 Shift 键，此时令变量 bCircle=FALSE，bRect=TRUE，同时将鼠标当前位置赋值给矩形结构变量 rect1；当不是这两种情况时，将这两个 BOOL 变量赋值为"假"，表明不绘制图形。

我们在窗口中移动光标时，系统发送 WM_MOUSEMOVE 消息,在此消息处理程序中，加入下列语句：

```
rect1.right = point.x;          // 图形的右下角坐标为当前光标位置
rect1.bottom = point.y;
```

其中 point.x 和 point.y 代表鼠标当前的位置，当绘制圆形或矩形时，调用函数 Invalidate()发送刷新请求。然后刷新函数 OnPaint 即可进行相应的处理。

【例 4-4】　编写一个应用程序，其中，要求光标始终指向一个字符串的起始位置，随着光标的移动，字符串跟随移动，而且字符串的颜色在整个字符串中实现渐变。运行结果的某个状态如图 4-4 所示。

图 4-4　【例 4-4】运行界面

（1）创建基于对话框的应用程序 4_4，添加类成员变量如下：

```
CDC* hDC;
HFONT hF;                        // 定义字体句柄
TCHAR str[20] = _T(" Visual C++ ");   // 输出的字符串
int i = 0;
int x[11], y[11], color[11];     // 字符串所在位置的坐标以及设置的颜色
POINT pt;                        // 记录光标所在的位置
```

（2）在对话框的 4_4Dle.cpp 文件中定义一个创建自定义字体的函数原型：

```
HFONT CreateFont(int nCharHeight, BOOL bItalic);
```

这里先定义函数原型，函数的完整实现，在程序的最后面。
（3）在初始化函数中进行如下操作：

```
SetTimer(1000, 500, NULL);       // 设置计时器 ID 为 1000，每隔 500 毫秒发送一个 TIMER 消息
GetCursorPos(&pt);               // 获取当前光标箭头的位置
ScreenToClient(&pt);             // 将屏幕坐标转换为窗口坐标
for (i = 1; i < 11; i++)         // 初始化表示位置的数组和颜色
{    x[i] = pt.x + (i - 1) * 10;
     y[i] = pt.y;
     color[i] = 25 * (i - 1);
}
```

这里需要获取光标箭头的位置，第一个字符就在光标箭头的位置，在 for 循环中，定义了数组元素所存放的字符的位置以及定义的颜色。

（4）响应定时器函数，添加如下蓝色的代码如下：

```
void CMy44Dlg::OnTimer(UINT_PTR nIDEvent)
{// TODO: 在此添加消息处理程序代码和/或调用默认值
    if (nIDEvent == 1000)
        Invalidate();
    CDialogEx::OnTimer(nIDEvent);
}
```

（5）编写自定义字体的函数，代码如下：

```
HFONT CreateFont(int nCharHeight, BOOL bItalic)
{
    HFONT hFont;
    hFont = CreateFont(                          // 定义字体句柄
        nCharHeight,                             // 字体高度
        0,                                       // 系统根据高宽比选取字体最佳宽度值
        0,                                       // 文本倾斜度，表示水平
        0,                                       // 字体倾斜度为 0
        400,                                     // 字体粗度，为正常
        bItalic,                                 // 是斜体字
        0,                                       // 无下画线
        0,                                       // 无删除线
        ANSI_CHARSET,                            // ANSI_CHARSET 字符集
        OUT_DEFAULT_PRECIS,                      // 删除精度为默认值
        CLIP_DEFAULT_PRECIS,                     // 裁剪精度为默认值
        DEFAULT_QUALITY,                         // 输出质量为默认值
        DEFAULT_PITCH | FF_DONTCARE,             // 字间距
        _T("Arial"));                            // 字体名称
    if (hFont == NULL) return NULL;
    else
        return hFont;
}
```

（6）编写刷新函数，添加如下蓝色的代码：

```
void CMy44Dlg::OnPaint()
{   CPaintDC dc(this);                           // 用于绘制的设备上下文
    hDC = GetDC();                               // 获得设备环境指针
    hF = CreateFont(30, 0);                      // 创建字体
    hDC->SelectObject(hF);                       // 选入字体
```

131

```
for(i=10;i>0;i--) // 调整每个字的位置，后一个字的位置调整到前一个字的位置
{     x[i] = x[i - 1] + 30;
      y[i] = y[i - 1];
}
GetCursorPos(&pt);
ScreenToClient( &pt);
x[0]=pt.x;
y[0]=pt.y;// 第一个字的位置是当前光标的位置，这样所有的字就会跟随光标不断移动
for (i = 1; i < 11; i++)
{hDC->SetTextColor(RGB(255 - color[i], color[i], 255)); // 设置字体的颜色
  hDC->TextOut(x[i], y[i], &str[i], 1);                        // 输出从第 1 个到第 nChar 个字符
}
color[1] = color[10];                              // 把最后一个字符的颜色值赋给第 1 个字符
for (i = 10; i > 1; i--)                           // 调整颜色，使颜色不断循环变化
        color[i] = color[i - 1];
DeleteObject(hF);                                  // 删除字体句柄
ReleaseDC(hDC);                                     // 删除设备用户指针
}
```

为了实现颜色循环，上述代码中的语句"color[1] = color[10];"是重要的，如果不把最后一个字符的颜色值赋给第一个字符，那么就无法实现颜色循环。读者可以试着把这个语句去掉，看看是什么效果。其余内容在代码里已注释得比较清楚了，就不再赘述了。

【例 4-5】 编写一个鼠标应用程序，按下鼠标左键在窗口中移动时，将按下左键时所在点和当前点所形成的矩形涂成灰色，此时光标为十字形。当抬起鼠标左键时，将前面所绘制的矩形拉伸到整个窗口，拉伸过程中将光标设置为等待光标。然后，若双击鼠标的左键，则灰色消失，窗口恢复到初始状态。

这里涉及不同状态下的光标的显示，要调用系统预定义的光标资源。首先创建基于对话框的应用程序 4_5。具体步骤如下。

（1）添加如下类成员：

```
CDC* hdc;                                           // 创建 DC 句柄
HBRUSH    hBrush;                                   // 创建画刷
```

（2）在 4_5Dlg.cpp 文件中添加如下全局变量：

```
BOOL    operate=FALSE, ready=TRUE;                 // 用来记录是否处于操作状态或准备操作状态
POINT BeginP, EndP;                                // 记录矩形的起始点和终止点坐标
RECT rect = { 0,0,0,0 };                           // 定义一个矩形区域
```

（3）由于要进行如题目所要求的鼠标操作，因此需要通过"类向导"映像如下消

132

息响应函数，它们分别是鼠标左键单击、光标移动、鼠标左键弹起和鼠标左键双击，此时在类的头文件中会出现以下的函数：

```
afx_msg void OnLButtonDown(UINT nFlags, CPoint point)      // 按下鼠标左键
afx_msg void OnMouseMove(UINT nFlags, CPoint point);       // 光标移动
afx_msg void OnLButtonUp(UINT nFlags, CPoint point);       // 鼠标左键弹起
afx_msg void OnLButtonDblClk(UINT nFlags, CPoint point);   // 双击鼠标左键
```

（4）画图过程需要刷新，因此需要定义刷新处理函数，具体代码如下：

```
void CMy45Dlg::OnPaint()
{
    CPaintDC dc(this); // 用于绘制的设备上下文
    if (ready == FALSE)
    {   hdc = GetDC();
        hBrush = (HBRUSH)GetStockObject(LTGRAY_BRUSH);
        hdc->SelectObject(hBrush);
        hdc->Rectangle(rect.left, rect.top, rect.right, rect.bottom);
        DeleteObject(hBrush);
        ReleaseDC(hdc);
    }
```

// 上述这一段代码的含义是当 ready 为 FALSE 时，也就是处于操作状态时，将画刷设置为浅灰
// 色，然后通过函数 SelectObject()将画刷调入设备环境，并通过 Rectangle()函数绘制矩形。

```
    else
    {   hdc = GetDC();
        GetClientRect(&rect);
        hdc->Rectangle(rect.left, rect.top, rect.right, rect.bottom);
        ReleaseDC(hdc);
    }
```

// 在这里的 else 模块，就是鼠标左键抬起的操作，使系统进入 ready 状态，此时通过 GetClient-
// Rect()函数获取整个客户区，并通过函数 Rectangle()绘制整个灰色矩形区
```
}
```

（5）编写按下鼠标左键操作的消息处理函数，代码如下：

```
void CMy45Dlg::OnLButtonDown(UINT nFlags, CPoint point)
{
    // TODO: 在此添加消息处理程序代码和/或调用默认值
    if ((!operate) && ready)
    {   operate = TRUE;                                    // 左键击活俘获
        ready = FALSE;
        SetCapture();                                      // 把所有的鼠标信息输入被左键激活的窗口
        SetCursor(LoadCursor(NULL, IDC_CROSS));            // 载入十字形光标
```

133

```
        BeginP.x = point.x;
        BeginP.y = point.y;
    }
    CDialogEx::OnLButtonDown(nFlags, point);
}
```

（6）编写光标移动过程的消息处理函数，代码如下：

```
void CMy45Dlg::OnMouseMove(UINT nFlags, CPoint point)
{
    if (operate)
    {    EndP.x = point.x;
        EndP.y = point.y;
        rect.left = BeginP.x < EndP.x ? BeginP.x : EndP.x;
        rect.right = BeginP.x > EndP.x ? BeginP.x : EndP.x;
        rect.top = BeginP.y < EndP.y ? BeginP.y : EndP.y;
        rect.bottom = BeginP.y > EndP.y ? BeginP.y : EndP.y;
        SetCursor(LoadCursor(NULL, IDC_WAIT));// 载入"等待"光标
        Invalidate();
    }
    CDialogEx::OnMouseMove(nFlags, point);
}
```

（7）编写鼠标左键弹起操作的消息处理函数，代码如下：

```
void CMy45Dlg::OnLButtonUp(UINT nFlags, CPoint point)
{
    // TODO: 在此添加消息处理程序代码和/或调用默认值
    if (operate)
    {    operate = FALSE;
        SetCursor(LoadCursor(NULL, IDC_WAIT));        // 载入"等待"光标
        GetClientRect(&rect);
        Invalidate();
        SetCursor(LoadCursor(NULL, IDC_ARROW));       // 设置光标为"箭头"形状
        ReleaseCapture();                             // 把光标从当前窗口中释放出来
    }
    CDialogEx::OnLButtonUp(nFlags, point);
}
```

注意，在函数 OnLButtonDown 中，有一个语句：

SetCapture();// 把所有的鼠标信息输入被左键激活的窗口

这个语句是当按下鼠标左键的时候，激活窗口，在鼠标左键弹起的消息响应函数

中，就要用到语句：

ReleaseCapture();   // 把光标从当前窗口中释放出来

（8）编写双击鼠标左键操作的消息处理函数，代码如下：

```
void CMy45Dlg::OnLButtonDblClk(UINT nFlags, CPoint point)
{      // TODO: 在此添加消息处理程序代码和/或调用默认值
    if (ready == FALSE)
    {   ready = TRUE;
        Invalidate();
    }
    CDialogEx::OnLButtonDblClk(nFlags, point);
}
```

上述代码表明，由于鼠标双击后，系统回到初始状态，那也就是 ready 参数编程 TRUE，然后刷新。

4.5 练 习 题

【4-1】 键盘操作在应用程序中是如何响应的？

【4-2】 鼠标在应用程序中是如何响应的？

【4-3】 设计一个键盘程序，当按 Ctrl 键时，表明要画椭圆；当按 Shift 键时，表明要画矩形。然后按右箭头键，椭圆或矩形的长度加 10；按下箭头键时，椭圆或矩形的高度加 10；单击 Home 键时，整个圆形或矩形向左移动；单击 End 键时，整个圆形或矩形向右移动；单击 PageUp 键时，整个圆形或矩形向上移动；单击 PageDown 键时，整个圆形或矩形向下移动。

【4-4】 编写一个鼠标应用程序，当按下鼠标左键并在窗口中移动时，窗口中光标所经过的各点颜色设置为黑色，松开鼠标左键时，将上述各点两两连线。单击鼠标左键时，清空窗口。

第 5 章 资源在 Windows 编程中的应用

在 Windows 应用程序中可以使用几种不同类型的资源，如加速键、位图、光标、对话框、菜单、工具条和字符串等。在最初的 SDK 编程阶段，程序员可以使用文本编辑器来编写资源脚本，这种方式比较灵活，但程序员要编写较多的代码。在后来的 Visual C++ 中提供了可视化的资源编辑器（resource editor），在资源编辑器中，程序员可以通过鼠标的拖曳来编辑可视化资源，十分方便，但也存在不足，就是自动生成的那些代码结构复杂，不容易读懂。资源是 Windows 应用程序用户界面的重要组成部分。资源的使用极大地方便了 Windows 应用程序的界面设计。

电子教案：第 5 章 资源在 Windows 编程中的应用

源代码：第 5 章 例题源代码

菜单资源可以在文档中创建，也可以在对话框中创建，本章主要讨论菜单资源在对话框中的创建，在文档中的创建将在后续章节中进行介绍。

5.1 菜单和加速键资源及其应用

菜单是 Windows 图形用户界面中窗口的重要组成部分。菜单可使用户直观地了解并方便地使用应用程序所提供的各项功能。使用加速键资源可使菜单的操作更灵活快捷，两种资源往往密不可分。

菜单由以下部分组成：

（1）窗口主菜单栏（位于窗口的标题栏下方，其菜单项通常为下拉式菜单）；

（2）下拉式菜单框；

（3）菜单项热键标识；

（4）菜单项加速键标识；

（5）菜单项分隔线。

此外，菜单项前常有选中标志以标识其被选中。

5.1.1 几个常用的菜单操作函数

1. 禁止或激活菜单项

应用程序创建菜单时，通过在资源描述文件中设定菜单项的选项以指定该菜单项的初始状态为禁止或激活，或调用函数 EnableMenuItem() 改变其初始状态，该函数的原型为：

BOOL EnableMenuItem(UlNT wIDEnableItem,UINT dwEnable)

其中：

wIDEnableItem 为被禁止或激活的菜单项 ID 标识，根据 dwEnable 的取值，可能为该菜单项的 ID 值，也可能为该菜单项在菜单中位置。dwEnable 为菜单项操作标识，常用标识及其说明见表 5-1。

表 5-1　EnableMenuItem()函数 dwEnable 参数的常用标识及其说明

标　识	说　明	标　识	说　明
MF_BYCOMMAND	表明以 ID 值标识菜单项	MF_ENABLED	激活菜单项
MF_BYPOSITION	表明以位置标识菜单项	MF_GRAYED	禁止菜单项并使其变灰显示
MF_DISABLED	禁止菜单项		

例如，禁止弹出式菜单"文件"中的"打开"项的形式如下：

hmenu->EnableMenuItem(IDM_OPEN, MF_BYCOMMAND | MF_DISABLED); // hmenu 为菜单的句柄

2. 设置或取消选中标志

应用程序可在菜单旁显示一个选中标志，如打上"√"标记，以表明用户选择了该项。

除在资源描述文件中设置菜单项的属性为 CHECKED 外，应用程序还可通过调用函数 CheckMenuItem()设置或取消选中标志，该函数的原型为：

```
hmenu->CheckMenuItem
(UINT wIDCheckItem,      // wIDCheckItem 为设置或取消选中标志的菜单项标识
   UINT dwCheck          // dwCheck 为操作标识，常用标识及其说明见表 5-2
)
```

表 5-2　dwCheck 参数的常用标识及其说明

标　识	说　明
MF_CHECKED	添加选中标志
MF_UNCHECKED	删除选中标志
MF_BYCOMMAND	以 ID 值标识菜单项
MF_BYPOSITION	表明以位置标识菜单项

3．增加菜单项

程序员可在应用程序中通过两种形式动态地增加菜单项：

（1）在菜单的尾部增加菜单项

应用程序可调用函数 AppendMenu 在菜单的尾部增加菜单项，该函数的原型为：

```
AppendMenu
 (HMENU hmenu          // 通常为动态需要增加菜单项的菜单句柄
  UINT dwFlags,        // 新加入的菜单项类型标识或其他状态信息
  UINT dwIDNewItem,    // 新加入菜单项的 ID 标识
  LPCTSTR lpNewItem    // 新加入的菜单项内容，取决于 dwFlags 参数
 )
```

值得注意的是，dwIDNewItem 一般情况下是插入项的 ID 值；如果加入的是一个弹出式菜单，则该参数为弹出式菜单的句柄；lpNewItem 取决于 dwFlags 参数。一般情况下为新加入菜单项的名称；如果 dwFlags 为 MF_BITMAP，则该参数包含一个位图句柄。

例如在弹出式菜单"文件"的末尾增加一项"关于"的形式如下：

```
AppendMenu(hmenu, MF_ENABLED, IDM_ABOUT, "关于（&A）");
```

（2）在菜单中插入菜单项

应用程序也调用函数 InsertMenu 在菜单中插入新的菜单项，该函数的原型为：

```
BOOL InsertMenu
 (  HMENU hmenu,         // 菜单句柄
    UINT wPosition,      // 指定新菜单项插入的位置
    UINT dwFlag,         // 新加入的菜单项的信息及对 wPosition 的解释
    PTR dwIDNewItem,     // 新加入的菜单项的标识
    LPCTSTR lpNewItem    // 新插入的菜单项的内容
 )
```

对于上面的函数原型，wPosition 由参数 dwFlag 解释其意义，如果 dwFlag 为 MF_BYCOMMAND，则该参数为插入位置的下一个菜单项的 ID 值；如果 dwFlag 为 MF_BYPOSITION，则该参数为插入的位置号，菜单的第一个菜单项的位置号为 0。dwIDNewItem 一般情况下是插入项的 ID 值。如果加入的是一个弹出式菜单，则该参数为弹出式菜单的句柄；lpNewItem 取决于 dwFlag 参数，一般情况下为新插入菜单项的标识，如果 dwFlag 为 MF_BITMAP，则该参数包含一个位图句柄。

例如，在弹出式菜单"文件"的"退出"（其标识为 IDM_EXIT）项之前加入新

菜单项"打印"（其标识为 IDM_PRINT）的语句如下：

InsertMenu (hmenu,IDM_EXIT,MF_BYCOMMAND |MF_ENABLED,IDM_PRINT,L"打印（&P）");

4. 删除菜单项

应用程序可调用函数 DeleteMenu()删除菜单项，该函数的原型为：

```
BOOL DeleteMenu
(   HMENU hmenu,
    UINT wPosition,        // 指定要删除的菜单项的位置
    UINT dwFlag            // 对 wPosition 的解释
)
```

对于 wPosition，由参数 dwFlag 解释其意义，如果 dwFlag 为 MF_BYCOMMAND，则该参数为菜单项的 ID 值；如果 dwFlag 为 MF_BYPOSITION，则该参数为菜单项的位置号；

例如，删除弹出式"文件"菜单中的"另存为"项的形式如下：

DeleteMenu (hmenu, IDM_SAVEAS, MF_BYCOMMAND)

值得注意的是，如果菜单项含有弹出式菜单，则删除该菜单项时，该弹出式菜单也同时被删除。

5. 修改菜单项

应用程序可调用函数 ModifyMenu()修改菜单中的某个项，该函数原型为：

```
BOOL ModifyMenu
( HMENU hmenu,
  UINT wPosition,                    // 指定需修改的菜单项位置
  UINT dwFlag,
  PTR dwIDNewItem,                   // 一般为修改后菜单项的标识
  LPCTSTR lpNewItem                  // 一般为修改后的菜单项名
)
```

对于 wPosition，如果 dwFlag 为 MF_BYCOMMAND，则该参数为菜单项的 ID 值；如果 dwFlag 为 MF_BYPOSITION，则该参数为菜单项的位置号。

例如修改弹出式菜单"文件"中"打开"项为"加载"项的语句如下：

ModifyMenu(hmenu,IDM_OPEN,MF_BYCOMMAND,IDM_LOAD,L"加载(&L)");

应用文件除使用资源描述文件中定义的菜单外，还可以动态地创建菜单。

6. 动态地创建菜单

动态地创建菜单更加节省系统资源，在应用程序中动态创建菜单分两个步骤：

（1）调用函数 CreateMenu()创建空的弹出式菜单，CreateMenu()函数的原型如下：

HMENU CreateMenu(void)

（2）调用函数 AppendMenu()、InsertMenu()或 InsertMenuItem()在该菜单中加入菜单项。

例如，在应用程序的窗口菜单中动态创建弹出式菜单"编辑"的过程如下：

```
⋮
HMENU    hmenu,hPopupmenu;              // 主窗口菜单句柄和新创建的菜单句柄
⋮
// 将弹出式菜单"编辑"加入菜单中
AppendMenu(hmenu,MF_POPUP,(UINT)hmenuPopup,"编辑（&E）");
⋮
```

5.1.2 创建菜单资源实例

【例 5-1】 菜单资源及其创建。本例创建一个窗口菜单的构架，用户可通过选择"文件"弹出式菜单中的"创建统计计算菜单项"动态地创建主菜单中的"统计计算"菜单，菜单中包含"求和""方差""平均值"和"均方根"四个菜单项。当创建了"统计计算"菜单后，"文件"菜单中的"创建统计计算菜单项"变成不可操作，而原先不可操作的菜单项"删除统计计算菜单项"变成可操作，当执行"删除统计算菜单项"菜单命令后，"统计计算"菜单被删除。

图 5-1 是一个基本的菜单构架，图 5-2 是动态创建"统计计算"下拉菜单的界面。

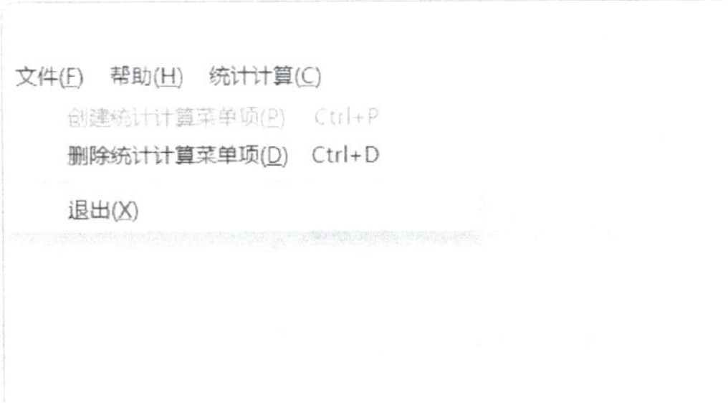

图 5-1 【例 5-1】的运行界面 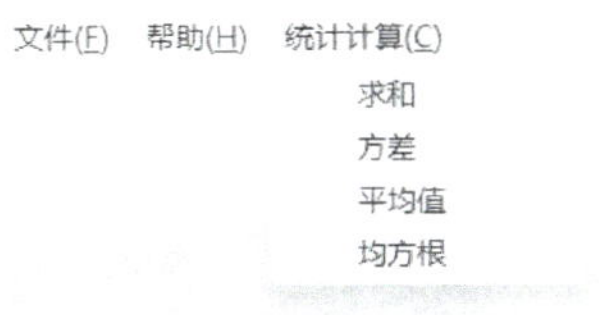   图 5-2 【例 5-1】的"统计计算"菜单

针对本例子，具体步骤如下：

（1）首先，创建一个基于对话框的应用程序，工程文件名为"5_1"。

（2）然后，打开资源视图，单击鼠标右键创建一个新的 MENU 资源，过程如图 5-3 所示。

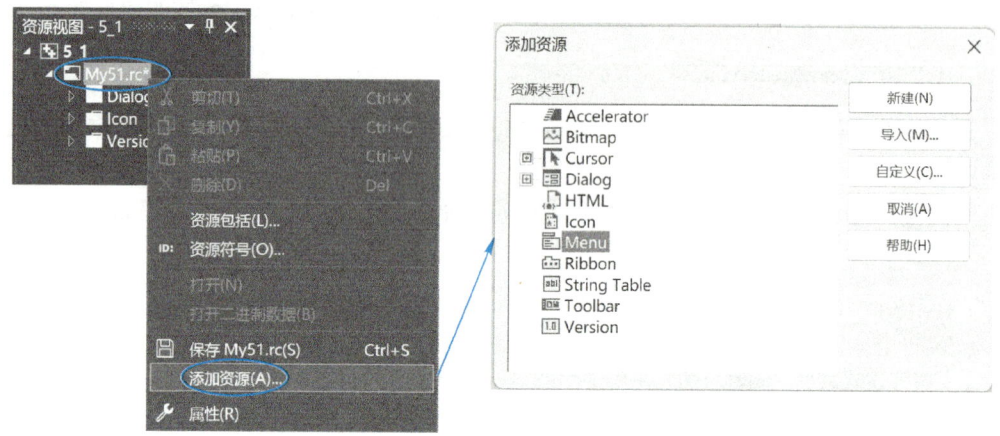

图 5-3　在对话框中添加菜单资源

（3）在图 5-3 中，选择需要添加的"资源类型"为 Menu，然后单击"新建"按钮，此时系统弹出如图 5-4 所示的界面，然后用户就可以在图 5-4 所示的界面的"请在此处键入"位置进行菜单项的编辑。所创建的菜单资源，系统将默认命名为 IDR_MENU1，用户是可以修改这个 ID 的。

图 5-4　创建菜单资源界面

（4）菜单资源编辑器如图 5-5 所示，在这里可以通过可视化编辑来创建菜单资源。

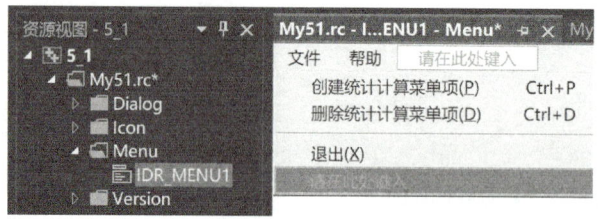

图 5-5　菜单资源编辑器

在创建菜单的过程中，右击某个菜单项，例如图 5-5 中的"退出"菜单项，会弹出该菜单项的属性设置对话框，如图 5-6 所示。通过修改"描述文字"项，可以修改该菜单项的名称。"&X"是快捷键的设置，符号"&"会在随后的英文字母下显示一条下画线，表示 Alt 加上相应的字母键就是该菜单项的快捷键（单纯设置还不够，还要建立关于这个设置的响应才能工作）。

图 5-6　菜单项的属性设置对话框

此外，还可以在"ID"选项中设置该菜单项的 ID，该 ID 表示该菜单项对应资源的 ID 标识，该 ID 用来和具体处理该菜单项的消息响应函数绑定。

我们还需要在头文件中添加如下变量：

```
CMenu* hmenu;
HMENU haddmenu;
```

本例题需要定义一系列的菜单项，这些菜单项的 ID 要定义，具体如下：

"创建统计计算菜单项"的 ID：IDM_ADDMENU
"删除统计计算菜单项"的 ID：IDM_DELMENU
"退出"菜单项的 ID：IDM_EXIT

此时系统在头文件 resourch.h 中生成如下代码：

```
#define IDR_MENU1          129
#define IDM_ADDMENU        32775
#define IDM_DELMENU        32776
#define IDM_EXIT           32777
```

这是系统生成的宏定义，语法大家应该很熟悉了，从这里可以看出，每个 ID 值，系统自动定义了一个整型数。

（5）定义动态创建的"统计计算"菜单中的菜单项 ID

由于还要创建动态菜单"统计计算"，于是要为相应的菜单项定义其 ID，在头文件 resource.h 中添加如下代码：

```
#define IDM_qiuhe          23      // 求和菜单项的 ID
#define IDM_fangcha        24      // 方差菜单项的 ID
#define IDM_pinjunzhi      25      // 平均值菜单项的 ID
#define IDM_junfanggen     26      // 均方根菜单项的 ID
```

（6）为各个菜单项添加单击事件的响应函数，打开类视图，右击对话框类 CMy51Dlg，选择"类向导"，在"类向导"对话框中的"命令"栏中找到菜单项的对应 ID（IDM_ADDMENU,IDM_DELMENU,IDM_EXIT），在右侧的"消息"框中选择"COMMAND"，最后单击"添加处理程序"，如图 5-7 所示。

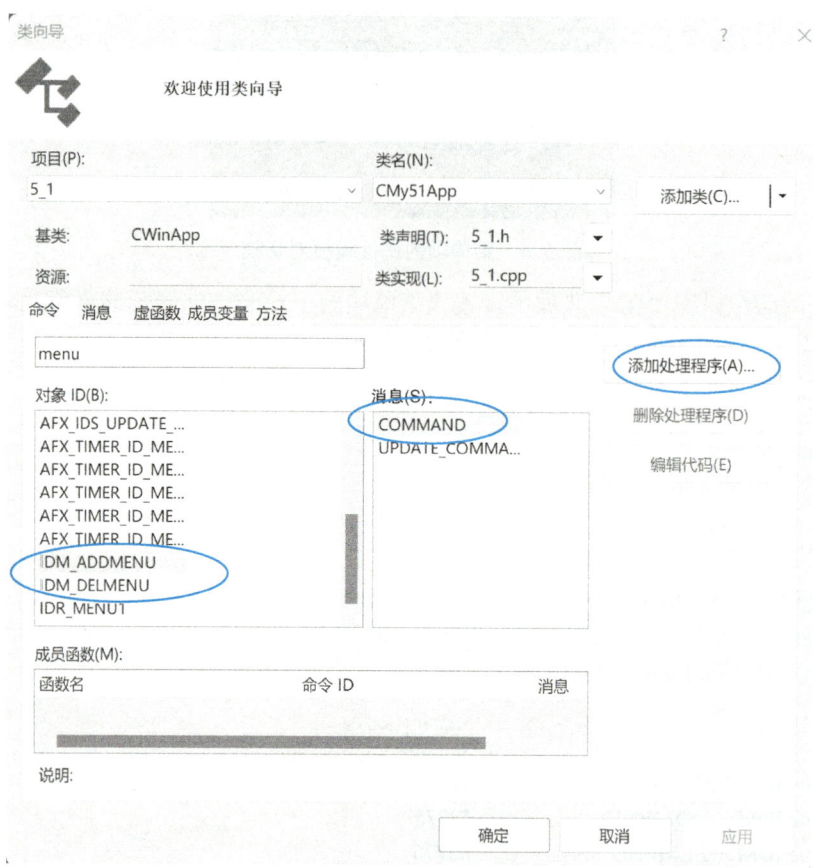

图 5-7　添加菜单项处理程序

所添加的事件响应函数如下所示，蓝色部分为添加的内容：

144

```
void CMy51Dlg::OnAddmenu()
{// TODO: 在此添加命令处理程序代码
 hmenu = GetMenu();                                          // 获取主菜单句柄
 haddmenu = CreateMenu();                                    // 动态创建菜单
 // 在创建的菜单中增加菜单项
 AppendMenu(haddmenu, MF_ENABLED, IDM_qiuhe, L"求和");    // 创建菜单项
 AppendMenu(haddmenu, MF_ENABLED, IDM_fangcha, L"方差");
 AppendMenu(haddmenu, MF_ENABLED, IDM_pinjunzhi, L"平均值");
 AppendMenu(haddmenu, MF_ENABLED, IDM_junfanggen, L"均方根");
 // 将创建的动态弹出式菜单插入主菜单中
 hmenu->InsertMenu(2, MF_POPUP | MF_BYPOSITION, (UINT_PTR)haddmenu, L"统计计算(&C)");
 // 相应改变菜单中有关绘图统计计算菜单项的属性
 hmenu->EnableMenuItem(IDM_ADDMENU, MF_GRAYED);
 // 一旦插入动态菜单后，就不能再插入，所以要变灰，不允许操作。
 hmenu->EnableMenuItem(IDM_DELMENU, MF_ENABLED);
 DrawMenuBar();                                              // 重新显示窗口菜单
}
```

上述代码中，通过 GetMenu()函数获取主菜单句柄，再通过语句"haddmenu = CreateMenu();"获取动态创建的菜单句柄，然后通过 AppendMenu 函数，将相关菜单项加载到动态创建的菜单中，接着通过 InsertMenu()函数，将动态创建的菜单插入主菜单中，

```
void CMy51Dlg::OnDelmenu()
{// TODO: 在此添加命令处理程序代码
 hmenu = GetMenu();
 hmenu->DeleteMenu(2, MF_BYPOSITION);                        // 删除统计计算菜单项
 // 相应改变"文件"菜单中有关统计计算菜单项的属性
 hmenu->EnableMenuItem(IDM_ADDMENU, MF_ENABLED);
 hmenu->EnableMenuItem(IDM_DELMENU, MF_GRAYED);
 DrawMenuBar();                                              // 重新显示窗口菜单
}
```

看代码注释即可理解上述代码。

```
void CMy51Dlg::OnExit()
{// TODO: 在此添加命令处理程序代码
    OnOK();
}
```

最后，还要在主对话框中将创建的菜单选择进来，如图 5-8 所示，打开主对话框的属性界面，将"菜单"属性设置为 IDR_MENU1。

图 5-8　将菜单资源与对话框资源绑定

该程序的实现要注意如下几个步骤：

（1）在增加菜单时，调用函数 GetMenu()获取窗口主菜单的句柄。该函数的原型如下：

HMENU　GetMenu();

（2）应用程序按照前述的过程建立新菜单、加入菜单项并插入窗口的主菜单的指定位置。

在创建新的弹出式菜单后，应用程序还通过调用函数 EnableMenuItem()禁止"创建统计计算菜单项"并将其暗淡显示。

（3）调用函数 DrawMenuBar()重新显示改变后的窗口主菜单。该函数的原型如下：

void DrawMenuBar()

创建"统计计算"菜单项后，可通过选择"文件"下拉菜单中的"删除统计计算菜单项"删除所创建的"统计计算"菜单项。此时，应用程序调用函数 DeleteMenu()删除该菜单项，并调用函数 EnableMenuItem()恢复"创建统计计算菜单项"的属性。

5.2 位图资源及其应用

5.2.1 位图概念

位图是一种数字化的图形表示形式，是表示一个图像目标的系列数据。应用程序使用位图能很快地将预先定义好的物体显示到屏幕上。位图中的每个像素点由位图文件中的一位或多位数据表示。整个位图的信息被细化为每个像素点的属性值。

与设备相关的位图是与特定的显示设备相联系的，这种位图的位和显示输出设备的像素之间的关系较为密切。与设备无关的位图与特殊的显示设备之间的关系较松散，这种位图表示的是图像的外形而不是位图的位与输出设备像素之间的关系。

对于绘画或照片一类的位图，数据量一般较大，因此为了提高显示刷新速度，位图操作须在内存中进行。用于位图操作的系统设备环境为内存设备环境。应用程序首先要通过调用函数 CreateCompatibleDC 向系统申请获取内存设备环境，此内存设备环境与输出设备的设备环境 hdc 互相兼容。其形式为：

hdcmem = CreateCompatibleDC(hdc);

与设备环境相似，内存设备环境也有设备描述表。应用程序获取内存设备环境后，调用函数 SelectObject 将位图文件内容选入内存设备环境之后，即可直接在内存设备环境中操作位图，如绘制图形及编辑等。

需要说明的是，直接在内存设备环境中进行绘图前，需要对内存设备环境进行初始化，否则不能直接绘图。对内存设备环境初始化，一般使用后面所讲的 BitBlt()函数将客户区复制到内存即可，或使用 CreateCompatibleBitmap()创建空位图，将其选入内存设备环境。等到绘图结束后，再使用 Bitblt()函数将内存设备环境复制到屏幕。这一系列操作就是双缓冲技术。

操作位图结束后，应用程序须调用 DeleteDC()释放内存设备环境，其形式为：

DeleteDC(hdcmem);   // hdcmem:内存设备环境句柄

5.2.2 位图的操作过程

位图操作过程包括定义、加载或创建、选入内存设备环境和输出等步骤。

1. 定义

定义一个位图句柄，其形式为：

HBITMAP   hBm;

2. 加载或创建

应用程序调用函数 LoadBitmap()加载位图并获得位图的句柄，其形式为：

```
hBm=LoadBitmap
(
    hInstance,                          // 当前应用程序实例句柄
    MAKEINTRESOURCE(lpszName)           // 位图名称
)
```

此外，应用程序还可通过调用函数 CreateCompatibleBitmap()创建位图。其形式为：

```
hBm=CreateCompatibleBitmap
(   hdc,
    nWidth,                             // 位图宽度
    nHeight                             // 位图高度
)
```

3. 选入内存设备环境

获取了内存设备环境句柄后，应用程序需调用 SelectObject()函数将位图选入内存设备环境中，其形式如下：

```
Hdcmem->SelectObject(hBm);
```

将位图选入内存设备环境后，即可对其进行编辑。

4. 输出

最后，应用程序调函数 BitBlt()在指定的设备上输出内存中的位图。函数 BitBlt()将位图从内存设备环境复制到设备环境中，其原型如下：

```
BOOL BitBlt
(
    HDC hdcDest,                        // 目的设备环境句柄
    int XDest, int YDest,              // 标识目的设备显示位图的基点（位图左上角坐标）
    int nWidth,int nHeight,           // 目的设备中用于显示位图区域的高和宽
    HDC hdcSrc,                        // 源设备环境句柄
    int nXSrc,int nYsrc,              // 标识源设备中位图的左上角坐标
    DWORD dwRop                        // 标识位图显示方式，操作码及其说明见表 5-3
)
```

表 5-3 dwRop 操作码及说明

操 作 码	说明
BLACKNESS	输出全黑色位图
DSTINVERT	目标位图矩形区域颜色"取反"操作
MERGECOPY	将源位图和模板执行"与"操作
MERGEPAINT	将源位图和模板执行"或"操作
NOTSRCCOPY	在复制之前将源位图执行"取反"操作
NOTSRCERASE	将源位图和目标位图执行"或"操作，再执行"取反"操作
NOMIRRORBITMAP	禁止对位图的镜像操作
PATCOPY	将模板复制到目标位置上
PAINTVERT	将模板和目标位图执行"异或"操作
SRCCOPY	将源位图复制到目标位图（常用）
SRCAND	将源位图和目标位图执行"与"操作
SRCPAINT	将源位图和目标位图执行"或"操作
SRCERASE	将目标位图执行"取反"操作，再与源位图执行"与"操作
SRCINVERT	将源位图和目标位图执行"异或"操作
WHITENESS	输出全白色位图

另外，应用程序在输出位图之前，经常需要调用函数 GetObject 获取位图的尺寸。函数 GetObject 的作用是获取指定对象的信息并将其复制到指定的缓冲区内，该函数的原型为：

```
int GetObject
(    HANDLE hObject,              // 对象句柄
     int nCount,                 // 复制到缓冲区的字节数
     LPVOID lpObject             // 接收信息的缓冲区地址
)
```

应用程序调用该函数获取位图尺寸的形式为：

```
GetObject
(    hBitmap,                    // 位图句柄
     sizeof(BITMAP),             // BITMAP 结构的大小
     (LPVOID)&bm                 // BITMAP 结构的地址
)
```

应用程序调用函数 GetObject()后，将指定位图的信息写入 BITMAP 结构中。数

149

据结构 BITMAP 在位图操作中经常使用，其定义如下：

```
typedef struct tagBITMAP
{   LONG bmType;                          // 位图类型
    LONG bmWidth;                         // 位图宽度
    LONG bmHeight;                        // 位图高度
    LONG bmWidthBytes;                    // 每一光栅行的字节数
    WORD bmPlanes;                        // 位图中面的数目
    WORD bmBitsPixel;                     // 位图中每个像素的位数
    LPVOID bmBits;                        // 位图位值的地址
}BITMAP;
```

如果要在输出时使图形的尺寸改变，可以使用输出函数 StretchBlt()输出位图，StretchBlt 函数的原型如下：

```
BOOL StretchBlt
( HDC hdcDest,                            // 目标 DC 的句柄
    int nXOriginDest, int nYOriginDest,  // 目标设备的基点坐标
    int nWidthDest, int nHeightDest,     // 目标设备的尺寸
    HDC hdcSrc,                           // 源 DC 的句柄
    int nXOriginSrc, int nYOriginSrc,    // 源设备的基点坐标
    int nWidthSrc, int nHeightSrc,       // 源设备的尺寸
    DWORD dwRop                           // 标识位图显示方式，操作码及其说明见表 5-3
);
```

对比 BitBlt()函数可以看出，StretchBlt 仅多了一个源设备的尺寸。实际上，源设备的尺寸使用的是 BitBlt()函数中目标设备的尺寸，而目标设备的尺寸使用的是实际输出设备上想显示的尺寸。

5.2.3　位图操作实例

【例 5-2】　在窗口中央加载一幅坦克图片的位图，位图尺寸为窗口面积的 1/4，当单击鼠标左键或键盘上的向上箭头时，位图向上移动，当移动到窗口的上边界时，窗口显示"不能再向上移动了"字样，当单击鼠标右键或键盘上的向下箭头时，位图向下移动，当到达窗口的下边界时，屏幕显示"不能再向下移动了"字样。运行界面如图 5-9 所示。

图 5-9　【例 5-2】的运行结果

关于这个问题，具体思路如下：

为了显示这个位图，在创建基于对话框的应用程序 5_2 后，导入一张位图，位图的文件名本例为 pic5_2.bmp（可以是任意文件名，文件名不一定要取名 pic5_2，但一定是位图，扩展名为.bmp）。具体过程如下：

（1）在"资源视图"中找到本例的资源文件 My52.rc（这个文件名是因为设置了工程文件为 5_2 后系统自动产生的），然后右击，在弹出来的菜单中选择"添加资源"，出现如图 5-10 所示的"添加资源"对话框。

图 5-10　"添加资源"对话框

然后在"添加资源"对话框中选择"Bitmap"，表示添加的是位图资源，并单击"导入"按钮（由于位图已经存在，这里就选择"导入"操作），在弹出的对话框中选择所要导入的位图，本例为 pic5_2.bmp，系统为这个位图默认定义了一个 ID 值为 IDB_BITMAP1。

这个时候，如果打开资源文件，并用文本阅读器阅读，发现系统增加了如下蓝色显示的代码：

```
/////////////////////////////////////////////////////////////////////
//
// Bitmap
    IDB_BITMAP1                 BITMAP                      "pic5_2.bmp"
    #endif      // 中文(简体，中国) resources
/////////////////////////////////////////////////////////////////////
```

说明已经完成位图资源的导入。

（2）添加变量：

由于我们是在操作位图，因此需要创建位图句柄，以及基于位图结构的变量，以便获取位图的信息，如位图的长和宽等。在操作过程中还会有移动越界提示，因此设定了两个提示信息字符串，分别是"不能再向上移动了"和"不能再向下移动了"。为此，在 5_5Dlg.cpp 文件中添加如下变量：

```
HBITMAP hBm;                            // 定义位图句柄
BITMAP bm;                              // 定义位图结构变量
int iY = 20;                            // 位图左上角初始 y 坐标
int iWindowWidth, iWindowHeight;        // 窗口的宽度和高度
LPCWSTR cUpWarn = L"不能再向上移动了";    // 向上警告字符串
LPCWSTR cDownWarn = L"不能再向下移动了";  // 向下警告字符串
```

由于是在对话框中显示图形，还需要创建 DC，为此在对话框类的定义头文件 5_2Dlg.h 中添加如下内容：

```
CDC* hDC;
```

（3）因为要求窗口面积为位图的 4 倍，所以定义全局变量 iWindowWidth 和 iWindowHeight 来表示窗口的宽度和高度，窗口的面积应该在程序运行的时候就生成，这个工作应该在初始化函数中完成，因此在初始化函数 OnInitDialog()中加入代码：

```
hBm = (HBITMAP)LoadImage(AfxGetInstanceHandle(), L"pic5_2.bmp",
                        IMAGE_BITMAP, 0, 0, LR_LOADFROMFILE);   // 加载位图
GetObject(hBm, sizeof(BITMAP), (LPVOID)&bm);             // 获得位图信息
iWindowWidth = 2 * bm.bmWidth;                           // 得到窗口的宽度
iWindowHeight = 2 * bm.bmHeight;                         // 得到窗口的高度
SetWindowPos(NULL, 0, 0, iWindowWidth, iWindowHeight, SWP_NOZORDER | SWP_NOMOVE);
```

LoadImage 函数原型如下：

```
HANDLE LoadImage
(HINSTANCE hinst,      // 若加载程序外部资源，传 NULL，否则一般传 AfxGetInstanceHandle()
 LPCTSTR lpszName,     // 图片名称或全路径
 UINT uType,           // 图片类型：IMAGE_BITMAP 或 IMAGE_ICON 或 IMAGE_CURSOR
 int cxDesired,
 int cyDesired,
 UINT fuLoad           // 一般为 LR_DEFAULTCOLOR | LR_CREATEDIBSECTION
);
```

本例中调用函数 LoadImage()并通过强制类型转换其返回值数据类型为 **HBITMAP** 来加载位图，并获得位图句柄，这个位图句柄指向了位图 **pic5_2.bmp**，函数中的 AfxGetInstanceHandle()是 MFC 的全局函数，该函数的作用是返回标识当前应用程序实例的句柄。参数 LR_LOADFROMFILE 说明是从文件导入位图资源。两个参

数（cxDesired 和 cyDesired 不为 0 并且 fuLoad 不指定 LR_DEFAULTSIZE，Image 会根据实际大小缩放）在本例中取 0，代表按实际尺寸加载，不做任何缩放。按指定大小加载。

调用函数 GetObject()得到位图的尺寸信息，将位图的高度和宽度乘 2 即得到窗口的高度 iWindowHeight 和宽度 iWindowWidth。再调用 SetWindowPos 函数，将函数中的窗口高度和窗口宽度信息设置为 iWindowHeight 和 iWindowWidth，即可创建出高度和宽度都为位图高度和宽度两倍的窗口来。

代码中还用到 SetWindowPos 函数，该函数的功能是将一个窗口在三维空间中移动，利用它，可以改变一个窗口的位置，甚至可以在 Z 轴上改变（Z 轴决定了一个窗口和其他窗口的前后关系），还可以改变窗口的尺寸，函数原型如下：

BOOL SetWindowPos（HWND hWndInsertAfter, int X，int Y,int cX，int cY，UNIT Flags）:

其中：

hWndInsertAfter：此句柄用于控制对话框在 Z 轴上的显示顺序，它可以是以下值：

- 一个窗口句柄：则对话框会显示在此窗口的下一层，若取值 NULL，说明没有上下层关系；
- HWND_BOTTOM：将窗口置于 Z 序的底部；
- HWND_DOTTOPMOST：将窗口置于所有非顶层窗口之上（即在所有顶层窗口之后）；
- HWND_TOP：将窗口置于 Z 序的顶部；
- HWND_TOPMOST：将窗口置于所有非顶层窗口之上。即使窗口未被激活，窗口也将保持顶级位置。

X、Y：相对以客户坐标指定窗口新位置的左边界、上边界；注意，这个 X、Y 是相对于调整之前窗口的左上角坐标而言的，即(0, 0)表示左上角不变。

cX、cY：指定调整后新窗口的宽度和高度。

Flags：指定窗口尺寸和定位的标志。下面列出部分可能的取值：

- SWP_NOZORDER：维持当前 Z 序（忽略 hWndInsertAfter 参数）。
- SWP_NOMOVE：维持当前位置（忽略 X 和 Y 参数）。
- SWP_HIDEWINDOW：隐藏窗口。
- SWP_NOSIZE：维持当前尺寸（忽略 CX 和 cY 参数）。
- SWP_SHOWWINDOW：显示窗口。

对于对话框程序，通常只用设置为：SWP_NOZORDER|SWP_NOMOVE，即保持左上角坐标不变，且保持 Z 轴顺序不变。

（4）定义全局变量 iY 记录位图左上角在窗口中的纵坐标。当单击鼠标左键时，

153

系统发送 WM_LBUTTONDOWN 消息，在此消息处理程序中加入如下蓝色的代码：

```
void CMy52Dlg::OnLButtonDown(UINT nFlags, CPoint point)
{    // TODO: 在此添加消息处理程序代码和/或调用默认值
     iY = iY - 10;                         // 位图高度-10
     Invalidate();                         // 刷新用户区
     CDialogEx::OnLButtonDown(nFlags, point);
}
```

从上述代码可以看到，单击鼠标左键时，iY 的值减小，实际上图形是向上移动的，默认状态下，窗口的 Y 轴方向是向下的。

（5）添加单击鼠标右键的消息响应代码如下（看如下蓝色的部分）：

```
void CMy52Dlg::OnRButtonDown(UINT nFlags, CPoint point)
{
     // TODO: 在此添加消息处理程序代码和/或调用默认值
     iY = iY + 10;                         // 位图高度+10，向下移动位图
     Invalidate();                         // 刷新用户区
     CDialogEx::OnRButtonDown(nFlags, point);
}
```

（6）在处理键盘消息 WM_KEYDOWN 时，加入如下代码（看如下蓝色的部分）：

```
void CMy52Dlg::OnKeyDown(UINT nChar, UINT nRepCnt, UINT nFlags)
{
     // TODO: 在此添加消息处理程序代码和/或调用默认值
     switch (nChar)
     {
       case VK_UP:                         // 按上箭头键时，位置-10
          iY = iY - 10;
          break;
       case VK_DOWN:                       // 按下箭头键时，位置+10
          iY = iY + 10;
          break;
     }
     Invalidate();                         // 刷新用户区
     CDialogEx::OnKeyDown(nChar, nRepCnt, nFlags);
}
```

当 nChar=VK_UP 时，将 iY 减 10；当 nChar==VK_DOWN 时，将 iY 加 10；同时还要调用 Invalidate()发送消息重绘用户区。

（7）在 OnPaint 函数中，加入下列代码（看如下蓝色的部分）：

```
void CMy52Dlg::OnPaint()
```

```
{       CDC hdcmem;                                      // 定义内存句柄
        CPaintDC dc(this);                               // 用于绘制的设备上下文
        hDC = GetDC();                                   // 得到设备环境指针
        hdcmem.CreateCompatibleDC(hDC);                  // 得到内存指针
        if (iY > 0 && iY < iWindowHeight / 2)            // 当位图完整地在窗口中时
        {
            hdcmem.SelectObject(hBm);                    // 选入内存句柄
            hDC->BitBlt(60,iY,bm.bmWidth,bm.bmHeight,&hdcmem,0,0,SRCCOPY);// 输出位图
        }
        else if (iY <= 0)                                // 当位图的上边界超出窗口时
            hDC->TextOut(0, 0, cUpWarn, (int)wcslen(cUpWarn));        // 输出警告
        else                                             // 当位图的下边界超出窗口时
            hDC->TextOut(0, 0, cDownWarn, (int)wcslen(cDownWarn));    // 输出警告
        ReleaseDC(hDC);                                  // 输出环境句柄
        hdcmem.DeleteDC();
}
```

首先得到设备环境句柄指针 hDC，然后判断 iY 的大小：当位图的位置还在窗口的范围内时，调用函数 SelectObject()将位图选入内存中，然后调用函数 BitBlt()在窗口中输出位图。当超出窗口范围时，发出相应的信息。

（8）此外还需要处理字符消息的虚函数，前面的例题已经介绍过这个问题。看如下蓝色的部分：

```
BOOL CMy52Dlg::PreTranslateMessage(MSG* pMsg)
{    // TODO: 在此添加专用代码和/或调用基类
    SendMessage(pMsg->message, pMsg->wParam, pMsg->lParam);
    return CDialogEx::PreTranslateMessage(pMsg);
}
```

5.3 对话框资源及其应用

对话框是一个弹出式窗口，它一般用于程序需要用户输入或者需要和用户进行交互活动的场合。一般来说，对话框消息的处理在独立的对话框函数内进行，对话框中包含了众多的控件如按钮、对话框、滚动条、列表框、编辑框等。对话框的主要形式有"模态对话框"和"非模态对话框"两类。

模态对话框不允许用户在关闭对话框之前切换到应用程序的其他窗口。当一个模态对话框被初始化并接收时，对话框的消息循环将处理相关消息。

非模态对话框允许用户在该对话框与应用程序的其他窗口之间进行来回切换。非

模态对话框从消息循环中接收输入。使用模态对话框还是使用非模态对话框取决于应用程序的实现。

如果一个应用程序中包含对话框，则应用程序中必须包含一个对话框类及相关成员函数，这些成员函数与窗口函数类似，只不过窗口函数用于处理与窗口有关的消息，而对话框函数用于处理与对话框有关的消息。

对话框资源是一种非常有用的重要资源，Windows 应用程序通常采用对话框资源作为与用户之间的直接交互工具。

对话框资源通常有如下功能：

- 发送消息，如警告消息、提示框消息；
- 接收输入，如用户输入的消息；
- 提供消息，如常见的"关于"对话框。

5.3.1　模态对话框的编程方法

【例 5-3】　模态对话框例子。本例中有一个"文件"菜单和一个"帮助"菜单，其中"文件"菜单下有"打开""保存"和"退出"菜单项，"帮助"菜单下有一个"关于"菜单项，其中，"关于"菜单项打开的对话框是一个模态对话框，当中有一个"确定"按钮。"打开"和"保存"对话框的响应均是简单地显示一个消息对话框，说明文件已经打开或文件已经保存等消息。

本例题的编程步骤如下：

（1）创建基于 MFC 的对话框应用程序 5_3。

（2）由于应用程序中用到菜单，需要创建菜单资源（本例介绍的菜单是在对话框中加载菜单资源，后续章节内容将介绍在文档中加载菜单资源）。打开"资源视图"，创建菜单资源，此时系统默认创建了一个菜单资源，默认命名 ID 为 IDR_MENU1，如图 5-11 所示。然后对其进行如图 5-12 所示的菜单及菜单项创建。

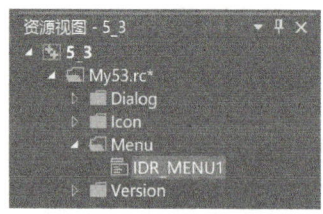

图 5-11　创建菜单资源

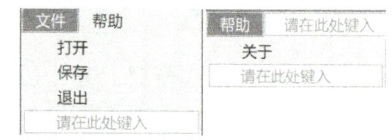

图 5-12　创建菜单及菜单项

为"打开""保存""退出"和"关于"菜单项设置 ID，分别为 IDM_OPEN、IDM_SAVE、IDM_EXIT 和 IDM_ABOUT。

（3）"帮助"菜单中有菜单项"关于"，操作它需要打开一个"关于"的对话框，创建一个名字为 ABOUT 的对话框资源，创建过程如图 5-13 所示。

图 5-13 创建对话框资源

将默认的对话框 ID 修改为 ABOUT。在资源视图中找到这个对话框的 ID，然后右击，在弹出的快捷菜单中找到"属性"选项，然后修改其 ID 值为 ABOUT，结果如图 5-14 所示。

图 5-14 修改对话框的 ID 为 ABOUT

（4）然后需要对 ABOUT 对话框进行界面设计。控件工具箱及 ABOUT 对话框的界面设计如图 5-15 所示，具体操作如下：单击"视图—工具箱"，可以进行控件的手动拖放。选择工具箱中的"静态文本(static text)"控件并拖放到对话框上，然后在这个静态文本控件上右击，在弹出的菜单中选择"属性"菜单项，如图 5-16 所示。在"描述文字"项中输入"Windows 模态对话框"，那么在对话框上就出现了"Windows 模态对话框"的内容。同样方法在工具箱中选取按钮（Button）控件，"描述文字"为"确定"，其中"确定"按钮的 ID 设置为"IDOK"。

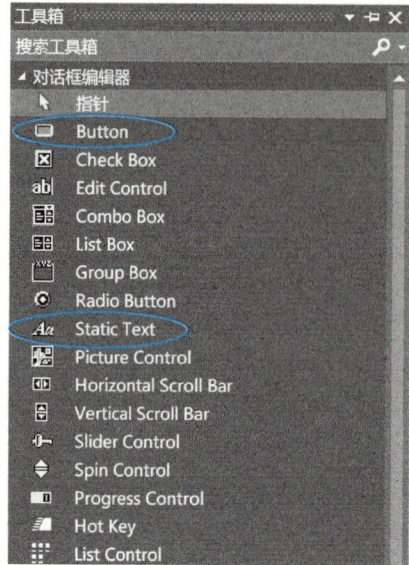

图 5-15　控件工具箱及 ABOUT 对话框界面设计

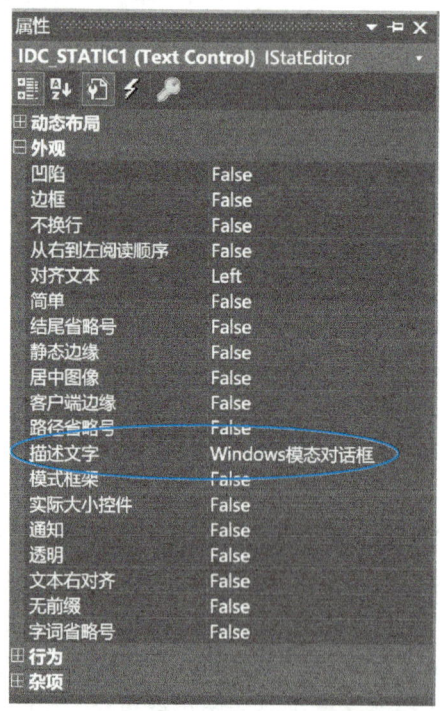

图 5-16　设置对话框中的静态文本控件的"描述文字"

（5）为 ABOUT 对话框添加类。我们新建了 ABOUT 对话框，为了能操作该对话框上的对象，比如对话框上的编辑框控件，需要对新建的 ABOUT 对话框创建对应的对话框类。在对话框空白处右击，在弹出的快捷菜单中选择"添加类"选项，然后弹出"添加 MFC 类"对话框，此时，将类名定义为 MYABOUT，即可生成该类对应的头文件和 cpp 文件，如图 5-17 所示。

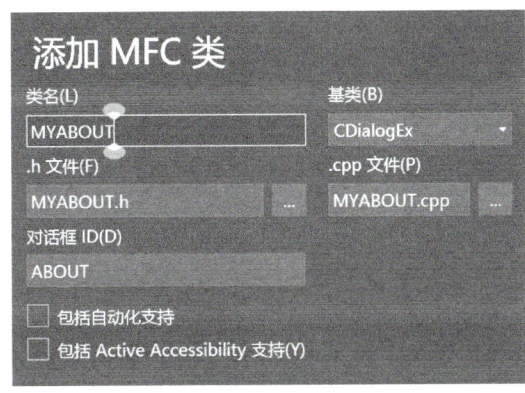

图 5-17　为 ABOUT 对话框添加 MYABOUT 类的操作

这个时候，会看到增加了一个头文件 MYABOUT.h 和 MYABOUT.cpp 文件，这就是添加 MYABOUT 类后生成的类定义文件及相关文件，如图 5-18 所示。

如果此时打开 MYABOUT 类的头文件 MYABOUT.h，可能会出现一些红色波浪号的错误提示，这个不是代码的错误，是设置的问题。可以按如下方法解决：

"工具"→"选项"→"文本编辑器"→"C/C++"→"高级"→"禁用自动更新"→"True"按上面方法修改设置即可。

（6）为 ABOUT 对话框上的"确定"按钮添加消息响应。接下来为该对话框的"确定"按钮设置响应程序。右击"确定"按钮，在弹出的快捷菜单中选择"添加事件处理程序"选项，如图 5-19 所示。

注意，此时应该在如图 5-20 所示的界面上，在类列表中选择 MYABOUT 类，初学者容易忽略这个问题，因此系统中此时有多个类，类的排列是按字母的 ASCII 顺序，也就是说默认的不是 MYABOUT，要进行手动选择（如果这个地方忽略了，后续程序将无法编译通过，因为所要操作的控件是在对话框上，对应的是对话框类，但由于字母排序的原因，默认出现的是 APP 类）。然后选择消息类型为"BN_CLICKED"，单击"确定"按钮，即自动生成单击按钮的事件处理函数，函数名可以用系统建议的默认函数名。

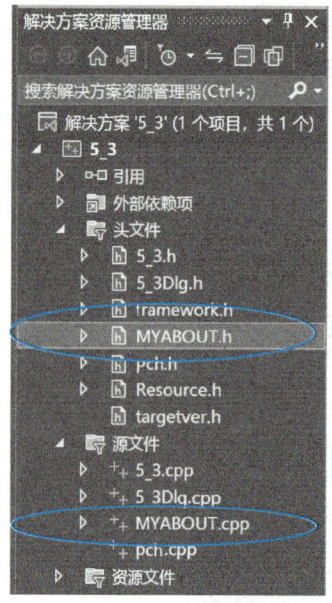

图 5-18　与类 MYABOUT 相关的文件

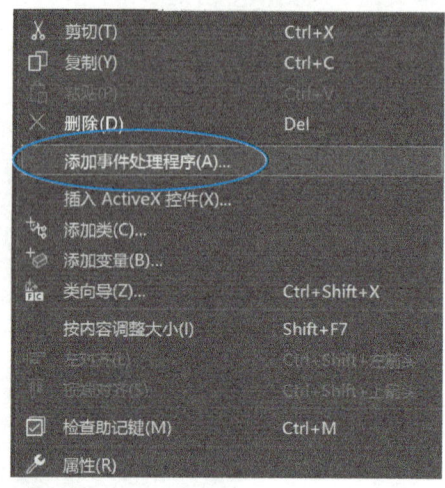

图 5-19　为"确定"按钮添加消息处理函数

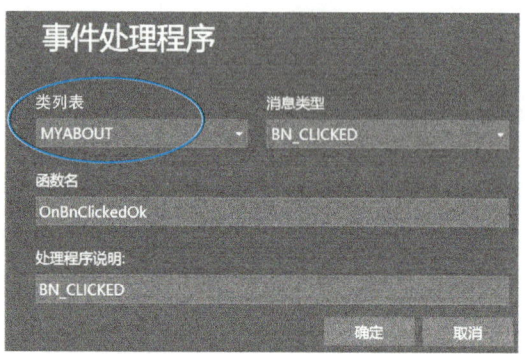

图 5-20　添加消息处理函数

在函数中添加如下代码，表示单击"确定"按钮后关闭对话框。

```
void MYABOUT::OnBnClickedOk()
{
    // TODO: 在此添加控件通知处理程序代码
    EndDialog(0);                    // 关闭对话框
    CDialogEx::OnOK();
}
```

如果此时编译运行会发现界面上并没有菜单。那设计的菜单哪里去了？下面就来处理这个问题。我们需要把菜单资源跟父对话框资源链接起来，使程序一运行，就能看到菜单并进行操作。具体如下：找到父对话框，编辑其属性项中的菜单选项为创建的菜单资源 IDR_MENU1 即可。如图 5-21 所示。

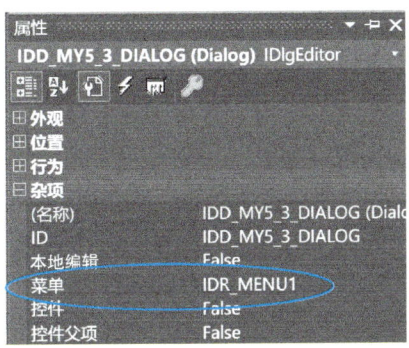

图 5-21　将菜单与对话框链接起来

（7）为菜单项添加消息处理函数。接着需要为上述四个菜单项添加单击事件处理程序，即完成本例所要求的功能。具体操作如下。打开类视图，右击 CMy53Dlg 对话框类，打开类向导，在"命令"栏中找到菜单项的对应 ID（IDM_OPEN、IDM_SAVE、IDM_EXIT 和 IDM_ABOUT），在右侧的"消息"框中选择"COMMAND"，最后单击"添加处理程序"，生成如下消息处理函数，在 5_3Dlg.h 中可见如下：

```
afx_msg void OnOpen();
afx_msg void OnSave();
afx_msg void OnExit();
afx_msg void OnAbout();
```

在各个函数中添加如下蓝色的代码：

```
void CMy53Dlg::OnPaint()
{
    CPaintDC dc(this);                    // 用于绘制的设备上下文
}

void CMy53Dlg::OnOpen()
{// TODO: 在此添加命令处理程序代码
    MessageBox(L"文件已经打开！", L"文件打开", MB_OK);// 消息框显示"文件打开成功！"
}

void CMy53Dlg::OnSave()
{// TODO: 在此添加命令处理程序代码
```

```
        MessageBox(L"文件保存成功！", L"文件保存", MB_OK);// 消息框显示"文件保存成功！"
}

void CMy53Dlg::OnExit()
{// TODO: 在此添加命令处理程序代码
    SendMessage(WM_DESTROY, 0, 0);   // 发送关闭消息以关闭对话框
}
void CMy53Dlg::OnAbout()
{// TODO: 在此添加命令处理程序代码
    MYABOUT diag;                    // 定义一个 MYABOUT 类的对象 diag
    diag.DoModal();                  // 单击 ABOUT 对话框中的"确定"按钮，关闭对话框
}
```

上述代码中 DoModal()函数的返回值为 IDOK，IDCANCEL，表明操作者在对话框上选择"确定"或是"取消"。

由于这里引用了类 MYABOUT，因此在 CMy53Dlg.cpp 里需要添加如下头文件：

```
#include "MYABOUT.h"
```

代码注释已经对代码进行了详细注释，这里就不再赘述。图 5-22 是本程序的运行结果，提醒一下，图中的三个对话框是分别出现的，在这里把消息框集中在一起了。在"文件打开"或"文件保存"对话框没有关闭之前，ABOUT 对话框是无法打开的。这是模态对话框的特点，运用这个特点，可以用来控制相关的操作，使得不该打开的对话框此时无法打开，以免操作混乱。

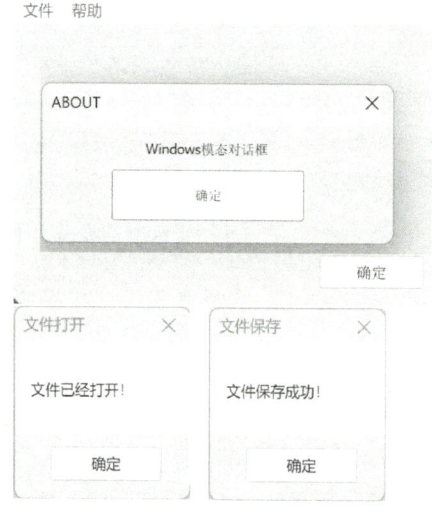

图 5-22　【例 5-3】的运行界面

　　使用模态对话框时需要注意一些问题，比如不要在一些反复出现的事件处理过程中生成有模态对话框，比如在定时器中产生有模态对话框，因为在上一个对话框还未退出时，定时器消息又会引起下一个对话框的弹出。

5.3.2　非模态对话框的编程方法

　　【例 5-4】　本例中，选择"显示模态对话框"菜单项，应用程序将创建并显示"显示模态对话框"，可以在编辑框中输入文字，单击"确定"按钮，就可以在主窗口中显示输入的信息。如果单击"取消"按钮，则清除编辑框中输入的内容，在模态对话框操作过程中，不能进行模态对话框以外区域的操作。若选择"显示非模态对话框"，可在对话框以外的区域进行操作。

　　具体过程及代码实现如下：

　　（1）创建基于对话框的 MFC 工程，工程名为"5_4"。

　　（2）然后在资源视图中创建一个菜单资源，其 ID 采用默认值 IDR_MENU1，菜单资源编辑结果如图 5-23 所示。

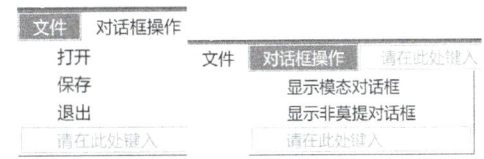

图 5-23　菜单资源编辑结果

　　然后添加一个对话框资源，其 ID 采用默认值 IDD_DIALOG1，并进行如图 5-24 所示的界面布局，从工具箱中选取 Static Text 控件和 Edit Control 控件拖到对话框中，并设置其属性。

　　（3）为菜单项和对话框中的编辑框添加如下 ID：

```
IDC_EDIT1            // 对话框中的编辑框控件
IDM_OPEN             // "打开"菜单项
IDM_SAVE             // "保存"菜单项
IDM_EXIT             // "退出"菜单项
IDM_MODAL            // "显示模态对话框"菜单项
IDM_MODALLESS        // "显示非模态对话框"菜单项
```

　　对应地为该对话框创建对话框类，具体步骤与【例 5-3】方法相同，将创建的类命名为 Dialog1。

163

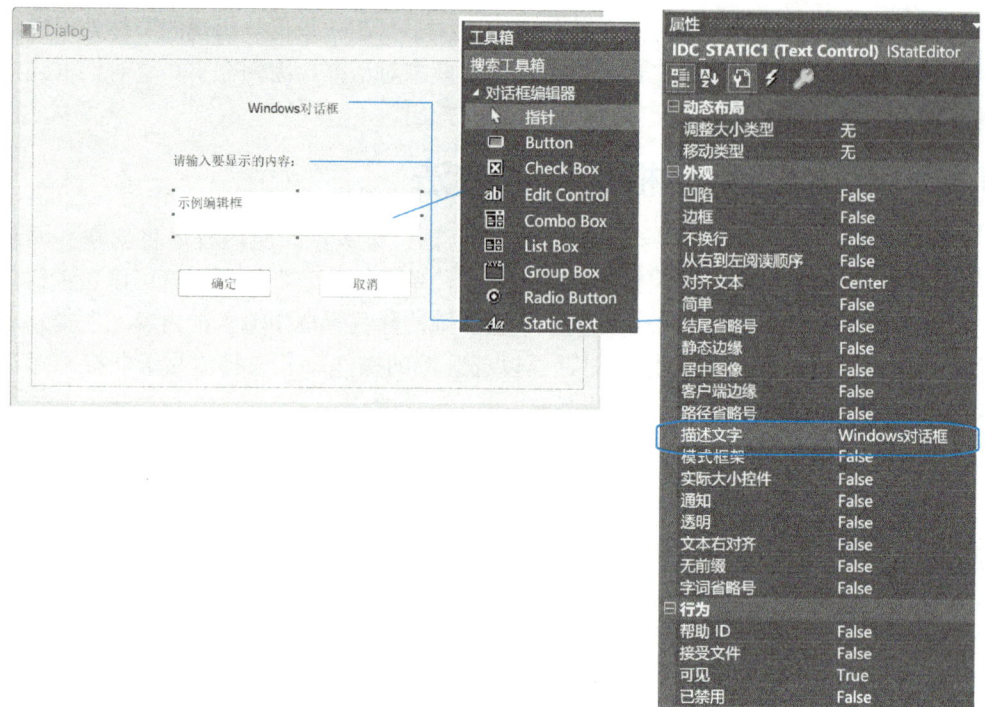

图 5-24　对话框界面设计及其操作过程

本例 resource.h 头文件中系统自动添加了如下代码（不同系统，可能宏定义的整型数不同）：

```
#define IDR_MENU1          129
#define IDD_DIALOG1        131
#define IDC_EDIT1          1000
#define IDM_OPEN           32776
#define IDM_SAVE           32777
#define IDM_EXIT           32778
#define IDM_MODAL          32779
#define IDM_MODALLESS      32780
```

由此说明，用户所定义的任何一个 ID，系统都通过宏定义给映像了一个整型数，当然这些整型数是不能重复的，也就是说不允许有任何两个 ID 拥有相同的映像值。

（4）在对话框类的头文件中添加如下代码：

CDC* hDC;

（5）为使菜单项能够进行工作，还需要为菜单项创建消息响应函数。这个创建过程要通过选择对话框类 CMy54Dlg，然后右击，在弹出的菜单中选择"类向导"选项，然后在"类向导"对话框中选择"命令"选项卡，在"对象"框中选择所增加的菜单项的 ID，进行消息响应函数的添加，如图 5-25 所示。

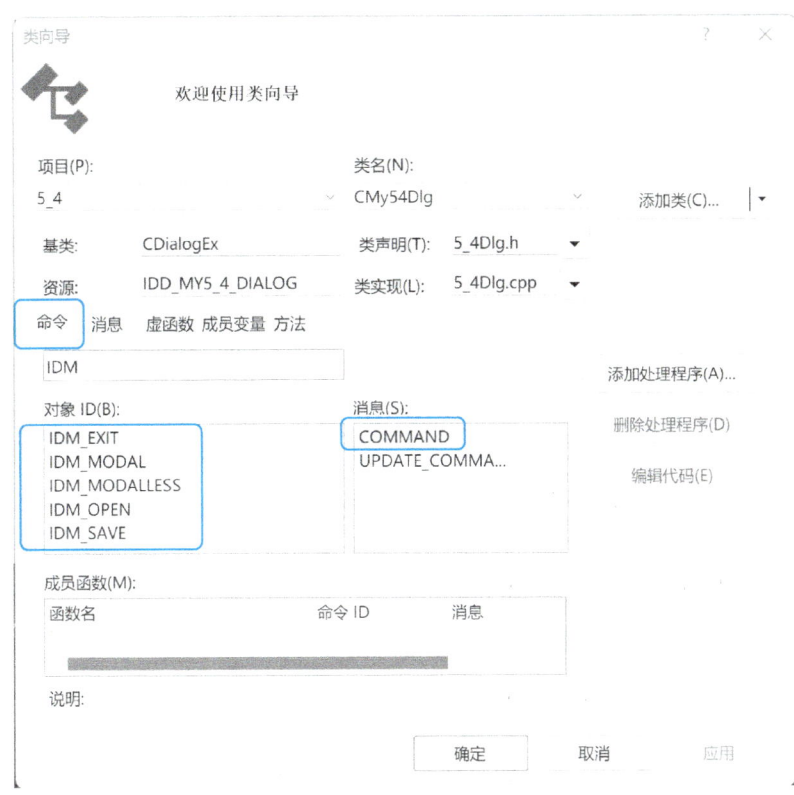

图 5-25　对菜单项映像消息响应函数

此时在对话框类 CMy54Dlg 的头文件 5_4Dlg.h 定义中系统增加了如下代码：

```
public:
    afx_msg void OnOpen();
    afx_msg void OnSave();
    afx_msg void OnExit ();
    afx_msg void OnModal();
    afx_msg void OnModalless();
```

然后需要为这几个函数编写函数的代码。

要注意的是，现在创建的是菜单资源中菜单项的消息响应，这个菜单要安放在主对话框上，因此，要把这个菜单资源绑定到主对话框中，其处理方法同【例 5-3】的对应内容。

165

这时需要定义一个指向子对话框的指针，因为主对话框菜单项的相关操作要调出子对话框 Dialog1，于是需要在 5_4Dlg.cpp 的文件中定义一个指向子对话框的指针如下：

Dialog1* diag;　// 子对话框指针

由于这里引用了类 Dialog1，因此需要在 5_4Dlg.cpp 的文件中嵌入该类的定义如下：

#include "Dialog1.h"

所添加的上述五个函数分别如下：

```
void CMy54Dlg::OnOpen()
{     // TODO: 在此添加命令处理程序代码
    MessageBox(L"文件已经打开！", L"文件打开", MB_OK);// 消息框提示消息
}
```

```
void CMy54Dlg::OnSave()
{     // TODO: 在此添加命令处理程序代码
    MessageBox(L"文件保存成功！", L"文件保存", MB_OK);
}
```

```
void CMy54Dlg::OnExit()
{     // TODO: 在此添加命令处理程序代码
    SendMessage(WM_DESTROY, 0, 0);              // 发送关闭对话框的消息请求
}
```

这里用到了 SendMessage()函数，在 MFC 中，该函数的原型如下：

SendMessage（UINT Msg，WPARAM wParam，LPARAM IParam）；

第一个参数 Msg 是指定被发送的消息，这里可以使用很多窗口消息，通常前缀是"WM_"，下面列出几个常用的窗口消息，更多的大家可以参考相关手册：

- WM_DESTROY：销毁窗口。
- WM_MOVE：移动窗口。
- WM_SIZE：改变窗口的大小。
- WM_ACTIVATE：窗口被激活或失去激活状态。
- WM_SETFOCUS：窗口获得焦点。
- WM_KILLFOCUS：窗口失去焦点。
- WM_ENABLE：窗口改变成 Enable 状态。
- WM_SETTEXT：应用程序发送此消息来设置窗口的文本。
- WM_CLOSE：关闭窗口或应用程序。

- **WM_QUIT**：结束程序运行。

参数 wParam 和 IParam 不用的时候可以赋 0。

```
void CMy54Dlg::OnModal()
{    // TODO: 在此添加命令处理程序代码
    diag=new Dialog1(this,false); // this 参数表示将父窗口指针传递给子窗口，false 表示该窗口为模态
    diag->DoModal();
}
```

```
void CMy54Dlg::OnModalless()          // 创建非模态对话框
{    // TODO: 在此添加命令处理程序代码
    diag = new Dialog1(this, true);
    diag->Create(IDD_DIALOG1, this);           // 创建非模态对话框 IDD_DIALOG1
    diag->ShowWindow(SW_SHOWNORMAL);
}
```

（6）内容刷新。由于在子对话框中有一个编辑框输入的内容要显示出来，这里就需要进行刷新操作，刷新函数代码如下：

```
void CMy54Dlg::OnPaint()
{    CPaintDC dc(this); // 用于绘制的设备上下文
    hDC = GetDC();           // 获取 DC
    if (diag != NULL)
        hDC->TextOut(0,0,diag->str,(int)_tcslen(diag->str));// 输出对话框返回的信息
    ReleaseDC(hDC);
}
```

（7）针对 Dialog1 对话框的操作，由于已经针对子对话框创建了 Dialog1 类，因此在这个类的定义文件 Dialog1.h 中，需要添加如下变量：

```
TCHAR mystr[200]; // 连接 str 字符串和编辑框输入的内容，保存在这里
BOOL less;// 用于判断窗口是模态还是非模态，less=false 代表窗口为模态，否则为非模态
TCHAR str[200];    // 字符串数组，存放窗口输入的信息
```

（8）响应 Dialog1 对话框上的"确定"和"取消"按钮。

```
afx_msg void OnBnClickedOk();
afx_msg void OnBnClickedCancel();
```

```
void Dialog1::OnBnClickedOk()
{    // TODO: 在此添加控件通知处理程序代码
    GetDlgItemText(IDC_EDIT1, mystr, 200); // 根据编辑框的 ID 将信息保存到字符串 mystr 中
    if (less == 0)
```

```
        wcscpy_s(str, L"这是模态窗口输入的信息：");// 将字符串内容复制到 str 数组中
    else
        wcscpy_s(str, L"这是非模态窗口输入的信息：");// 将字符串内容复制到 str 数组中
    wcscat_s(str, mystr);// 将字符串 mystr 连接到字符串 str 后面
    hdlg->Invalidate();                         // 刷新父级窗口
    EndDialog(0);                               // 结束对话框
    CDialogEx::OnOK();
}
```

值得注意的是：

① 代码中。GetDlgItemText()函数的最后一个参数 200，用于限定字符串的长度，因为定义了 str 字符数组的长度为 200，操作过程中不能发生数组越界。

② wcscat_s()函数如果显示参数错误，请进行如下操作：项目→属性→配置属性→高级→将字符集从 Unicode 字符集改为使用多字节字符集，这里可能是字符集的设置问题。

```
void Dialog1::OnBnClickedCancel()
{
    // TODO: 在此添加控件通知处理程序代码
    SetDlgItemText(IDC_EDIT1, L" ");// 编辑框文本赋空，实际上就是删除编辑框中的内容
    CDialogEx::OnCancel();
}
```

（9）窗口刷新函数

上述函数中涉及了窗口刷新问题，因为刷新后的体现是在主对话框上，所以刷新函数是主（父）对话框上的。请参见主对话框的相关代码。

（10）在子对话框中要对构造函数进行修改。

这个例子中涉及模态对话框和非模态对话框，那么就要在构造函数中增加一个标志性变量，来判断是否模态窗口。因此要对 Dialog1.h 中构造函数的原型进行修改（重载），添加一个变量 less，具体如下：

```
Dialog1(CWnd* pParent, BOOL less);     // 标准构造函数
```

然后编写该重载构造函数的代码，具体如下：

```
Dialog1::Dialog1(CWnd* pParent /*=nullptr*/, BOOL less)
    : CDialogEx(IDD_DIALOG1, pParent)
{
    hdlg = pParent;   // 获取对话框的父窗口指针
    this->less = less; // 用于判断窗口是模态还是非模态，less=false 代表窗口为模态，否则为非模态
}
```

在这个构造函数中用到了获取对话框父窗口指针的变量 hdlg，这个变量要在 Dialog1.cpp 的前面进行定义。具体如下：

CWnd* hdlg;

之所以定义成 CWnd 类型，是因为对话框本质上也是一个窗口。

5.4 图标资源的应用

【例 5-5】 下面的程序是在应用程序中使用图标资源的一个例子。程序所使用的图标文件名为 tree.ico，在为本例程序指定了此图标后，执行程序后即可在对话框的左上角看到图标标志为"一棵树"，这就是我们加载的图标。如图 5-26 中所示的"树"。

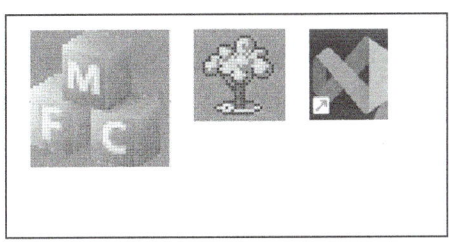

图 5-26 加载"树"图标

（1）在本例的资源文件（My55.rc）中导入一个已经存在的 tree.ico 图标文件，导入后系统默认为这个图标建立 ID 值为 IDI_ICON1，如图 5-27 所示。

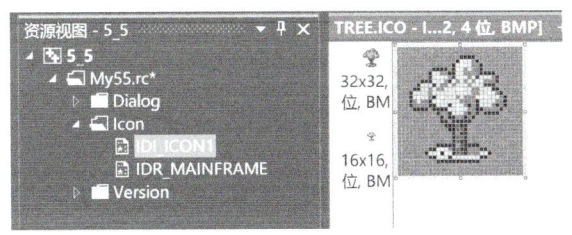

图 5-27 添加图标资源

（2）最后在对话框的构造函数中，找到如下代码：

m_hIcon = AfxGetApp()->LoadIcon(IDR_MAINFRAME);

将其中的 IDR_MAINFRAME 修改为 icon 资源的 ID，即 IDI_ICON1。
简单的两个步骤就可以了，实际上这个问题非常简单。

5.5　练　习　题

【5-1】　简述菜单资源的创建过程。

【5-2】　"模式对话框"与"非模式对话框"有何区别？在编程上有何不同？

【5-3】　创建一个包含"文件""图形绘制"和"帮助"三个菜单的应用程序，其中，"文件"菜单包含"打开""保存""另存为""退出"等菜单项；"图形绘制"菜单包含"画圆""画直线""画多边形"等菜单项；"帮助"菜单包含"画圆帮助""画直线帮助""画多边形帮助"以及"关于"等菜单项。

【5-4】　编写一个程序，包含"圆形""矩形""退出"菜单项的"画图"菜单。单击"圆形"或"矩形"菜单项时，系统在"画图"菜单后建立一个动态的"圆形"或"矩形"菜单，其中包括"绘制图形""移动图形""放大""缩小""重绘"等菜单选项。当单击"绘制图形"时，利用键盘上的左右箭头，可分别将图形长度减小或增大；当单击上下箭头时，可分别减小或增大图形的高度。当选择"移动图形"时，单击箭头键，可以将图形向相应的方向移动。单击"放大""缩小"菜单选项时，可将图形放大或缩小。单击"重绘"菜单选项时，重新开始绘制图形。

【5-5】　在窗口中显示一个球，该球与水平成 45°夹角做直线运动，当遇到边界时，反弹回来，仍与水平成 45°角继续运动。

170

第6章　控件在可视化编程中的应用

控件是 Windows 图形用户界面的主要组成部分之一，用户通过操作控件对象完成信息的输入、预设信息的选择并执行特定的命令。这些控件是用户与应用程序之间进行交互组成的元素。控件的应用很好地体现了 Windows 系统面向对象的编程特点。

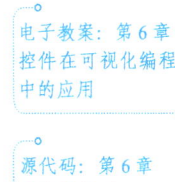

电子教案：第6章 控件在可视化编程 中的应用

源代码：第6章 例题源代码

6.1　应用控件并建立消息响应

一般来讲，控件通常都是出现在对话框中，因此可使用可视化工具在对话框中完成对控件的添加，并使用布局工具栏对控件的尺寸和位置进行调整。控件工具箱如图 6-1 所示。为增加读者的体验感，下面介绍一个按钮控件的添加过程。

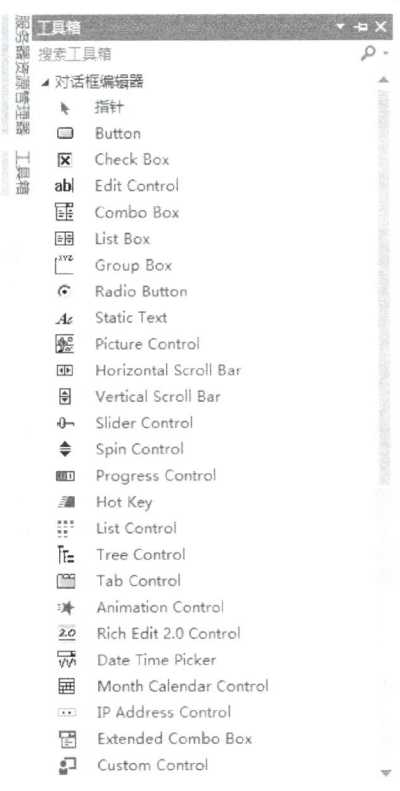

图 6-1　控件工具箱

操作步骤：

（1）首先生成一个基于对话框的应用程序，工程文件名 MFCApplication1 为系统默认的名字，然后根据需要，在如图 6-1 所示的控件工具箱中选择相应的控件，并拖曳到对话框上，比如拖曳了一个"按钮"控件。

（2）然后为这个"按钮"控件设置相应的属性，在按钮控件上右击，在弹出的快捷菜单中选择"属性"菜单项，在弹出的"属性"对话框中设置相应的内容，如按钮的 ID、按钮上的文字说明 Caption 等，如图 6-2 所示。

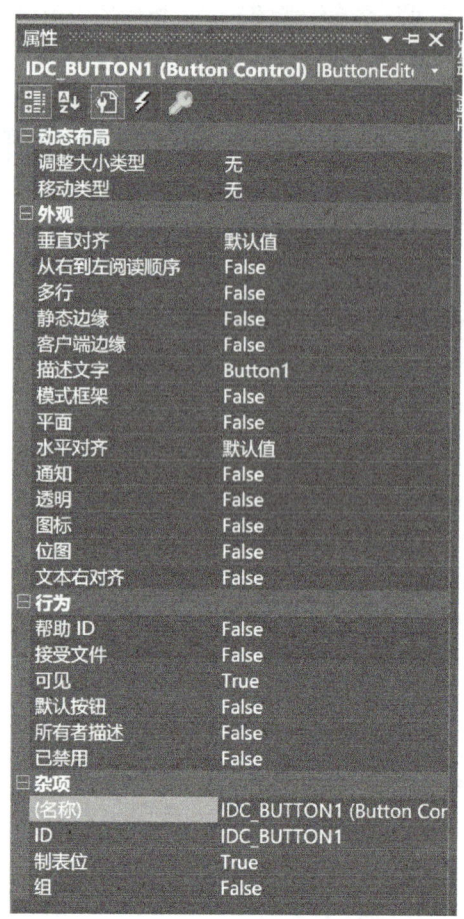

图 6-2　控件的属性设置

（3）接着要为控件编写消息响应代码，就是鼠标右击这个控件，在弹出的快捷菜单中选择"添加事件处理程序"选项，如图 6-3 所示。

（4）然后在"事件处理程序向导"中选择消息类型，并接受系统建议的"函数名"，如图 6-4 所示。

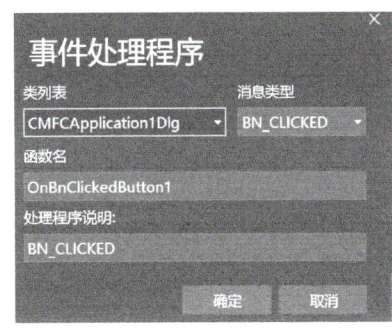

图 6-3　添加事件处理程序　　　　图 6-4　建立消息响应函数

在图 6-4 中选择了 BN_CLICKED 这个消息类型（也称消息的通知码），控件通过发送与事件对应的消息进行相关的通信。不同控件发送消息的通知码是不一样的，表 6-1 中列出了不同类型的控件事件所对应的消息通知代码。

表 6-1　控件及其相应的通知代码

子窗口控件	消息通知代码	对应事件
按钮控件	BN_CLICKED	用户在按钮子窗口中单击
	BN_DOUBLECLICKED	用户在按钮子窗口中双击
编辑框控件	EN_CHANGE	用户在编辑框子窗口中更改了输入框中的数据
	EN_ERRSPACE	编辑框的空间已用完
	EN_HSCROLL	水平滚动条被按下并被激活
	EN_KILLFOCUS	编辑框失去输入焦点
	EN_MAXTEXT	输入的正文字数超过了编辑框的最大容量
	EN_SETFOCUS	编辑框子窗口获得输入焦点
	EN_UPDATE	编辑框子窗口将更新显示内容
	EN_VSCROLL	垂直滚动条被按下并激活
列表框控件	LBN_DBLCLK	字符串列表框中的字符串被双击
	LBN_ERRSPACE	分配给字符串列表框的内存已经用完
	LBN_KILLFOCUS	字符串列表框失去焦点
	LBN_SELCHANGE	在字符串列表框进行的选择发生了改变
	LBN_SELCANCEL	在列表框中取消某个选择时发出的消息
	LBN_SETFOCUS	字符串列表框获得输入焦点

子窗口控件	消息通知代码	对应事件
组合框控件	CBN_DBLCLK	选择组合框中的字符串被双击
	CBN_DROPDOWN	选择组合框将被取消
	CBN_EDITCHANGE	选择组合框中的正文将被修改
	CBN_EDITUPDATE	选择组合框中的正文将被更新
	CBN_ERRSPACE	分配给选择组合框的内存已用完
	CBN_KILLFOCUS	选择组合框失去焦点
	CBN_SELENDCANCEL	当用户选择了组合框中的某一项后又选择了其他控件或关闭对话框,此时发出此消息
	CBN_SELCHANGE	选择组合框中的选择项发生改变
	CBN_SELENDOK	用户选择了某一项,或选择后关闭了组合框后发送的消息
	CBN_CLOSEUP	组合框关闭时发送的消息
	CBN_SETFOCUS	选择组合框获得焦点
滚动条控件	NM_THEMECHANGED	滑块位置变化
静态控件	没有与静态文本框相关的通知代码	

　　然后根据功能需求,编写消息相应函数的代码,然后生成可执行文件,就可以执行了。控件工具箱中有很多控件,其编程和使用基本上遵循这种流程。

6.2　按钮控件及其应用

　　按钮通常是指可以响应鼠标单击或键盘回车消息的小矩形子窗口。按钮命令的作用是对用户的鼠标单击或双击操作做出响应并触发相应的事件,在按钮中既可以显示正文,也可以显示位图。

　　按钮控件是基于 Windows 应用程序对话框中最常用的控件之一。按钮控件的类型比较丰富,其中主要有普通按钮与默认普通按钮、单选按钮与自动单选按钮、复选框与自动复选框、组框、自绘式按钮等。

　　(1)普通按钮(PUSHBUTTON)与默认普通按钮(DEFPUSHBUTTON)

　　普通按钮与默认普通按钮是最常用的按钮,其外观为矩形条,按钮上可设置文本或图标、位图等。该类型按钮的作用是帮助用户触发指定动作。当用户单击按钮时,应用程序立即执行相应动作。

（2）单选按钮（RADIOBUTTON）与自动单选按钮（AUTORADIOBUUTON）

单选按钮的外形为按钮文本和其左侧的小圆圈，当单选按钮被选中时，该项的圆圈将加点显示。单选按钮所包含的各选项之间一般具有互斥的性质，即同组单选按钮中用户只能选择其中一个选项。

自动单选按钮与普通单选按钮的区别在于：当用户选择自动单选圆按钮时，系统可自动消除其他单选按钮的选中标志，以保证互斥性；普通单选按钮则要求程序员编写相应的程序完成互斥操作。当单选按钮处于选择状态时，会在圆圈中显示一个黑色实心圆。

（3）复选框（CHECKBOX）与自动复选框（AUTOCHECKBOX）

复选框的外形为按钮文本和其左侧的小方框，当一个选择框处于选中状态时，在小方框内会出现一个"√"。

复选框常用来显示一组选项供用户选择。与单选按钮不同，其各选项之间不存在互斥性，用户可选择其中一个或多个选项。

（4）组框（GROUPBOX）

组框的外形为左上角包含文字的矩形框，组框是一种特殊的按钮形式，虽然它属于按钮类控件，但既不处理鼠标和键盘输入，也不向其父窗口发送消息，其主要作用在于将控件按功能进行分隔，使得界面友好。

（5）自绘式按钮

自绘式按钮是指由程序而不是系统负责重绘的按钮。

6.2.1 按钮控件的创建过程

MFC 的 CButton 类封装了按钮控件，CButton 类的定义（在 afxwin.h 中定义）如下：

```
class CButton : public CWnd
{
    DECLARE_DYNAMIC(CButton)

// Constructors
public:
    CButton();
    virtual BOOL Create(LPCTSTR lpszCaption, DWORD dwStyle,
                const RECT& rect, CWnd* pParentWnd, UINT nID);

// Attributes
    UINT GetState() const;
    void SetState(BOOL bHighlight);
```

```
    int GetCheck() const;
    void SetCheck(int nCheck);
    UINT GetButtonStyle() const;
    void SetButtonStyle(UINT nStyle, BOOL bRedraw = TRUE);
    HICON SetIcon(HICON hIcon);
    HICON GetIcon() const;
    HBITMAP SetBitmap(HBITMAP hBitmap);
    HBITMAP GetBitmap() const;
    HCURSOR SetCursor(HCURSOR hCursor);
    HCURSOR GetCursor();

#if (_WIN32_WINNT >= 0x501)
    AFX_ANSI_DEPRECATED BOOL GetIdealSize(_Out_ LPSIZE psize) const;
    AFX_ANSI_DEPRECATED BOOL SetImageList(_In_ PBUTTON_IMAGELIST pbuttonImagelist);
    AFX_ANSI_DEPRECATED BOOL GetImageList(_In_ PBUTTON_IMAGELIST pbuttonImagelist) const;
    AFX_ANSI_DEPRECATED BOOL SetTextMargin(_In_ LPRECT pmargin);
    AFX_ANSI_DEPRECATED BOOL GetTextMargin(_Out_ LPRECT pmargin) const;
#endif

#if (_WIN32_WINNT >= 0x0600 ) && defined(UNICODE)
    CString GetNote() const;
    _Check_return_ BOOL GetNote(_Out_writes_z_(*pcchNote)LPTSTR lpszNote, _Inout_ UINT*
pcchNote) const;
    BOOL SetNote(_In_z_ LPCTSTR lpszNote);
    UINT GetNoteLength() const;
    BOOL GetSplitInfo(_Out_ PBUTTON_SPLITINFO pInfo) const;
    BOOL SetSplitInfo(_In_ PBUTTON_SPLITINFO pInfo);
    UINT GetSplitStyle() const;
    BOOL SetSplitStyle(_In_ UINT nStyle);
    BOOL GetSplitSize(_Out_ LPSIZE pSize) const;
    BOOL SetSplitSize(_In_ LPSIZE pSize);
    CImageList* GetSplitImageList() const;
    BOOL SetSplitImageList(_In_ CImageList* pSplitImageList);
    TCHAR GetSplitGlyph() const;
    BOOL SetSplitGlyph(_In_ TCHAR chGlyph);
    BOOL SetDropDownState(_In_ BOOL fDropDown);
    HICON SetShield(_In_ BOOL fElevationRequired);
#endif

// Overridables (for owner draw only)
```

virtual void DrawItem(LPDRAWITEMSTRUCT lpDrawItemStruct);

```
// Implementation
public:
    virtual~CButton();
protected:
    virtual BOOL OnChildNotify(UINT, WPARAM, LPARAM, LRESULT*);
};
```

引入 CButton 类的定义，CButton 类的成员函数 Create()负责创建按钮控件，该函数的声明为：

virtual BOOL Create(LPCTSTR lpszCaption,DWORD dwStyle,const RECT& rect,CWnd* pParentWnd,UINT nID);

其中：

- lpszCaption：指定了按钮显示的正文；
- dwStyle：指定了按钮的风格，它可以是表 6-2 所列风格的组合；
- rect：说明了按钮的位置和大小；
- pParentWnd：指向父窗口，该参数不能为 NULL；
- nID：是按钮的 ID。

表 6-2 按钮的样式

控件样式	含义	控件样式	含义
BS_AUTOCHECKBOX	同 BS_CHECKBOX，不过单击鼠标时按钮会自动反转	BS_CHECKBOX	指定在矩形按钮右侧带有标题的选择框
BS_AUTORADIOBUTTON	同 BS_RADIOBUTT-ON，不过单击鼠标时按钮会自动反转	BS_RADIOBUTTON	指定一个单选按钮，在圆按钮的右边显示正文
BS_AUTO3STATE	同 BS_3STATE，不过单击按钮时会改变状态	BS_3STATE	同 BS_CHECKBOX，不过控件有三种状态：选择、未选择和变灰
BS_DEFPUSHBUTTON	指定默认的命令按钮，这种按钮的周围有一个黑框，用户可以按回车键来快速选择该按钮	BS_PUSHBUTTON	指定一个命令按钮
BS_GROUPBOX	指定一个组框	BS_OWNERDRAW	指定一个自绘式按钮
BS_LEFTTEXT	使控件的标题显示在按钮的左边		

177

用于按钮控件的消息映像有 ON_BN_CLICKED、ON_BN_DBLCLICKED 和 ON_COMMAND，其含义分别为单击按钮发送消息、双击按钮发送消息和单击命令时发送消息，ON_COMMAND 与 ON_BN_CLICKED 类似。

复选框控件所支持的选项只有两种状态，常用于只有两种完全相反状态的情况下；单选按钮适用于在一组属性相同的数据中选某一个数据；下压按钮适用于消息的发送。从上述的 CButton 类的定义中得知，CButton 类的主要成员函数及其功能如表 6-3 所示。

表 6-3　CButton 类的主要成员函数及其功能

成员函数	功能
GetCheck()	返回检查框或单选按钮的选择状态。返回值 0 表示按钮未被选择，1 表示按钮被选择，2 表示按钮处于不确定状态（仅用于检查框）
SetCheck()	设置检查框或单选按钮的选择状态
GetBitmap()	获得用 SetBitmap()方法设置的位图的句柄
SetBitmap()	指定按钮上显示的位图
GetButtonStyle()	获得有关按钮控件样式的信息
SetButtonStyle()	改变按钮样式
GetCursor()	获得通过 SetCursor()方法设置的光标图像的句柄
SetCursor()	指定一个按钮控件上的光标图像
GetIcon()	获得由 SetIcon()方法设置的图标的句柄
SetIcon()	指定一个按钮上显示的图标
GetState()	获得一个按钮控件的选中、选择和聚焦状态
SetState()	设置一个按钮控件的选择状态

我们还可以使用一系列与按钮控件有关的 CWnd 成员函数来设置或查询按钮的状态。用这些函数的好处在于只要知道按钮的 ID，就可以直接设置或查询按钮。如：

（1）CheckDlgButton(int nIDButton, UINT nCheck)函数

该函数用来设置按钮的选择状态。

- nIDButton：按钮的 ID；
- nCheck：取值 0 表示按钮未被选择，1 表示按钮被选择，2 表示按钮处于不确定状态。

（2）CheckRadioButton(int nIDFirstButton, int nIDLastButton, int nIDCheckButton)

该函数用来选择单选按钮组中的一个单选按钮。

- nIDFirstButton：指定按钮组中第一个按钮的 ID；

- nIDLastButton：指定按钮组中最后一个按钮的 ID；
- nIDCheckButton：指定要选择的按钮的 ID。

（3）GetCheckedRadioButton(int nIDFirstButton, int nIDLastButton)

该函数用来获得一组单选按钮中被选中按钮的 ID。

- nIDFirstButton：按钮组中第一个按钮的 ID；
- nIDLastButton：按钮组中最后一个按钮的 ID。

（4）IsDlgButtonChecked(int nIDButton)

该函数返回检查框或单选按钮的选择状态。

返回值 0 表示按钮未被选择，1 表示按钮被选择，2 表示按钮处于不确定状态（仅用于检查框）。

（5）GetWindowText、GetWindowTextLength 和 SetWindowText 函数

上述函数分别用来查询或设置按钮中显示的正文。

6.2.2 按钮控件示例

【例 6-1】 创建如图 6-5 所示的按钮控件系列，当单击第一个按钮时，按钮上的文字"这里是一个按钮，按下吧！"就变成"你已按下了按钮"，第二个按钮，标记为"这是默认按钮，按下看看吧！"，按下此按钮后，按钮的标记信息就变成"默认按钮已被按下"，此外还有单选按钮、复选框的操作，如图 6-6 所示。

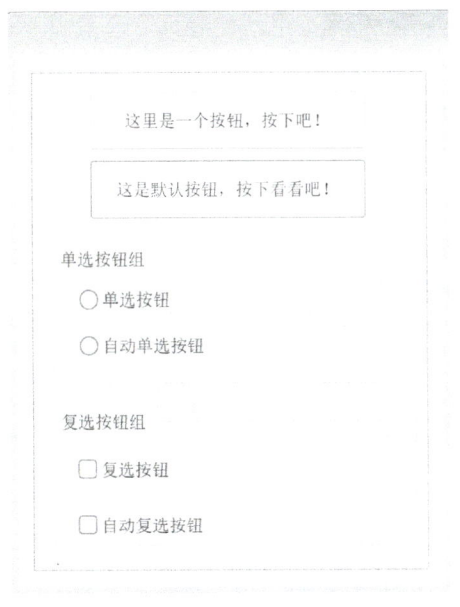

图 6-5　按钮示例　　　　　　　　　　　　图 6-6　按钮被按下后的响应

主要步骤如下：

（1）首先创建一个基于对话框的应用程序 6_1，并将在对话框上自动生成的内容删除，此时系统自动生成了一系列文件，如图 6-7 所示，此外，在类视图中还可以看到，系统自动生成了 CMy6_1Dlg 和 CMy6_1APP 这两个重要的类。

图 6-7　系统自动生成的文件

（2）依据图 6-5 所示，将控件工具箱中的相应控件拉到对话框上，完成界面的设计。

（3）依据表 6-4 所示，为每一个控件对象设置其属性（在每个控件上右击，在弹出的快捷菜单中选择"属性"选项，然后依次进行相应的设置）。

表 6-4　各控件的属性设置

控件 ID	Caption	Group	Auto	Default	变量类型	变量名称
IDC_BUTTON1	这里是一个按钮，按下吧！				CButton	m_btn1
IDC_BUTTON2	这是默认按钮，按下看看吧！			√	CButton	m_btn2
IDC_RADIO1	单选按钮	√			CButton	m_rad1
IDC_RADIO2	自动单选按钮		√			
IDC_CHECK1	复选框				CButton	m_chk1
IDC_CHECK2	自动复选框		√			

对于 radio 和 check 类型的按钮控件，如果设置了 auto 风格，则开发者不需要响应按钮的单击消息，按钮会自动响应。如果没有设置 auto 风格，则开发者需要响应按钮的单击消息，并自行设置按钮的状态。

对于 radio 类型的按钮，tab order（接下来会介绍）递增的一组按钮，每个设置 group 风格的按钮和接下来没有设置 group 风格的按钮为一组。下一个设置了 group 风格的按钮为新一组的开始。一组内的多个 radio 之间是互斥的，也就是说任何时候只有一个 radio 可以被选中。

（4）接下来需要为按钮添加成员变量。由于 IDC_RADIO2 和 IDC_CHECK2 设置为 auto 风格了，应用程序中不需要为这些控件的鼠标单击事件进行处理，程序中也不对这些控件进行操作，因此不需要为这两个控件添加成员变量，本例所用控件的变量及类型如表 6-4 所示。添加步骤是右击要添加的控件，在弹出的快捷菜单中选择"添加变量"，然后在弹出的"添加控制变量"中设置变量名 m_btn1，如图 6-8 所示，并以此类推设置其他变量。

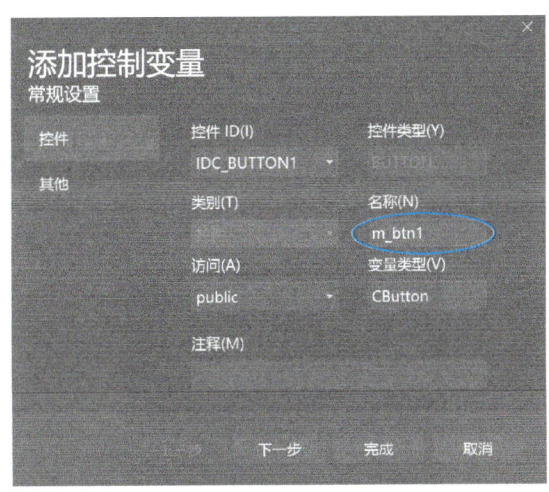

图 6-8　设置控件对象的变量

（5）所有变量设置完后，这些变量的定义出现在 6_1.h 文件的 CMy6_1Dlg 类定义中，下面是这个类定义的部分代码，其中加粗倾斜的四行代码就是定义这些**成员变量**的地方：

```
class CMy61Dlg : public CDialogEx
{
// 构造
public:
    CMy61Dlg(CWnd* pParent = nullptr);  // 标准构造函数
```

```
// 对话框数据
#ifdef AFX_DESIGN_TIME
    enum { IDD = IDD_MY6_1_DIALOG };
#endif
    protected:
    virtual void DoDataExchange(CDataExchange* pDX);     // DDX/DDV  支持
// 实现
protected:
    HICON m_hIcon;
    // 生成的消息映像函数
    virtual BOOL OnInitDialog();
    afx_msg void OnPaint();
    afx_msg HCURSOR OnQueryDragIcon();
    DECLARE_MESSAGE_MAP()
public:
    CButton m_btn1;
    CButton m_btn2;
    CButton m_rad1;
    CButton m_chk1;
};
```

这些变量添加后在 CMy6_1Dlg 中的变化如图 6-9 所示。

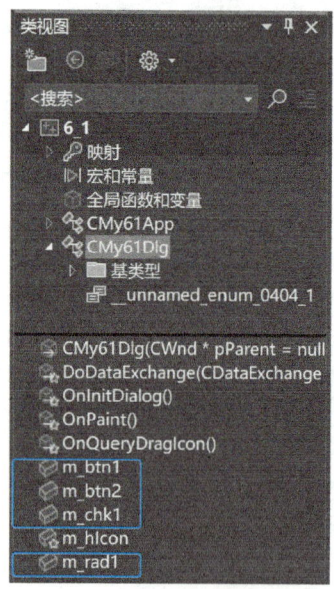

图 6-9　添加的变量在 CMy8-1Dlg 中的显示

（6）接下来参照图 6-5 为如表 6-4 所示的对象添加消息响应。对于按钮控件，一般只需响应单击事件即可。只需要为非 auto 风格的按钮添加消息处理即可。表 6-5 是各控件单击事件所对应的消息处理函数。

表 6-5　各控件单击事件所对应的消息处理函数

控件 ID	成员变量名	消息处理函数
IDC_BUTTON1	m_btn1	OnBnClickedButton1
IDC_BUTTON2	m_btn2	OnBnClickedButton2
IDC_RADIO1	m_rad1	OnBnClickedRadio1
IDC_CHECK1	m_chk1	OnBnClickedCheck1

消息处理代码如下：

```
void CMy61Dlg::OnBnClickedButton1()
{    // TODO: 在此添加控件通知处理程序代码
     m_btn1.SetWindowText(L"你已按下了按钮！");
}
```

函数 SetWindowText 是将按钮控件的 Caption 内容进行修改，改成函数中的字符串内容。

```
void CMy61Dlg::OnBnClickedButton2()
{    // TODO: 在此添加控件通知处理程序代码
     m_btn2.SetWindowText(L"默认按钮已被按下！");
}
```

```
void CMy61Dlg::OnBnClickedRadio1()
{    // TODO: 在此添加控件通知处理程序代码
     m_rad1.SetCheck(1);
}
```

函数 etCheck() 的作用就是设置对象是否处于被选中状态，参数为 1 代表被选中，0 代表非被选中状态。

```
void CMy61Dlg::OnBnClickedCheck1()
{    // TODO: 在此添加控件通知处理程序代码
     if (m_chk1.GetCheck())
         m_chk1.SetCheck(0);
     else
         m_chk1.SetCheck(1);
}
```

由于复选框的作用是在选择和非选择中取一状态，所以这里先用函数 GetCheck() 获取该控件的状态，如果为 1，则置 0，反之置 1。

当映像了这些消息处理函数后，在 6_1Dlg.cpp 文件中系统增加了消息映像的机制，代码如下（见蓝色部分）：

```
BEGIN_MESSAGE_MAP(CMy61Dlg, CDialogEx)
    ON_WM_PAINT()
    ON_WM_QUERYDRAGICON()
    ON_BN_CLICKED(IDC_BUTTON1, &CMy61Dlg::OnBnClickedButton1)
    ON_BN_CLICKED(IDC_BUTTON2, &CMy61Dlg::OnBnClickedButton2)
    ON_BN_CLICKED(IDC_RADIO1, &CMy61Dlg::OnBnClickedRadio1)
    ON_BN_CLICKED(IDC_CHECK1, &CMy61Dlg::OnBnClickedCheck1)
END_MESSAGE_MAP()
```

上面的蓝色部分，体现了具体控件对象 ID 与消息响应函数的绑定，而且从 **ON_BN_CLICKED** 可以说明，这种消息响应的是鼠标的单击消息。而且这些代码是出现在消息映像模块定义结构中的，也就是在"BEGIN_MESSAGE_MAP … END_MESSAGE_MAP()"里头。

在绑定了这些内容之后，同样在类 CMy61Dlg 的定义文件 6_1Dlg.h 中，出现了如下蓝色部分的代码：

```
class CMy61Dlg : public CDialogEx
{
……
public:
    CButton m_btn1;
    CButton m_btn2;
    CButton m_rad1;
    CButton m_chk1;
    afx_msg void OnBnClickedButton1();
    afx_msg void OnBnClickedButton2();
    afx_msg void OnBnClickedRadio1();
    afx_msg void OnBnClickedCheck1();
};
```

同样在 6_1Dlg.cpp 文件的末尾，出现这几个消息响应函数的框架，比如 **OnBnClickedButton1** 的框架如下（其他的大家可以参考例题代码类推理解）：

```
void CMy61Dlg::OnBnClickedButton2()
{
```

```
// TODO: 在此添加控件通知处理程序代码
}
```

然后仅需要在"// TODO：在此添加控件通知处理程序代码"后面编写自己的代码即可。

6.3　滚动条控件

滚动条控件是 Windows 窗口操作中常用的工具，在面向对象的程序设计中会使用很频繁。滚动条可以分为水平滚动条和垂直滚动条，它是一个交互式的、高度可视化的、操作较复杂的控件，用户可通过多种方式操作滚动条。它包括一个滑块，这个滑块能够沿滚动条的长度运动，在滚动条的两端还有一组按钮。当单击滚动条两端的按钮箭头时，滚动条移动的距离称为滑块的滚动单位，滚动单位可以根据程序的需要进行设置，一般设置为一行。滚动条可以通过滑块和两端按钮来改变位置，也可以在滑块与按钮的空白处单击实现翻页，一页的单位同样由应用程序确定。

滚动条在形式上又可分为窗口滚动条和子窗口滚动条控件（包括对话框滚动条）两种。滚动条控件与属于窗口的滚动条是不一样的，处于窗口的滚动条与窗口绑定，也是由该窗口创建、管理和释放的；而滚动条控件是由用户创建、管理和释放的。

6.3.1　滚动条类的结构及其方法

与其他的 MFC 控件一样，滚动条类 CScrollBar 类是 CWnd 的直接派生类，它同时继承了 CWnd 的所有功能。Visual C++定义了 CScrollBar 类的结构，其结构定义如下：

```
class CScrollBar : public CWnd
{
    DECLARE_DYNAMIC(CScrollBar)
// Constructors          // 定义构造函数
public:
    CScrollBar();
    virtual BOOL Create(DWORD dwStyle, const RECT& rect, CWnd* pParentWnd, UINT nID);
// Attributes
    // 定义一系列方法
    int GetScrollPos() const;
    int SetScrollPos(int nPos, BOOL bRedraw = TRUE);
```

```
        void GetScrollRange(LPINT lpMinPos, LPINT lpMaxPos) const;
        void SetScrollRange(int nMinPos, int nMaxPos, BOOL bRedraw = TRUE);
        void ShowScrollBar(BOOL bShow = TRUE);
        BOOL EnableScrollBar(UINT nArrowFlags = ESB_ENABLE_BOTH);
        BOOL SetScrollInfo(LPSCROLLINFO lpScrollInfo, BOOL bRedraw = TRUE);
        BOOL GetScrollInfo(LPSCROLLINFO lpScrollInfo, UINT nMask = SIF_ALL);
        int GetScrollLimit();
#if(_WIN32_WINNT >= 0x0501)
        BOOL GetScrollBarInfo(PSCROLLBARINFO pScrollInfo) const;
#endif //_WIN32_WINNT >= 0x0501
// Implementation
public:
        virtual~CScrollBar();        // 定义析构函数
};
```

从上述滚动条类的定义中，就可以基本上了解 CScrollBar 类的方法。滚动条主要方法的含义如表 6-6 所示。

表 6-6　CScrollBar 类主要方法的含义

方法	说明
EnableScrollBar()	使滚动条的一个或两个箭头有效或无效
GetScrollInfo()	获得滚动条的消息
SetScrollInfo()	设置滚动条的消息
GetScrollLimit()	获得滚动条的范围
GetScrollPos()	获得滚动条当前的滑块位置
SetScrollPos()	设置滚动块当前的滑块位置
GetScrollRange()	获得滚动条的滚动范围
SetScrollRange()	设置滚动条的滚动范围
ShowScrollBar()	显示或隐藏滚动条

CScrollBar 类提供了一组方法用于操纵控件和数据。滚动条控件最直接的功能是当应用程序显示的内容超过窗口的范围时，用户可通过拖动滚动条遍历整个窗口内容。滚动条在功能上分为垂直滚动条与水平滚动条，分别实现窗口内容纵向和横向的滚动。

应用程序在对话框中放置滚动条控件后，可通过该控件发出的消息得知用户对滚动条的操作，并可调用滚动条类的成员函数获取滚动条的信息或操作指定的滚动条。表 6-7 列出了常用的标识及其说明。

表 6-7 常用滚动条动作标识及其说明

标识	说明	标识	说明
SB_TOP	滚动到滚动条最顶端	SB_LINEDOWN	向下滚动一行
SB_BOTTOM	滚动到滚动条最底端	SB_LINEUP	向上滚动一行
SB_RIGHT	滚动到右边	SB_LINELEFT	向左滚动一行
SB_LEFT	滚动到左边	SB_LINERIGHT	向右滚动一行
SB_PAGEUP	向上滚动一页	SB_THUMBPOSITION	滚动块移动到新位置
SB_PAGEDOWN	向下滚动一页	SB_THUMBTRACK	滚动块被拖动
SB_PAGELEFT	向左滚动一页	SB_ENDSCROLL	滚动到最终位置
SB_PAGERIGHT	向右滚动一页		

作为任何一个窗口的子控件，在 MFC 中可以通过对话框资源模板来创建，一个滚动条被用户操作时，将产生事件并向它的主窗口发送通知消息，这个主窗口通常是由 CDialog 类派生的，可以通过编写消息映像和消息处理方法来获取和处理这些消息，消息映像和消息处理方法在滚动条主窗口的类中被执行。

6.3.2 滚动条类编程实例

【例 6-2】 编写一个基于对话框的应用程序，其主窗口如图 6-10 所示。主窗口标题为 Application of ScrollBar。在这个窗口中，有一个滚动条，滚动条下面有一个编辑框，滚动条两边各有两个命令按钮。滚动条的滚动范围设为 0 到 20，当前值为 10，滚动条下面的编辑框中显示当前位置的值。单击滚动条向上或向下的箭头按钮，滚动条上的滚动块向上或向下分别移动一个单位，编辑框中的数字加 1 或减 1；单击滚动条中滚动块与两端箭头之间的区域，滚动块上移或下移三个单位，编辑框中的数字加 3 或减 3；按住滚动块上下拖动，编辑框中的数字随着滚动块的移动而随之发生变化。本例的按钮功能如下。

- Top 按钮：单击一下 Top 按钮，滚动块移到最上边，编辑框中的数字变为 0；
- Bottom 按钮：单击一下 Bottom 按钮，滚动块移到最下边，编辑框中的数字变为 20；
- Reset 按钮：单击一下 Reset 按钮，滚动块移到中间，编辑框中的数字变为 10；
- Exit 按钮：单击一下 Exit 按钮，退出 Application of Scrollbar 应用程序。

具体的代码编写过程如下：

（1）建立一个基于对话框的工程文件 6_2。

（2）修改对话框的属性 caption 为 Application of ScrollBar。

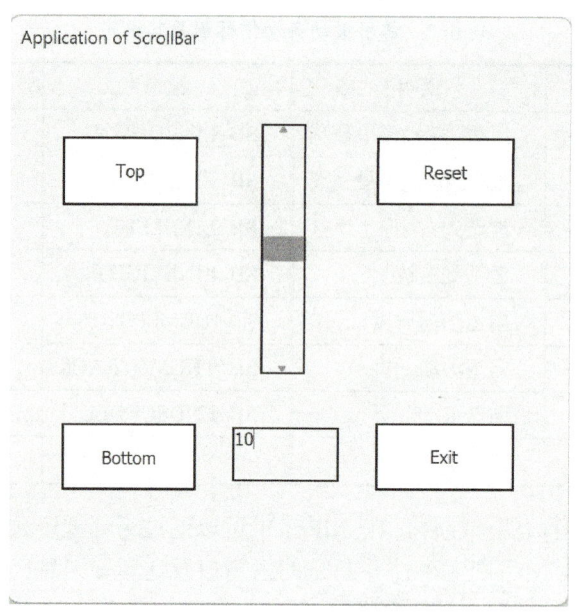

Application of ScrollBar

Top

Reset

Bottom

10

Exit

图 6-10　【例 6-2】界面设计

（3）在控件工具箱中选择相应的控件，根据图 6-10 进行界面设计，相应控件对象的属性如表 6-8 所示。

表 6-8　对话框中各个控件对象的属性

对象	ID	变量名及类型	Caption	只读
对话框	IDD_MY6_2_DIALOG		Application of ScrollBar	
滚动条	IDC_SCROLLBAR	m_scrollbar	无	
编辑框	IDC_EDIT	m_dispinfo	无	√
Top 按钮	IDC_TOP		Top	
Bottom 按钮	IDC_BOTTOM		Bottom	
Reset 按钮	IDC_RESET		Reset	
Exit 按钮	IDC_EXIT		Exit	

（4）初始化滚动条。

根据题目要求，运行该应用程序时，一进入主窗口，滚动条的滚动块应位于中间位置，而且滚动条的最小值和最大值分别为 0 和 20，编辑框中显示的值是滚动条当前位置的值。由于本例要求将滚动条控件的滑块位置的值及 Top 和 Bottom 按钮响应后的滑块位置的值均显示在一个只读编辑框控件中，而滚动条、按钮等控件都是在对话框上，因此可在本例的对话框类 CMy6_2Dlg 中加入一个成员函数 ChangeDisplayInfo(int pos)，用于将数值型参数 pos 显示到编辑框控件中。具体操作如图 6-11 和图 6-12 所示。

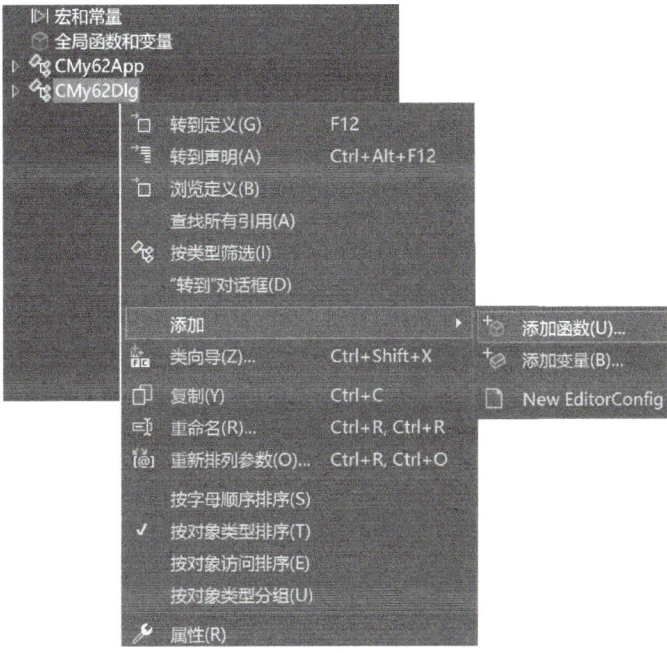

图 6-11 为 CMy62Dlg 类添加成员函数

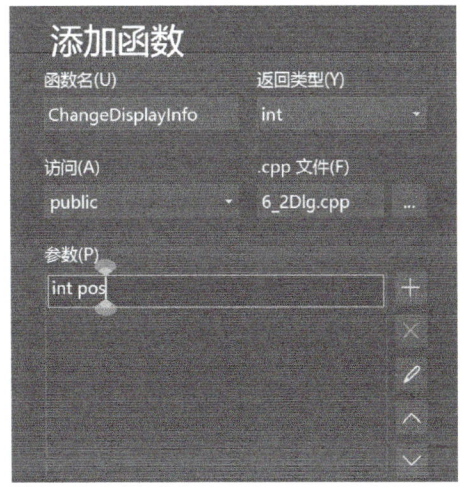

图 6-12 添加成员函数向导

189

成员函数 ChangeDisplayInfo(int pos)的代码如下：

```
int CMy62Dlg::ChangeDisplayInfo(int pos)
{
        // TODO: 在此处添加实现代码
        TCHAR sPos[10];
        _itow_s(pos, sPos, 10);
        m_dispinfo.SetSel(0, -1);
        m_dispinfo.ReplaceSel(sPos);
        UpdateData(FALSE);              // 将与控件绑定的变量内容显示到屏幕上
        return 0;
}
```

函数_itow_s(pos,sPos,10)是将数值 pos 按十进制形式转化到字符串 sPos 中，SetSel()和 ReplaceSel()是 CEdit 类的成员函数，SetSel(0,-1)表示选中编辑框中的所有内容，ReplaceSel(sPos)表示用 sPos 的值去替换编辑框中的内容。

在 CDialog 类中有一个函数 OnInitDialog()，一般将控件的初始化代码放在此函数中，请参见蓝色的部分。

```
BOOL CMy62Dlg::OnInitDialog()
{       CDialogEx::OnInitDialog();
        // 设置此对话框的图标。当应用程序主窗口不是对话框时，框架将自动执行此操作
        SetIcon(m_hIcon, TRUE);                // 设置大图标
        SetIcon(m_hIcon, FALSE);               // 设置小图标
        // TODO: 在此添加额外的初始化代码
        m_scrollbar.SetScrollRange(0, 20);
        m_scrollbar.SetScrollPos(10);
        ChangeDisplayInfo(m_scrollbar.GetScrollPos());
        return TRUE;                           // 除非将焦点设置到控件，否则返回 TRUE
}
```

在 OnInitDialog()函数中，函数 SetScrollRange()是类 CScrolBbar 中的成员函数，用来设置滚动条的滚动范围，本例的范围为 0 到 20；在设置了滚动条的范围后，通过函数 m_Scrollbar.SetScrollPos（10）来设置滚动条的当前位置，函数 SetScrollPos()是类 CScrollBar 中的成员函数，用于设置滚动条的位置。变量 m_Scrollbar 是与滚动条相连接的变量，因为它的类型是 CScrollBar 类，所以可以用它来调用函数 SetScrollPos()。

（5）给滚动条消息添加代码。在 CMy62Dlg 的属性框中选择"消息"选项卡，选择 WM_VSCROLL 消息，然后添加一个成员函数 OnVScroll()，这是一个与类 CScrollbarDlg 相对应的消息处理函数，操作如图 6-13 所示。

图 6-13 为 CMy62Dlg 类添加消息及处理函数

OnVScroll()函数的响应代码如下（蓝色部分为用户编写的代码）：

```
void CMy62Dlg::OnVScroll(UINT nSBCode, UINT nPos, CScrollBar* pScrollBar)
{    // TODO: 在此添加消息处理程序代码和/或调用默认值
    int iNowPos;
    switch (nSBCode)
    {    if (pScrollBar == &m_scrollbar)
        {    case SB_THUMBTRACK:          // 拖动滚动滑块时
                m_scrollbar.SetScrollPos(nPos);
                ChangeDisplayInfo(m_scrollbar.GetScrollPos());
                break;
            case SB_LINEDOWN:            // 单击滚动条向下的箭头
                iNowPos = m_scrollbar.GetScrollPos();
                iNowPos = iNowPos + 1;
                if (iNowPos > 20)
                    iNowPos = 20;
                m_scrollbar.SetScrollPos(iNowPos);
                ChangeDisplayInfo(m_scrollbar.GetScrollPos());
                break;
```

191

```
            case SB_LINEUP:                    // 单击滚动条向上的箭头
                iNowPos = m_scrollbar.GetScrollPos();
                iNowPos = iNowPos – 1;
                if (iNowPos < 0)
                    iNowPos = 0;
                m_scrollbar.SetScrollPos(iNowPos);
                ChangeDisplayInfo(m_scrollbar.GetScrollPos());
                break;
            case SB_PAGEDOWN:                  // 单击滚动条下面的箭头与滚动块之间的区域
                iNowPos = m_scrollbar.GetScrollPos();
                iNowPos = iNowPos + 3;
                if (iNowPos > 20)
                    iNowPos = 20;
                m_scrollbar.SetScrollPos(iNowPos);
                ChangeDisplayInfo(m_scrollbar.GetScrollPos());
                break;
            case SB_PAGEUP:                    // 单击滚动条上面的箭头与滚动块之间的区域
                iNowPos = m_scrollbar.GetScrollPos();
                iNowPos = iNowPos – 3;
                if (iNowPos < 0)
                    iNowPos = 0;
                m_scrollbar.SetScrollPos(iNowPos);
                ChangeDisplayInfo(m_scrollbar.GetScrollPos());
                break;
        }
    }
    CDialogEx::OnVScroll(nSBCode, nPos, pScrollBar);
}
```

　　函数 OnVScroll(UINT nSBCode, UINT nPos, CScrollBar* pScrollBar)有三个参数：第一个参数 nSBCode 表示滚动条发生的消息，如单击向上箭头，或者单击向下箭头等；第二个参数 nPos 表示当前滚动块在滚动条中的位置；第三个参数 pScrollBar 表示与事件相关联的是哪一个滚动条。

　　对话框中可能有多个滚动条，各个滚动条的消息都在这个消息处理函数中进行，因此就要确定响应哪个滚动条所发生的消息，通过如下的 if 语句确定要处理的滚动条。

```
if(pScrollBar==&m_Scrollbar)｛……｝
```

　　这句代码是判断函数 OnVScroll()的第三个参数是否为滚动条的对象名 m_Scrollbar，如果判断为真，则执行的事件与该滚动条相关。

当拖动滚动块时，参数 nSBCode 的值为 CB_THUMBTRACK，它的代码如下：

```
case SB_THUMBTRACK:        // 拖动滚动滑块时
    m_Scrollbar.SetScrollPos(nPos);
    ChangeDisplayInfo(m_scrollbar.GetScrollPos());
```

其中代码 m_Scrollbar.SetScrollPos（nPos）用来设置滚动块的位置，函数 GetSerollPos() 得到滑块的当前位置。

在处理 SB_LINEDOWN 消息的过程中，使用了如下的方法：

```
case SB_LINEDOWN:        // 单击滚动条向下的箭头
    iNowPos=m_Scrollbar.GetScrollPos();
    iNowPos=iNowPos+1;
    if(iNowPos>20)
        iNowPos=20;
    m_Scrollbar.SetScrollPos(iNowPos);
    ChangeDisplayInfo(m_scrollbar.GetScrollPos());
    break;
```

该语句段首先调用函数 GetSerollPos() 得到滑块的当前位置，然后使滑块的当前位置以 1 递增，并用

```
if(iNowPos>20)
    iNowPos=20;
```

两条语句保证最大值不超过 20。

SB_LINEUP 是用户单击滚动条的向上箭头时传递的参数，当用户单击向上箭头时，滑块当前位置以 1 递减，并用 if 语句保证最小值不小于 0，它的代码与上面的代码类似，只是将语句：

```
iNowPos=iNowPos+1;
```

改为：

```
iNowPos=iNowPos-1;
```

SB_PAGEDOWN 消息是在用户单击滚动条向下箭头和滚动块之间的区域时传递的参数。实际上，本例要求一次单击，滑块位置以 3 递增，该递增通过 iNowPos=iNowPos+3 语句来实现。

SB_PAGEUP 与 SB_PAGEDOWN 的区别则是滚动块的位置以 3 递减，通过语句

```
iNowPos=iNowPos-3;
```

来实现。

（6）给 Top 按钮添加代码。类似于为滚动条添加消息处理函数，我们为按钮 Top 添加 OnBnClickedBtnTop()消息处理函数，这个函数的名字是系统推荐的，通常我们接受系统推荐的函数名，该函数的代码如下：

```
void CMy62Dlg::OnBnClickedTop()
{    // TODO: 在此添加控件通知处理程序代码
    m_scrollbar.SetScrollPos(0);                          // 设置滚动条滑块位置为 0
    ChangeDisplayInfo(m_scrollbar.GetScrollPos());        // 把滑块位置显示在编辑框上
}
```

（7）给 Bottom 按钮添加代码。按钮 Bottom 的方法名称为 OnBnClickedBtnBottom()，该方法的代码如下：

```
void CMy62Dlg::OnBnClickedBottom()
{    // TODO: 在此添加控件通知处理程序代码
    m_scrollbar.SetScrollPos(20);                         // 设置滚动条滑块位置为 20
    ChangeDisplayInfo(m_scrollbar.GetScrollPos());        // 把滑块位置显示在编辑框上
}
```

（8）给 Reset 按钮添加代码。按钮 Reset 的方法名称为 OnBnClickedBtnReset()，该方法的实现代码如下：

```
void CMy62Dlg::OnBnClickedBottom()
{    // TODO: 在此添加控件通知处理程序代码
    m_scrollbar.SetScrollPos(20);
    ChangeDisplayInfo(m_scrollbar.GetScrollPos());
}
```

（9）给 Exit 按钮连接代码。按钮 Exit 的实现方法为 OnBnClickedBtnExit()，该方法的代码如下：

```
void CMy62Dlg::OnBnClickedExit()
{    // TODO: 在此添加控件通知处理程序代码
    OnOK();
}
```

到这里，这个例子的所有代码就编写完成了。

6.4　静　态　控　件

静态控件是一种包含正文或图形的小窗口。应用程序通常使用静态控件标记其他控制窗口或分隔不同组别的控件。

一般情况下，静态控件不接收用户输入也不发出消息。然而，应用程序可通过设置静态控件的样式使其能够响应用户输入，向应用程序发送消息。这时的静态文本在功能上相当于超文本。

一般情况下静态控件不发送消息，但在实际应用中，常需要静态文本能够像超文本那样响应用户的输入，向应用程序发送控件消息。这时应用程序需在创建静态控件时加入 SS_NOTIFY 样式。该样式允许静态控件向其父窗口发送 WM_COMMAND 消息，该消息的字参数（wParam）的低字节中包含静态控件的 ID，高字节中包含通知码，表 6-9 列出了静态控件可使用的通知码及其说明；长参数中包含该静态控件的句柄。

表6-9　静态控件使用的通知码及其说明

通　知　码	说　明	通　知　码	说　明
STN_CLICKED	单击静态控件	STN_ENABLE	激活静态控件
STN_DBLCLK	双击静态控件	STN_DISABLE	禁止静态控件

【例6-3】　本例通过演示位图静态控件的使用方法，说明静态控件消息的强制生成与处理过程，如图 6-14 所示的位图控件，当单击位图时，就报告该位图的尺寸。

图6-14　显示位图

主要步骤如下：

（1）创建基于对话框的 MFC 应用程序 6_3。

（2）向资源中导入一张图片（也可以使用磁盘中的图片文件，但是格式必须是 BMP 格式）。其操作是在"资源视图"选项卡中选择"资源文件"，右击，选择"添加""资源"，如图 6-15 所示。然后在弹出的"添加资源"对话框中选择 Bitmap，由

195

于已经有了一个需要显示的位图，此时只要把这个位图"导入"即可，因此单击"导入"按钮，如图 6-16 所示。这个时候，系统默认将这个位图资源的 ID 设置为 IDB_BITMAP1。

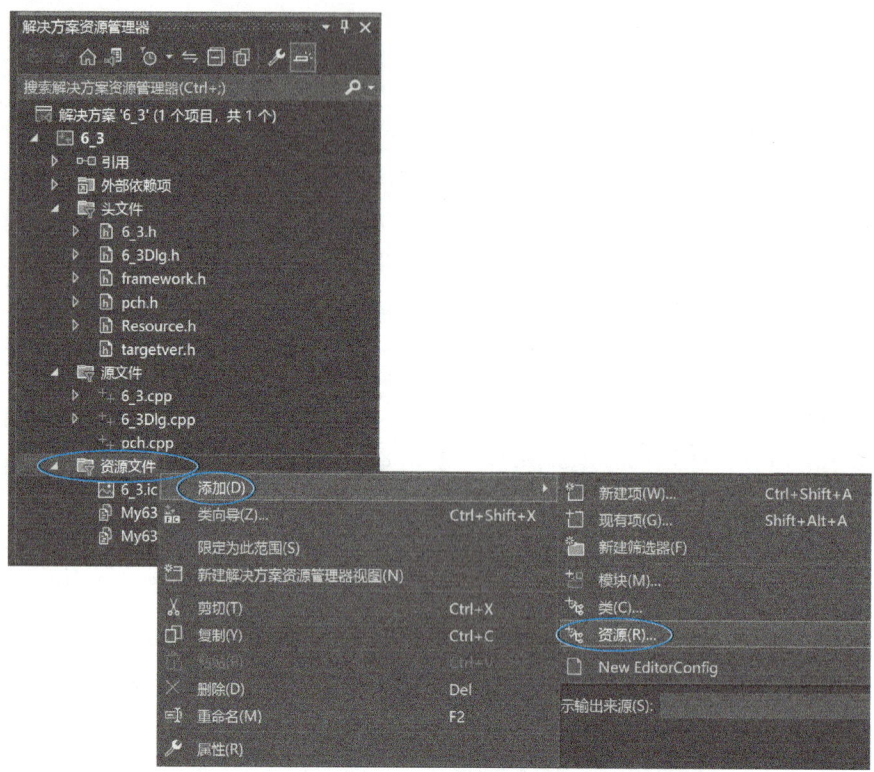

图 6-15　添加资源

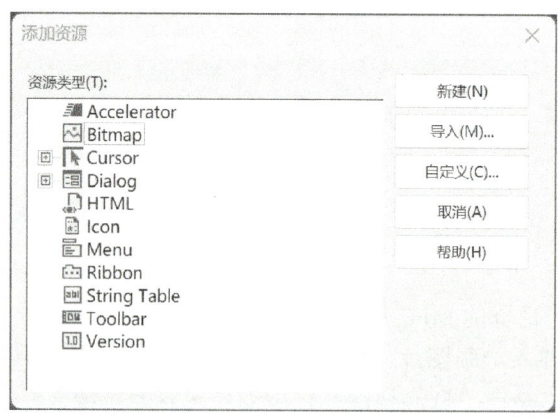

图 6-16　导入资源

196

（3）向对话框中放入一个静态控件，其 ID 为 IDC_STATIC_BMP，并在其属性设置中将 Notify（通知）风格设为 True，如果不设置该风格，静态控件是无法响应鼠标单击消息的，而在这个例题中，需要响应鼠标的单击操作。

（4）为静态控件添加 CStatic 类型成员 m_bmp。

（5）在 OnInitDailog() 函数中添加如下代码，设置控件为位图风格，并设置位图。

```
BOOL CMy63Dlg::OnInitDialog()
{    CDialogEx::OnInitDialog();
     // 设置此对话框的图标。当应用程序主窗口不是对话框时，框架将自动执行此操作
     SetIcon(m_hIcon, TRUE);              // 设置大图标
     SetIcon(m_hIcon, FALSE);             // 设置小图标
     // TODO: 在此添加额外的初始化代码
     m_bmp.ModifyStyle(0, SS_BITMAP);
     HBITMAP hBmp = LoadBitmap(AfxGetInstanceHandle(), MAKEINTRESOURCE(IDB_BITMAP1));
     m_bmp.SetBitmap(hBmp);
     return TRUE;   // 除非将焦点设置到控件，否则返回 TRUE
}
```

上述代码是从资源中载入位图，也可以从磁盘载入位图，方法为：将第二个参数用磁盘文件名代替即可。为了使 static 控件能够显示位图，必须设置风格 SS_BITMAP，否则位图无法显示。由于程序一运行，就显示位图，因此要在初始化函数中加载位图，这里用 LoadBitmap() 函数来完成，函数返回值是一个位图句柄 hBmp，指向所加载的位图资源，然后通过 SetBitmap() 函数将位图句柄赋给静态控件，以显示之。

（6）响应鼠标单击静态控件的消息。为 static 控件添加 STN_CLICKED 消息的响应，代码如下：

```
void CMy63Dlg::OnStnClickedStaticBmp()
{    // TODO: 在此添加控件通知处理程序代码
     BITMAP bmp;
     GetObject(m_bmp.GetBitmap(), sizeof(BITMAP), &bmp);        // 获取位图信息
     CString msg;
     msg.Format(L"Image Size %d*%d", bmp.bmWidth, bmp.bmHeight);
     AfxMessageBox(msg);
}
```

上述代码中先定义了一个位图的结构体变量 bmp，这个结构中包含了位图的尺寸信息，即长和宽，通过 GetObject() 函数获得位图信息，然后通过字符串类的对象 msg，执行 CString 类的成员函数 Format()，将位图的长宽信息汇总到 msg 字符串中，通过 AfxMessageBox() 函数加以显示。

6.5　编辑框控件

6.5.1　编辑框控件简介

编辑框控件看起来是个非常简单的矩形窗口，但它具有许多功能，编辑框控件可以自带滚动条，显示多行文本。编辑框控件有两种形式，一种是单行编辑框控件，另一种是多行编辑框控件。因此，熟悉编辑框的制作对于 Windows 编程来说是很重要的。

MFC 在 CEdit 类中提供标准的 Windows 编辑框控件服务，CEdit 是由 CWnd 类直接派生来的，这就意味着它具有 CWnd 的所有功能。

像大多数包含标准 Windows 控件的 MFC 类一样，CEdit 类的结构很复杂，当创建 CEdit 对象时，MFC 自动赋予该对象一个标准的 Windows 编辑框控件，它定义了 CEdit 对象，其中包括方法原型。CEdit 类的结构定义可以在系统里找到，这里不再赘述。

编辑框控件默认模式是在一行中显示所有编辑文本，表 6-10 是 CEdit 类的通用方法。

表 6-10　CEdit 类的通用方法

方法	说明
CanUndo()	决定一个编辑操作是否可以撤销
Clear()	从编辑框控件中删除当前的选择（如果有的话）
Copy()	将编辑框控件当前的选择（如果有的话）以 CF_TEXT 格式复制到剪贴板中
Cut()	剪下编辑框控件中的当前选择（如果有的话）并以 CF_TEXT 格式复制到剪贴板中
Paste()	将剪贴板的数据插入编辑框控件当前的光标位置，只有当前剪贴板中数据格式为 CF_TEXT 时方可插入
EmptyUndoBuffer()	消除一个编辑框控件的"撤销"标志
GetFirstVisibleLine()	确定编辑框控件中最上面的可视行
GetModify()	确定一个编辑框控件的内容是否可修改
GetPasswordChar()	当用户输入文本时，获得编辑框控件中显示的密码字符
GetRect()	获得一个编辑框控件的格式化矩形
GetSel()	获得编辑框控件中当前选择的开始和结束字符位置
LimitText()	限定用户可能输入一编辑框控件的文本长度
LineFromChar()	获得包含指定字符下标的行的行号

续表

方法	说明
LineLength()	获得编辑框控件中一行的长度
LineScroll()	滚动多行编辑框控件的文本
ReplaceSel()	用指定文本替代编辑框控件中当前选择的部分
SetModify()	设置或清除编辑框控件的修改标志
SetPasswordChar()	当用户输入文本时，设置或删除一个显示于编辑框控件中的密码字符
SetReadOnly()	将编辑框控件设置为只读状态
SetSel()	在编辑框控件中选择字符的范围
Undo()	取消最后一个编辑框控件操作

当编辑框控件设置 Multiline 属性为 True 时，编辑框控件就支持进行多行文本编辑，表 6-11 是多行编辑所支持的 CEdit 类的方法。

表 6-11 多行编辑框控件所支持的 CEdit 类的方法

方法	说明
FmtLines()	设置在多行编辑框控件中包含软分行符
GetHandle()	获得当前分配给一个多行编辑框控件的内存的句柄
GetLine()	从一编辑框控件中获得一行文本
GetLineCount()	获得多行编辑框控件的行数
LineIndex()	设置多行编辑框控件中一行的字符下标
SetHandle()	设置多行编辑框控件将要用到的内存句柄
SetRect()	设置多行编辑框控件的格式化矩形并更新控件
SetRectNP()	设置多行编辑框控件的格式化矩形并且不重绘控件窗口
SetTabStops()	在多行编辑框控件中设置制表（Tab）位

6.5.2 编辑框类应用实例

【例 6-4】 编写基于对话框的应用程序，其窗口布局如图 6-17 所示。在程序主窗口中有两个编辑框，分别为 Edit1 和 Edit2，而且都带有自动的水平和垂直滚动条，在这两个编辑框中可进行多行编辑。主窗口中还有 Show1、Show2、Clear1、Clear2、Exit、Undo 和 Transfer 七个按钮。若单击 Show1 按钮，则在 Edit1 编辑框中显示一段文本 "This is the first EditBox."；单击 Clear1 按钮，则 Edit1 编辑框中的内容被清除；若单击 Show2 按钮，则在 Edit2 编辑框中显示一段文本 "This is the second EditBox!"；单击 Clear2 按钮，则 Edit2 编辑框中的内容被清除；如果单击 Transfer 按钮，则把 Edit1 编辑框中的内容复制到 Edit2 编辑框中去；单击 Undo 按钮，则取消编辑框 2 中的上一次操作，再单击一次 Undo 按钮，又显示刚才的内容；若单击 Exit 按钮，则退出程序的运行。

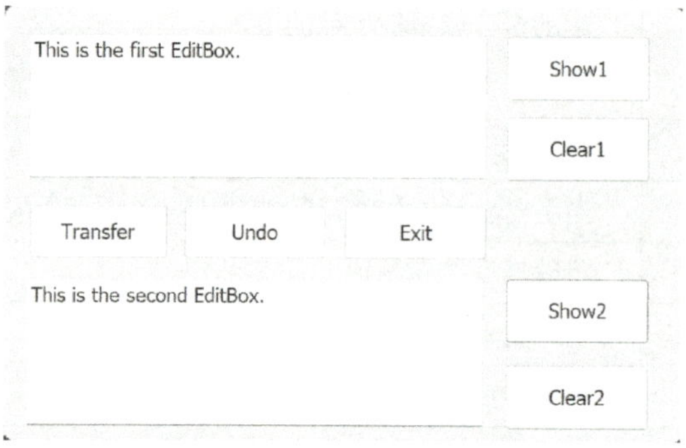

图 6-17　【例 6-4】应用程序的窗口布局

完成这个例题要求并不难，根据图 6-17 的要求，布置好界面，这里面就两个编辑框和 7 个按钮，界面布局设计相信大家已经可以熟悉地使用控件工具箱了。

然后根据表 6-12 所示，对各个控件进行属性值的设置并添加必要的变量和消息处理函数。由于编辑框要储存字符串，需要分别有一个变量储存字符串，因此给编辑框添加了编辑框类的成员 m_edit1 和 m_edit2，然后为 7 个按钮定义了单击鼠标左键的消息处理函数。

表 6-12　各控件的设置

对象	ID	Caption	变量类型	变量名	消息类型	消息处理函数
编辑框	IDC_EDIT1	无	控件	m_edit1		
编辑框	IDC_EDIT2	无	控件	m_edit2		
命令按钮	IDC_BTN_SHOW1	Show1			BN_CLICKED	OnBnClickedBtnShow1()
命令按钮	IDC_BTN_CLEAR1	Clear1			BN_CLICKED	OnBnClickedBtnClear1()
命令按钮	IDC_BTN_SHOW2	Show2			BN_CLICKED	OnBnClickedBtnShow2()
命令按钮	IDC_BTN_CLEAR2	Clear2			BN_CLICKED	OnBnClickedBbtnClear2()
命令按钮	IDC_BTN_TRANSFER	Transfer			BN_CLICKED	OnBnClickedBtnTransfer()
命令按钮	IDC_BTN_UNDO	Undo			BN_CLICKED	OnBnClickedBtnUndo()
命令按钮	IDC_BTN_EXIT	Exit			BN_CLICKED	OnBnClickedBtnExit()

有了上述设置后，剩下的工作就是编写消息响应函数，消息响应函数中的代码注释已经写得很详细了，这里就不再赘述。具体代码如下：

```
void CMy64Dlg::OnBnClickedBtnShow1()
{     // TODO: 在此添加控件通知处理程序代码
    m_edit1.SetSel(0, -1);                      // 选中编辑框 IDC_EDIT1 中的全部内容
    m_edit1.ReplaceSel(L"This is the first EditBox.");   // 用新的文件代替原有的文本
}


void CMy64Dlg::OnBnClickedBtnClear1()
{     // TODO: 在此添加控件通知处理程序代码
    m_edit1.SetSel(0, -1);          // 表示选中编辑框 IDC_EDIT1 中的全部内容
    m_edit1.ReplaceSel(L"");    // 用空字符串代替所选中的文本，即把所选的文本删除掉
}


void CMy64Dlg::OnBnClickedBtnShow2()
{     // TODO: 在此添加控件通知处理程序代码
    m_edit2.SetSel(0, -1);                      // 表示选中编辑框 IDC_EDIT2 中的全部内容
    m_edit2.ReplaceSel(L"This is the second EditBox.");
}


void CMy64Dlg::OnBnClickedBtnClear2()
{     // TODO: 在此添加控件通知处理程序代码
    m_edit2.SetSel(0, -1);                      // 表示选中编辑框 IDC_EDIT2 中的全部内容
    m_edit2.ReplaceSel(L"");
}


void CMy64Dlg::OnBnClickedBtnTransfer()
{     // TODO: 在此添加控件通知处理程序代码
    m_edit1.SetSel(0, -1);                      // 选中 m_edit1 编辑框中所有内容
    m_edit1.Copy();                             // 将 m_Edit1 编辑框中所选的内容复制到剪贴板上
    m_edit2.SetSel(0, -1);
    m_edit2.ReplaceSel(L"");
    m_edit2.Paste();                            // 将剪贴板中的内容粘贴到 m_edit2 编辑框中
}


void CMy64Dlg::OnBnClickedBtnUndo()
{     // TODO: 在此添加控件通知处理程序代码
    m_edit2.Undo();                             // 取消 m_edit2 编辑框中的上一次操作
}


void CMy64Dlg::OnBnClickedBtnExit()
{     // TODO: 在此添加控件通知处理程序代码
    OnOK();
}
```

代码中用到了 SetSel 这个编辑框类的成员函数，其功能就是将编辑框内的内容全部选上，如果需要替换编辑框中的内容，用 ReplaceSel 编辑框类的成员函数中的参数（是一个字符串）即可，如果是赋予空串，则清空编辑框内的内容。

代码中还用到编辑框类的成员函数 Copy()，是将编辑框中的内容提取出来放到剪贴板中，然后通过 Paste 函数将剪贴板中的内容粘贴到指定位置。

【例 6-5】 本例介绍一个包含编辑框控件的"乘法器"示例程序，使用者在两个"运算数"编辑框中输入数字时，程序可以计算出相应的结果，如图 6-18 所示。

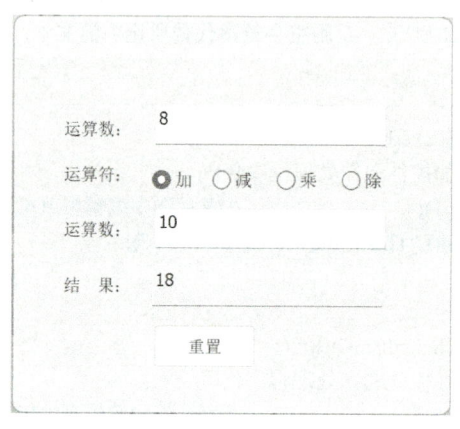

图 6-18 【例 6-5】的运行界面

本例的主要步骤如下：

首先根据图 6-18 的要求设计好基于对话框的应用程序并设计对话框界面，界面中各个对象的设置如表 6-13 所示。

表 6-13 控件变量及其属性

项目	ID	Type	Member	Caption	Read-only	Group
"运算数"编辑框	IDC_NUM1	double	m_num1	运算数		
"加"单选按钮	IDC_ADD	int	m_operator	加		√
"减"单选按钮	IDC_SUB			减		
"乘"单选按钮	IDC_MUL			乘		
"除"单选按钮	IDC_DIV			除		
"运算数"编辑框	IDC_NUM2	double	m_num2	运算数		
"结果"编辑框	IDC_RESULT	double	m_result	结果	√	
"重置"命令按钮	IDC_RESET			重置		

然后为每个控件设置消息响应函数，如表 6-14 所示。

表 6-14　各控件的消息类型及对应的消息响应函数

对象	ID	消息类型	消息处理函数
"运算数"编辑框	IDC_NUM1	EN_CHANGE	OnEnChangeNum1()
"运算数"编辑框	IDC_NUM2	EN_CHANGE	OnEnChangeNum2()
"加"单选按钮	IDC_ADD	BN_CLICKED	OnBnClickedAdd()
"减"单选按钮	IDC_SUB	BN_CLICKED	OnBnClickedSub()
"乘"单选按钮	IDC_MUL	BN_CLICKED	OnBnClickedMul()
"除"单选按钮	IDC_DIV	BN_CLICKED	OnBnClickedDiv()
"重置"命令按钮	IDC_RESET	BN_CLICKED	OnBnClickedReset()

下面是各个控件的消息响应函数，具体如下：

当单击运算符和第二个操作数的内容发出变化的消息时，处理过程同第一个操作数内容变化的处理函数 OnEnChangeNum1()，因此，就直接调用 CMy8_5Dlg 的成员函数 OnEnChangeNum1()。

```
void CMy65Dlg::OnEnChangeNum1()
{    // TODO:  在此添加控件通知处理程序代码
    UpdateData(TRUE);
    // 使用 UpdateData(TRUE)是将对话框各控件的内容更新到所对应的成员变量中
    switch (m_operator)
    // 设为组的单选框，若对应的成员变量为整型，选中后变量的值按 ID 从低到高的顺序递增
    {
    case 0:
        m_result = m_num1 + m_num2;
        break;
    case 1:
        m_result = m_num1 - m_num2;
        break;
    case 2:
        m_result = m_num1 * m_num2;
        break;
    case 3:
        if (m_num2 == 0)
            AfxMessageBox(L"Error", MB_YESNO | MB_ICONQUESTION);
        else
            m_result = m_num1 / m_num2;
    }
```

```
                    UpdateData(FALSE); // 将成员变量的值更新到对话框的控件中
}

void CMy65Dlg::OnBnClickedAdd()
{       // TODO: 在此添加控件通知处理程序代码
        OnEnChangeNum1();
}

void CMy65Dlg::OnBnClickedSub()
{       // TODO: 在此添加控件通知处理程序代码
        OnEnChangeNum1();
}

void CMy65Dlg::OnBnClickedMul()
{       // TODO: 在此添加控件通知处理程序代码
        OnEnChangeNum1();
}

void CMy65Dlg::OnBnClickedDiv()
{       // TODO: 在此添加控件通知处理程序代码
        OnEnChangeNum1();
}

void CMy65Dlg::OnEnChangeEdit2()
{       // TODO:  在此添加控件通知处理程序代码
        OnEnChangeNum1();
}
```

上述代码中，由于在 OnEnChangeNum1()函数中，已经同时考虑了两个运算数编辑框的数值获取以及四个运算符的获取，这样在函数 OnEnChangeNum1()中就可以实现基于两个运算数的计算，因此，在其他函数中只要执行 OnEnChangeNum1()函数就能实现相关运算。

最后响应"重置"按钮的单击消息，它的作用是将运算数置 0，操作符置为"加"。

```
void CMy65Dlg::OnBnClickedReset()
{       // TODO: 在此添加控件通知处理程序代码
        m_result = m_num1 = m_num2 = m_operator = 0;
        UpdateData(FALSE);
}
```

6.6 列表框控件

6.6.1 列表框控件的类结构

对于存在若干数据项并要从中进行选择的情况下，一个方便的方法是使用列表框，列表框是一个矩形窗口，在该矩形窗口中包含一系列供用户选择的字符串，也可以包含其他的数据元素，列表框允许用户在其中选择一项或多项，因此有两种样式的列表框，即单选项列表框和多选项列表框，而且列表框可以自带滚动条，单选项列表框只允许用户一次选择一项，而多选项列表框则可以一次选择多项。

列表框常用于集中显示同种类型的内容，如同类型文件等，列表框一般具有如下特点：

- 可提供大量的可选项（需要时自动显示滚动条）；
- 可设置单选（单个选项）或多选（多项选择）功能；
- 单选时，单击列表项，被选的项以"反相"显示表示被选中；再次单击该选项，恢复为非选中状态。

列表框经常用在对话框里，如用列表框选择文件名、目录等。列表框有一个预定义的键盘接口，用户可以用键盘上的箭头和 PageUp 或 PageDown 键在列表框中进行数据的选择，或通过适当的样式设置，允许与 Shift 或 Ctrl 键组合使用。为节省篇幅，列标框类结构请参见 Visual C++编译环境下的 afxwin.h 文件中的定义。

像所有的窗口一样，列表框也有窗口样式的组合，由于它们本身是窗口，因此，除可用窗口样式外，还可以使用如表 6-15 所示的样式的组合。

表 6-15　CListBox()控件可用的样式

样式	说明
LBS_DISABLENOSCROLL	当列表框不需要滚动条时，滚动条无效
LBS_EXTENDSEL	允许使用鼠标及特殊键组合进行多项选择
LBS_HASSTRINGS	指明一个自绘的列表框，其中包括字符串选项，列表框负责为字符串分配内存，指定项的文字可以用 GetText()方法检索
LBS_MULTICOLUMN	指明一个多选项列表框，它含有一个水平滚动条，可以用 SetColumnWidth()方法设置列的宽度
LBS_MULTIPLESEL	用户通过单击或双击一项进行选择或取消选择
LBS_NOINTEGRALHEIGHT	将列表框设置为创建时指定的大小
LBS_NOREDRAW	列表框在变化时不重绘，用户可以在任何时候发送 WM_SETREDRAW 消息改变这种模式

续表

样式	说明
LBS_NOSEL	指明列表框包含只能看不能选择的项
LBS_NOTIFY	当用户单击或双击时向父窗口发送消息
LBS_OWNERDRAWFIXED	指明列表框的所有者负责填写列表项，且列表框具有相同的高度
LBS_OWNERDRAWVARIABLE	指明列表框的所有者负责填写列表项，且列表框可以不同高
LBS_SORT	列表项按字母顺序排列
LBS_STANDARD	此样式是 LBS_NOTIFY、LBS_SORT、WS_VSCROLL 和 WS_BORDER 的组合
LBS_USETABSTOPS	告知列表框在加入字符串列表项时加入 Tab 字符
LBS_WANTKEYBOARDINPUT	允许应用程序通过发送 WM_VKEYTOITEM 和 WM_CHARTOITEM 消息给列表框的所有者来处理键盘输入

　　从 CListBox 类的定义中可以看出，MFC 将标准 Windows 列表框消息封装入 CListBox 类方法中，MFC 程序只需处理通知消息。具有 LBS_NOTIFY 样式的列表框向它的所有者发送通知消息，它的所有者通常是一个 CDialog 派生的类，可以通过对每个消息编写消息映像项和消息处理方法来捕获和处理这些消息。

　　表 6-16 显示了消息映像项，它用于处理列表框通知。

表 6-16　CListBox 消息的消息映像项

消息映像项	说明
ON_LBN_DBLCLK	当用户双击选项时，具有 LBS_NOTIFY 样式的列表框向所有者发送此消息
ON_LBN_ERRSPACE	列表框不能分配足够内存以满足要求
ON_LBN_KILLFOCUS	当列表框失去输入焦点时出现此消息
ON_LBN_SELCANCEL	当取消当前列表框选择时，具有 LBS_NOTIFY 样式的列表框向所有者发送此消息
ON_LBN_SELCHANGE	当列表框中的选择改变时，具有 LBS_NOTIFY 样式的列表框向它的父窗口发送此通知。如果选择是用 CListBox::SetCurSel() 类方法改变的，则不发送通知。对多项选择列表框来说，当用户按箭头键时，即使选择不变也发送此通知

6.6.2　列表框类的方法

　　CListBox 类为处理和操纵列表框和列表框数据提供了许多方法，这些方法可分为通用方法、单选项列表框方法、多选项列表框方法、特定字符串方法和虚拟方法等几种。

1. 通用方法

通用方法用来获得和设置列表框数据的值和属性，所有的 CListBox 列表框都有这些方法，包括单选列表框、多选列表框和自绘列表框等。表 6-17 给出了每个通用方法的简单描述。

表 6-17 通用 CListBox 类方法

方法	描述	备注
GetHorizontalExtent()	获得列表框的水平滚动宽度（按像素）	对整个列表框有效
SetHorizontalExtent()	设置列表框的水平滚动宽度（按像素）	
GetTopIndex()	获得列表框中第一个可见项的下标（基于 0）	
SetTopIndex()	设置列表框中第一个可见项的下标（基于 0）	
GetCount()	获得列表框中列表项的数目	
GetLocale()	获得列表框的位置局部标识（LCID）	
SetLocale()	设置列表框的位置标识（LCID）	
ItemFromPoint()	确定和返回离某点最近的列表框项的下标	
GetCurSel()	获取当前的选项	对单选列表框有效
SetCurSel()	设置当前的选项	
GetSel()	确定列表框项的选择状态	对多选列表框有效
SetSel()	设置列表框项的选择状态	
GetSelCount()	获取当前选择项的个数	
GetSelItems()	获取当前选择的项	
GetItemData()	获得列表框项有关的 32 位值	针对列表框项的操作
SetItemData()	设置与一列表框项有关的 32 位值	
GetItemDataPtr()	获得指向列表框项的指针	
SetItemDataPtr()	设置一列表框项的指针	
GetItemRect()	获得列表框项边界矩形	
GetItemHeight()	获得列表框中项的高度	列表框属性设置
SetItemHeight ()	设置列表框中项的高度	
SetColumnWidth()	设置多列列表框的列宽度	
SetTabStops()	设置列表框的制表位（Tab_Stop）位置	

2．单选项列表框方法

列表框的默认模式是单选项选择模式。所有的通用方法均适用于单选项列表框。只有两个类方法专门处理单选项列表框，分别是 GetCurSel()和 SetCurSel()。从它们的名字可以看出，GetGurSel()方法获得当前选择列表框项的下标（基于 0）。相反，SetCurSel()方法是选择列表框字符串。

3．多选项列表框方法

多选项列表框扩展了标准单选项列表框的功能，多项选择特定方法可以解决在一个列表框中选择多项带来的复杂性。针对多选项列表框的方法在表 6-17 中已经列出。

4．特定字符串方法

字符串指定方法适用于单选择和多选择两种模式的列表框；它们处理列表框中的字符串项。表 6-18 列出了用于 CListBox 对象的字符串方法。

表 6-18　CListBox 指定列表框中字符串的方法

方法	说明
AddString()	在列表框中加入一个字符串
DeleteString()	从列表框中删除一个字符串
Dir()	从当前目录将文件名放入列表框
FindString()	在列表框中搜索一个字符串
SelItemRange()	选择项的范围
InsertString()	在列表框指定下标处插入一个字符串
ResetContent()	清除列表框中的所有项
SelectString()	在单选项列表框中搜索并选择一个字符串

5．虚拟方法

虽然表 6-17 和表 6-18 中所列的方法都非常有用，但是只能如实地调用它们。CListBox 类还声明了几个虚拟方法，可以从 CListBox 类中派生一些类替换到你的类中。表 6-19 列出了 CListBox 类的虚拟方法，通过替换可以完成 MFC 没有直接提供的功能。

表 6-19　能被替换的 CListBox 类的虚拟方法

方法	说明
CharToItem()	可以替换此方法来为自绘列表框（没有字符串）处理 WM_CHAR
CompareItem()	由 MFC 调用以得到排序的自绘列表框中的新项的位置
DeleteItem()	当用户从自绘列表框中删除一项时，MFC 调用此方法
DrawItem()	当确定自绘列表框项必须重绘时，MFC 调用此方法
MeasureItem()	当一自绘列表框被创建时，MFC 调用此方法来决定列表框的维数
VKeyToItem()	用户可替换此方法，来处理具有 LBS_WANTKEYBOARDINPUT 样式的列表框的 WM_KEYDOWN

6. 创建和初始化 CListBox 对象

CListBox 对象，像大多数 MFC 对象一样，使用两步构造过程。创建一个列表框，要执行下列步骤：

（1）用 C++关键字 new 和构造函数 CListBox：：CListBox()为 CListBox 对象分配一个实例。

（2）初始化 CListBox 对象并赋予它一个 Windows 列表框，通过方法 CListBox：：Create()设置列表框的参数和样式。例如，下面代码分配一个 CListBox 对象并返回指向该对象的指针：

CListBox *pMyListBox=new CListBox；

指针 pMyListBox 用 CListBox：：Create()方法进行初始化。该方法声明如下：

```
BOOL Create
    (
        DWORD dwStyle,          // dwStyle 是列表框控件的窗口样式
        const Recy& rect,       // rect 是一个矩形，它指明控件的大小和位置
        CWnd* pParentWnd,       // pParentWnd 是指向控件所有者的指针
        UINT nID                // nID 是列表框控件的标识
    )
```

其中，列表框控件的窗口样式 dwStyle 可以是任意一种窗口样式与列表框特有样式的组合。

6.7　组合框控件

6.7.1　组合框（CComboBox）类的结构及组合框的特点

组合框是由编辑框与列表框这两种预定义窗口组合而成的，组合框是既可以进行

输入又可以进行选择的控件。在常见的组合框中，列表框以隐藏的形式出现在编辑框下，当用户单击编辑框右侧的箭头时将弹出列表框。组合框的编辑框用于输入，列表框用于选择。

应用程序创建组合框后，可通过接收控件发出的消息得知用户的请求，并可通过向组合框控件发送相关消息对其进行操作。

实际上，对组合框的操作通常是用组合框的成员函数对组合框进行操作的。常用组合框消息及其说明和组合框类的常用成员函数分别见表 6-20 和表 6-21。

表 6-20　常用组合框消息及其说明

消息	说明	消息	说明
CB_SHOWDROPDOWN	显示下拉列表框	CB_GETCURSEL	获取列表框中的选中项索引值
CB_ADDSTRING	在列表框中加入新项	CB_GETCOUNT	获取列表框中的项的数目
CB_DELETESTRING	在列表框中删除新项	CB_GETLBTEXT	获取列表框中指定项的文本
CB_INSERTSTRING	在列表框中插入新项	CB_GETLBTEXTLEN	获取列表框中指定项的文本长度
CB_FINDSITING	在列表框中查询列表项	CB_LIMITEXT	限制编辑框中的字符串长度
CB_RESETCONTENT	清空列表框	CB_GETEDITSEL	获取编辑框中的选择
CB_DIR	在列表框中显示指定目录及文件	CB_SETEDITSEL	设置编辑框中的选择
CB_SETCURSEL	设置列表框中的选中项，该项将在编辑框中显示		

表 6-21　组合框类的常用成员函数

CCombox 类的成员函数	功能说明
Create()	创建一个 CCombox 类对象的组合框窗口
Clear()	删除当前选项，若编辑框有内容，则清除
Copy()	将当前选中的内容复制至剪贴板，格式为 CF_TEXT
Cut()	将当前选中内容复制至剪贴板，格式为 CF_TEXT，将删除当前选项
GetComboBoxInfo()	返回当前 CCombox 对象的信息
GetCount()	返回组合框中列表框的条目数
GetCurSel()	返回所选组合框中列表框条目的顺序号
GetEditSel()	返回一个 DWORD 型数据，其中低字节表示编辑框中所选中字符串的开始位置，高字节是编辑框中所选中字符串的结束位置
GetItemHeight()	返回组合框中的列表条目数

续表

CCombox 类的成员函数	功能说明
GetLBText()	返回组合框的列表中指定条目的字符串
GetLBTextLen()	返回组合框的列表中指定条目的字符串的长度
Paste()	将剪贴板中格式为 CF_TEXT 的内容粘贴到编辑框
SetCurSel()	选中组合框的指定条目
SetMinVisibleItems()	设置组合框中下拉列表中显示的条目数
SetTopIndex()	将指定条目置为下拉列表框的第一个可见条目
AddString()	添加一个字符串到列表条目中
DeleteString()	从列表条目中删除一个字符串条目
FindString()	查找一个与给定字符串相匹配的第一个字符串的序号
InsertString()	将一个字符串插入指定的位置
ResetContent()	将组合框的所有内容置空
SelectString()	从列表中查找指定的字符串，若找到，将其放置在组合框的编辑框中

6.7.2   组合框控件应用举例

【例 6-6】 本程序为几种控件的综合应用。编写应用程序，其主窗口如图 6-19 所示。

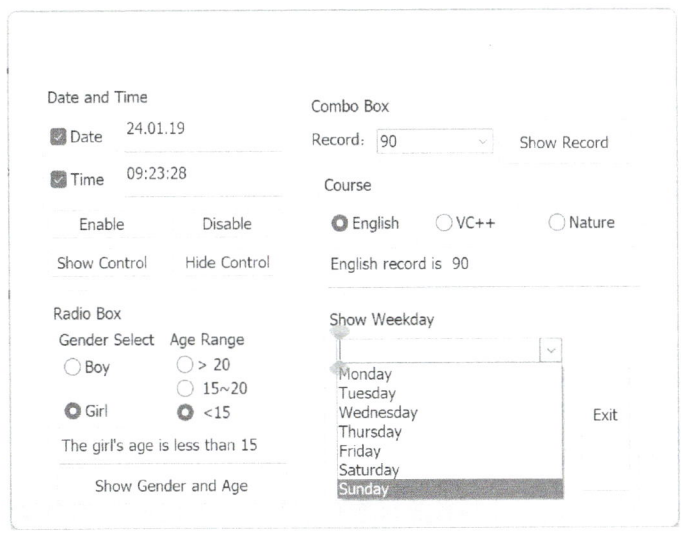

图 6-19 【例 6-6】的运行界面

211

1. 首先来介绍一下本程序要求实现的功能

（1）Date and Time 组合框中的控件

- Date 复选框：单击 Date 复选框，在其右侧的编辑框中显示当前的日期，并在复选框中显示选中标志；
- Time 复选框：单击 Time 复选框，在其右侧的编辑框中显示当前的系统时间，并在复选框中显示选中标志；
- Disable 按钮：单击一下 Disable 按钮，两个复选框变成无效，不响应操作，并且复选框和编辑框都变灰；
- Enable 按钮：单击一下 Enable 按钮，复选框又变成有效，可对其进行操作；
- Hide Control 按钮：单击一下这个按钮，隐藏掉复选框和编辑框，使它们不可见；
- Show Control 按钮：重新显示被隐藏的复选框和编辑框。

（2）Radio Box 组合框中的控件

- Gender Select 子组合框：在此子组合框中有 Boy 和 Girl 单选按钮：单击其中的任何一项进行性别的选择；
- Age Range 子组合框：在此框中进行年龄段的选择；
- Show Gender and Age 按钮：单击此命令按钮，在其上面的编辑框中显示一行信息，报告当前单选按钮的状态。

（3）Combo Box 组合框中的控件

- Course 子组合框：在此子组合框中有 English、Visual C++和 Nature 三门课的选项，单击其中的任何一项进行课程科目的选择；
- Record 下拉列表框：在此框中进行成绩的选择；
- Show Record 按钮：单击此命令按钮，在其下面的编辑框中显示一行信息，报告当前单选按钮及下拉列表框的状态。

（4）Show Weekday 组合框中的控件

其中有显示星期的下拉列表框，在列表框中选择星期时，即可显示该选项。

（5）Exit 按钮

单击此按钮，退出应用程序。

2. 应用程序的界面设计

按照图 6-19 所示，将各个控件放置在对话框中，并根据表 6-22 对各个控件的属性进行设置。

表 6-22 各个控件的设置

对象	ID	Caption
Date and Time 组合框	IDC_STATIC	Date and Time
复选框 Date	IDC_DATE_CHECK	Date
复选框 Time	IDC_TIME_CHECK	Time
Date 编辑框	IDC_DATE_EDIT	无
Time 编辑框	IDC_TIME_EDIT	无
Enable 命令按钮	IDC_ENABLE_BUTTON	Enable
Disable 命令按钮	IDC_DISABLE_BUTTON	Disable
Show Control 命令按钮	IDC_SHOW_BUTTON	Show Control
Hide Control 命令按钮	IDC_HIDE_BUTTON	Hide Control
Radio Box 组合框	IDC_STATIC	Radio Box
Gender Select 单选按钮组	IDC_STATIC	Gender Select
Age Range 单选按钮组	IDC_STATIC	Age Range
Boy 单选按钮	IDC_Boy_RADIO	Boy
Girl 单选按钮	IDC_Girl_RADIO	Girl
>20 单选按钮	IDC_Age1_RADIO	>20
15-20 单选按钮	IDC_Age2_RADIO	15~20
<15 单选按钮	IDC_Age3_RADIO	<15
Show Gender and Age 按钮	IDC_Show_Gender_Age_BUTTON	Show Gender and Age
Result 编辑框	IDC_Result_EDIT	无
Combo Box 组合框	IDC_STATIC	Combo Box
Course 组合框	IDC_STATIC	Course
Show Record 命令按钮	IDC_SHOW_COMBO_BUTTON	Show Record
Show Combo 编辑框	IDC_SHOW_COMBO_EDIT	无
English 单选按钮	IDC_ENGLISH_RADIO	Engliah
Computer 单选按钮	IDC_VC_RADIO	Visual C++
Nature 单选按钮	IDC_NATURE_RADIO	&Nature
Record 组合框控件	IDC_RECORD_COMBO	无
Show Weekday 组合框	IDC_STATIC	Show Weekday
Show Weekday 组合框控件	IDC_SHOW_WEEKDAY_COMBO	无
Exit 命令按钮	IDC_EXIT_BUTTON	Exit

表 6-22 中各个控件的属性，静态控件的 ID 是相同的，都为 IDC_STATIC，说明不同的控件可以有相同的 ID。因为静态控件只是用来显示一些字符信息，并没有具体的操作，因此不必用不同的 ID 来进行不同对象的区分，在编写代码时用不着有区别地对待，所以 ID 相同也无所谓。

对于成组的单选按钮，只在每组第一个按钮的属性窗口中选中 Group 复选框，即在 Gemder Select 组中只有 Boy 单选按钮选中 Group 属性，Age Range 组中只有"＞20"单选按钮选中 Group 属性，Course 单选按钮组中 English 要选取 Group 属性。而且在设计的过程中，同一组单选按钮必须一个接一个地放进对话框中，中间不能插入其他的控件。

为什么必须这样做呢？因为每一个控件都有 ID 值，Visual C++按照放入对话框中的先后顺序，给每个控件赋一个 ID 值，所以控件的 ID 值是连续的。Group 属性的控件之间的控件为一组。每个控件的 ID 值都是可以查看和修改的，只要打开 resource.h 文件进行修改即可，也可单击"编辑"菜单，选择"资源符号"命令，弹出"资源符号"对话框进行查看。

这些资源在 Resource.h 文件中的定义如下：

```
#define IDD_MY6_6_DIALOG              102
#define IDR_MAINFRAME                 128
#define IDC_DATE_CHECK                1000
#define IDC_TIME_CHECK                1001
#define IDC_DATE_EDIT                 1002
#define IDC_TIME_EDIT                 1003
#define IDC_ENABLE_BUTTON             1004
#define IDC_DISABLE_BUTTON            1005
#define IDC_SHOW_BUTTON               1006
#define IDC_HIDE_BUTTON               1007
#define IDC_Boy_RADIO                 1008 // IDC_Boy_RADIO 和 IDC_Girl_RADIO 是成
                                           // 组的，要连续
#define IDC_Girl_RADIO                1009
#define IDC_Age1_RADIO                1010 // 三个年龄 ID 也要连续
#define IDC_Age2_RADIO                1011
#define IDC_Age3_RADIO                1012
#define IDC_Result_EDIT               1013
#define IDC_Show_Gender_Age_BUTTON    1014
#define IDC_RECORD_COMBO              1015
#define IDC_SHOW_COMBO_BUTTON         1016
#define IDC_ENGLISH_RADIO             1017 // 三门课程 ID 也要连续
#define IDC_VC_RADIO                  1018
```

```
#define IDC_NATURE_RADIO          1019
#define IDC_SHOW_COMBO_EDIT       1020
#define IDC_SHOW_WEEKDAY_COMBO    1021
#define IDC_EXIT_BUTTON           1022
```

从上面蓝色部分的代码可以看出，几个单选按钮组内的单选按钮连接的 ID 值分别连续（如果不连续，可以手动修改成连续）。而对于其他控件的 ID 值，连续与否没有特别的要求。值得注意的是，ID 值在不同用户的电脑上系统生成的值可能不同，这没有关系。

3. 应用程序的代码编程部分

（1）给各个控件连接变量

在进行程序的代码编程之前，必须给每一个控件连接变量，控件的变量如表 6-23 所示。

表 6-23　控件及其连接的变量

ID	变量名	类型
IDC_DATE_CHECK	m_DateCheck	BOOL
IDC_TIME_CHECK	m_TimeCheck	BOOL
IDC_DATE_EDIT	m_DateEdit	CEdit
IDC_TIME_EDIT	m_TimeEdit	CEdit
IDC_Boy_RADIO	m_GenderRadio	CButton
IDC_Age1_RADIO	m_AgeRadio	CButton
IDC_Result_EDIT	m_ResultEdit	CEdit
IDC_ENGLISH_RADIO	m_English	int
IDC_SHOW_COMBO_EDIT	m_ComboEdit	CString
IDC_RECORD_COMBO	m_Record	CComboBox
IDC_SHOW_WEEKDAY_COMBO	m_cb	CComboBox

值得注意的是，每一组单选按钮中只有第一个按钮可以赋予变量名，其他的单选按钮不能获得变量名。所以表 6-23 中只有 IDC_Boy_RADIO、IDC_Age1_RADIO 和 IDC_ENGLISH_RADIO 能连接变量。

（2）给有关按钮控件定义相关的消息处理函数

在本程序中，有关按钮控件的需要响应的消息及对应消息处理函数如表 6-24 所示。

表 6-24　控件的消息及对应的消息处理函数

ID	消息类型	消息处理函数
IDC_DATE_CHECK	BN_CLICKED	OnBnClickedDateCheck()
IDC_TIME_CHECK	BN_CLICKED	OnBnClickedTimeCheck()
IDC_ENABLE_BUTTON	BN_CLICKED	OnBnClickedEnableButton()
IDC_DISABLE_BUTTON	BN_CLICKED	OnBnClickedDisableButton()
IDC_SHOW_BUTTON	BN_CLICKED	OnBnClickedShowButton()
IDC_HIDE_BUTTON	BN_CLICKED	OnBnClickedHideButton()
IDC_Show_Gender_Age_BUTTON	BN_CLICKED	OnBnClickedShowGenderAgeButton()
IDC_SHOW_COMBO_BUTTON	BN_CLICKED	OnBnClickedShowComboButton()
IDC_SHOW_WEEKDAY_COMBO	BN_CLICKED	OnCbnSelchangeShowWeekdayCombo()
IED_EXIT_BUTTON	BN_CLICKED	OnBnClickedExitButton()

（3）方法的实现

① 为复选框 IDC_DATE_CHECK 添加代码

OnBnClickedDateCheck()方法的实现代码如下：

```
void CMy66Dlg::OnBnClickedDateCheck()
{
    // TODO: 在此添加控件通知处理程序代码
    UpdateData(TRUE);
    if(m_DateCheck==TRUE)
    {
        CTime tNow;
        tNow=CTime::GetCurrentTime();
        CString sNow=tNow.Format("%y.%m.%d");
        m_DateEdit.SetSel(0,-1);
        m_DateEdit.ReplaceSel(sNow);
    }
    else
    {
        m_DateEdit.SetSel(0,-1);
        m_DateEdit.ReplaceSel(L"");
    }
    UpdateData(FALSE);
}
```

输入的第一条语句：

UpdateData(TRUE);

UpdateData()的参数为 TRUE 或 FALSE，TRUE 表示将控件的显示值取回到关联的变量中，FALSE 表示用关联变量的值设置控件的显示值。所以，UpdateData(TRUE)在这里的作用是从屏幕上读取变量的值，然后将这些值刷新到与控件绑定的变量中。因为下面要判断复选框的状态，所以在这里需要获得用户所选的复选框的状态。

接下来用一个 if 条件判断（"if(m_DateCheck==TRUE)"条件判断）来对复选框的不同状态进行判断，根据状态决定日期编辑框应该显示什么内容。

因为要在编辑框中显示当前的日期，所以要用 CTime 类，CTime 类的结构如下：

```
class CTime
{
public:
// Constructors
    static CTime PASCAL GetCurrentTime();
    CTime();
    CTime(time_t time);
    CTime(int nYear, int nMonth, int nDay, int nHour, int nMin, int nSec,
        int nDST = -1);
    CTime(WORD wDosDate, WORD wDosTime, int nDST = -1);
    CTime(const CTime& timeSrc);
    CTime(const SYSTEMTIME& sysTime, int nDST = -1);
    CTime(const FILETIME& fileTime, int nDST = -1);
    const CTime& operator=(const CTime& timeSrc);
    const CTime& operator=(time_t t);

// Attributes
    struct tm* GetGmtTm(struct tm* ptm = NULL) const;
    struct tm* GetLocalTm(struct tm* ptm = NULL) const;
    BOOL GetAsSystemTime(SYSTEMTIME& timeDest) const;
// 以下定义了 Ctime 类的方法名
    time_t GetTime() const;
    int GetYear() const;
    int GetMonth() const;          // month of year (1 = Jan)
    int GetDay() const;            // day of month
    int GetHour() const;
    int GetMinute() const;
    int GetSecond() const;
    int GetDayOfWeek() const;  // 1=Sun, 2=Mon, ..., 7=Sat

// Operations
    // time math
```

```
        CTimeSpan operator-(CTime time) const;
        CTime operator-(CTimeSpan timeSpan) const;
        CTime operator+(CTimeSpan timeSpan) const;
        const CTime& operator+=(CTimeSpan timeSpan);
        const CTime& operator-=(CTimeSpan timeSpan);
        BOOL operator==(CTime time) const;
        BOOL operator!=(CTime time) const;
        BOOL operator<(CTime time) const;
        BOOL operator>(CTime time) const;
        BOOL operator<=(CTime time) const;
        BOOL operator>=(CTime time) const;
        // formatting using "C" strftime
        CString Format(LPCTSTR pFormat) const;
        CString FormatGmt(LPCTSTR pFormat) const;
        CString Format(UINT nFormatID) const;
        CString FormatGmt(UINT nFormatID) const;
#ifdef _UNICODE
        // for compatibility with MFC 3.x
        CString Format(LPCSTR pFormat) const;
        CString FormatGmt(LPCSTR pFormat) const;
#endif
        // serialization
#ifdef _DEBUG
        friend CDumpContext& AFXAPI operator<<(CDumpContext& dc, CTime time);
#endif
        friend CArchive& AFXAPI operator<<(CArchive& ar, CTime time);
        friend CArchive& AFXAPI operator>>(CArchive& ar, CTime& rtime);
private:
        time_t m_time;          // 此处引入 time_t 数据类型, 用于保存时间的内容
};
```

CTime 类的对象描述一个绝对的时间和日期, 从上面 CTime 类的定义中可以看出, 它引入了 time_t 数据类型。

```
CTime tNow;
tNow=Ctime::GetCurrentTime();
```

这两条语句定义了一个 CTime 类的对象, 将当前的时间和日期赋给对象 tNow。下面一条语句是将时间值转换为字符串类型:

```
CString sNow.Format("%Y.%m.%d");
```

其中函数 Format 的参数%Y 是日期的年的表示法, %m 是月的表示法（01 到

12），%d 是日的表示法（01 到 31）。如果当前的日期是 2024 年 1 月 19 日，那么执行该语句后，字符串 sNow 的值为 2024.1.19。

接下来是将字符串的值显示在编辑框 IDC_DATE_EDIT 中，用下面两条语句实现：

m_DateEdit.SetSel(0,-1);
m_DateEdit.ReplaceSel(L"");

最后一句：

UpdateData(FALSE);

是用变量的值刷新屏幕。实际上，在这里可以省略掉该语句，因为我们设定的与编辑框相关联的变量是 CEdit 类型，如果是 CString 类型的话，则必须加上这条语句来更新屏幕。

② 为复选框 IDC_TIME_CHECK 单击事件添加处理代码，OnBnClickedTimeCheck() 方法的实现代码如下：

```
void CMy66Dlg::OnBnClickedTimeCheck()
{
    // TODO: 在此添加控件通知处理程序代码
    UpdateData(TRUE);
    if(m_TimeCheck==TRUE)
    {
        CTime tNow;
        tNow=CTime::GetCurrentTime();
        CString sNow=tNow.Format("%I:%M:%S");
        m_TimeEdit.SetSel(0,-1);
        m_TimeEdit.ReplaceSel(sNow);
    }
    else
    {
        m_TimeEdit.SetSel(0,-1);
        m_TimeEdit.ReplaceSel(L"");
    }
    UpdateData(FALSE);
}
```

其中函数 Format() 的参数%I 是时间的小时表示法（01～12），%m 是分钟的表示法（00～59），%d 是秒的表示法（00～59）。

③ 给 Enable 按钮添加代码

OnBnClickedEnableButton() 方法的实现代码如下：

void CMy66Dlg::OnBnClickedEnableButton()

219

```
{
    // TODO: 在此添加控件通知处理程序代码
    GetDlgItem(IDC_DATE_CHECK)->EnableWindow(TRUE);
    GetDlgItem(IDC_TIME_CHECK)->EnableWindow(TRUE);
    m_DateEdit.EnableWindow(TRUE);
    m_TimeEdit.EnableWindow(TRUE);
}
```

输入函数的前两条语句：

```
GetDlgItem(IDC_DATE_CHECK)->Enable Window(TRUE);
GetDlgItem(IDC_TIME_CHECK)->Enable Window(TRUE);
```

是使两个复选框可选。在这里是调用一个指向对象的指针函数 GetDlgItem()。函数 GetDlgItem()是 CWnd 类的成员函数，因为 CDialog 类是基类型 CWnd 的派生类，而 CMy66Dlg 类又是 CDialog 类的派生类，所以 CMy66Dlg 类继承了基类 CWnd 的成员函数，故可调用 CWnd 的成员函数。

下面两句是使编辑框可用，这里是用成员变量来调用函数。

```
m_DateEdit.EnableWindow(TRUE);
m_TimeEdit.EnableWindow(TRUE);
```

这两句也可以用指针来表示：

```
GetDlgItem(IDC_DATE_EDIT)->EnableWindow(TRUE);
GetDlgItem(IDC_TIME_EDIT)->EnableWindow(TRUE);
```

那么对于程序中的语句：

```
GetDlgItem(IDC_DATE_CHECK)->EnableWindow(TRUE);
GetDlgItem(IDC_TIME_CHECK)->EnableWindow(TRUE);
```

是否可以用变量来调用函数呢？答案是否定的。因为与编辑框相关联的变量是 CEdit 类型的，所以当然可以调用成员函数。而与复选框相关联的变量是 BOOL 类型的，虽然它属于按钮，但并不是 CButton 类型的，所以不能用它来调用成员函数。即下面两条语句是错误的：

```
m_DateCheck.EnableWindow(TRUE);
m_TimeCheck.EnableWindow(TRUE);
```

④　为 Disable 按钮连接代码

OnBnClickedDisableButton()方法的实现代码如下：

```
void CMy66Dlg::OnBnClickedDisableButton()
```

```
{
    // TODO: 在此添加控件通知处理程序代码
    GetDlgItem(IDC_DATE_CHECK)->EnableWindow(FALSE);
    GetDlgItem(IDC_TIME_CHECK)->EnableWindow(FALSE);
    m_DateEdit.EnableWindow(FALSE);
    m_TimeEdit.EnableWindow(FALSE);
}
```

在这里，代码与 OnBnClickedEnableButton()方法相类似，只是把 TRUE 改成 FALSE，即使复选框无效，无法对复选框进行任何操作。

⑤ 为 Show Control 按钮添加代码

在函数 OnBnClickedShowButton()方法中添加实现代码如下：

```
void CMy66Dlg::OnBnClickedShowButton()
{
    // TODO: 在此添加控件通知处理程序代码
    GetDlgItem(IDC_DATE_CHECK)->EnableWindow(SW_SHOW);
    GetDlgItem(IDC_TIME_CHECK)->EnableWindow(SW_SHOW);
    m_DateEdit.ShowWindow(SW_SHOW);
    m_TimeEdit.ShowWindow(SW_SHOW);
}
```

输入函数的前两条语句：

```
GetDlgItem(IDC_DATE_CHECK)->ShowWindow(SW_SHOW);
GetDlgItem(IDC_TIME_CHECK)->ShowWindow(SW_SHOW);
```

是使两个复选框可见。在这里是调用一个指向对象的指针函数 GetDlgItem()。

下面两句是使编辑框可见，这里也是用指针变量来调用函数。

```
m_DateEdit.ShowWindow(SW_SHOW);
m_TimeEdit.ShowWindow(SW_SHOW);
```

⑥ 为 Hide Control 按钮添加实现代码

函数 OnBnClickedHideButton()方法中输入以下实现代码：

```
void CMy66Dlg::OnBnClickedHideButton()
{
    // TODO: 在此添加控件通知处理程序代码
    GetDlgItem(IDC_DATE_CHECK)->EnableWindow(SW_HIDE);
    GetDlgItem(IDC_TIME_CHECK)->EnableWindow(SW_HIDE);
    m_DateEdit.ShowWindow(SW_HIDE);
    m_TimeEdit.ShowWindow(SW_HIDE);
}
```

221

函数 ShowWindow()是基类 CWnd 的成员函数，它表示是否显示对象窗口，参数 SW_SHOW 表示显示，SW_HIDE 表示隐藏。

⑦ 为 Show Gender and Age 按钮添加代码

OnBnClickedShowGenderAgeButton()方法的实现代码如下：

```
void CMy66Dlg::OnBnClickedShowGenderAgeButton()
{
    // TODO: 在此添加控件通知处理程序代码
    TCHAR sEdit[50];
    int iSexRADIO;
    int iAgeRADIO;
    iSexRADIO=GetCheckedRadioButton(IDC_Boy_RADIO,IDC_Girl_RADIO);
    if(iSexRADIO==IDC_Boy_RADIO)
        wcscpy_s(sEdit,L"The boy's age is");
    if(iSexRADIO==IDC_Girl_RADIO)
        wcscpy_s(sEdit,L"The girl's age is");
    iAgeRADIO=GetCheckedRadioButton(IDC_Age1_RADIO,IDC_Age3_RADIO);
    if(iAgeRADIO==IDC_Age1_RADIO)
        wcscat_s(sEdit,L" greater than 20");
    if(iAgeRADIO==IDC_Age2_RADIO)
        wcscat_s(sEdit,L" between 15 and 20");
    if(iAgeRADIO==IDC_Age3_RADIO)
        wcscat_s(sEdit,L" less than 15");
    m_ResultEdit.SetSel(0,-1);
    m_ResultEdit.ReplaceSel(sEdit);
}
```

在上面的代码中，首先声明一个字符串变量，用来存放显示在编辑框中的字符串：

```
TCHAR sEdit[50];
```

然后声明两个变量来表示两组单选按钮的状态：

```
int iSexRadio;
int iAgeRadio;
```

因为用单选按钮的 ID 值来表示状态，所以定义变量为整型变量。接下来确定 Gender Select 单选按钮组的状态：

```
iSexRadio = GetCheckedRadioButton(IDC_Boy_RADIO,IDC_Girl_RADIO);
```

函数 GetCheckedRadioButton()的第一个参数表示该组第一个单选按钮的 ID 号，第二个参数表示该组中最后一个单选按钮的 ID 号。该函数返回一个整数，这个整数是两个参数之间被选中的单选按钮 ID 号。将这个 ID 号的值赋给变量 iSexRadio。

接下来，用 if 语句判断被选中的单选按钮，并执行相应的代码。

```
if(iSexRadio==IDC_Boy_RADIO)
    wcscpy_s(sEdit, L "The boy's age is");
if(iSexRadio==IDC_Girl_RADIO)
    wcscpy_s(sEdit, L "The girl's age is");
```

If 语句中判断被选中的 ID 是否为等号后面的 ID，如果是则执行下面的 wcscpy_s() 函数，把相应字符串复制到 sEdit 字符数组中去。

对于 Age Range 单选按钮组也用同样的方法。

先确定 Age 组单选按钮的状态：

```
iAgeRadio=GetCheckedRadioButton(IDC_Age1_RADIO,IDC_Age3_RADIO);
```

接下来，用 if 语句判断被选中的单选按钮，并执行相应的代码。

```
if(iAgeRADIO==IDC_Age1_RADIO)
    wcscat_s(sEdit, L " greater than 20");
if(iAgeRADIO==IDC_Age2_RADIO)
    wcscat_s(sEdit,L" between 15 and 20");
if(iAgeRADIO==IDC_Age3_RADIO)
    wcscat_s(sEdit,L" less than 15");
```

wcscat_s()函数用于将一个字符串连接到另一个字符串的后面，在本例中，就是把相应的字符串连接到字符数组 sEdit 已有的字符串的后面。

最后，将字符串在编辑框中显示出来：

```
m_ResultEdit.SetSel(0,-1);
m_ResultEdit.ReplaceSel(sEdit);
```

⑧ 为 Show_Combo 按钮添加代码

OnBnClickedShowComboButton()方法的实现代码如下：

```
void CMy66Dlg::OnBnClickedShowComboButton()
{
    // TODO: 在此添加控件通知处理程序代码
    UpdateData(TRUE);
    TCHAR sCourseEdit[30];
    TCHAR sRecordEdit[15];
    int iCourseRadio;
    iCourseRadio=GetCheckedRadioButton(IDC_ENGLISH_RADIO,IDC_NATURE_RADIO);
    if(iCourseRadio==IDC_ENGLISH_RADIO)
```

```
        wcscpy_s(sCourseEdit,L"English record is ");
    if(iCourseRadio==IDC_VC_RADIO)
        wcscpy_s(sCourseEdit,L"VC++ record is ");
    if(iCourseRadio==IDC_NATURE_RADIO)
        wcscpy_s(sCourseEdit,L"Natural record is ");
    m_Record.GetWindowText(sRecordEdit,15);
    wcscat_s(sCourseEdit,L" ");
    wcscat_s(sCourseEdit,sRecordEdit);
    m_ComboEdit=sCourseEdit;
    UpdateData(FALSE);
}
```

首先声明两个字符串变量，用来存放显示在编辑框中的字符串：

```
TCHAR sCourseEdit[30];
TCHAR sRecordEdit[15];
```

其中 sCourseEdit 用来存放组合框的编辑框的内容。然后声明一个变量来表示单选按钮的状态：

```
int iCourseRadio;
```

因为用单选按钮 ID 值来表示状态，所以定义变量为整型变量。接下来确定 Course 单选按钮组的状态：

```
iCourseRadio=GetCheckedRadioButton(IDC_ENGLISH_RADIO,IDC_NATURE_RADIO);
```

接下来，由 if 语句判断被选中的单选按钮，并执行相应代码。

```
if(iCourseRadio==IDC_ENGLISH_RADIO)
    wcscpy_s(sCourseEdit,L"English record is ");
if(iCourseRadio==IDC_VC_RADIO)
    wcscpy_s(sCourseEdit,L"VC++ record is ");
if(iCourseRadio==IDC_NATURE_RADIO)
    wcscpy_s(sCourseEdit,L"Natural record is ");
```

if 语句中判断被选中的 ID 是否为等号后面的 ID，如果是则执行下面的 wcscpy_s() 函数。

函数 GetWindowText() 的第一个参数是一个字符串变量，用来存放组合框的编辑框的内容，第二个参数是一个整数，它是将复制到第一个参数中提示的字符串的字符的最大数目。

函数 GeWindowText() 并不是类 CComboBox 的成员函数，而是类 CWnd 的成员函数，但类 CComboBox 是类 CWnd 的派生类，所以可以调用该函数。由于显示的时候是将两个变量的内容连接在一起，所以在两个变量之间加一个空格：

```
wcscat_s(sCourseEdit,L" ");
```

wcscat_s(sCourseEdit,sRecordEdit)函数用于将一个字符串连接到另一个字符串的后面。然后将第二个变量连接到第一个变量的后面。

最后，结果通过下面的语句在编辑框中显示：

```
m_ComboEdit=sCourseEdit;
UpdateData(FALSE);
```

⑨ 为 OnCbnSelchangeShowWeekdayCombo()方法添加代码：

当用户选择的内容发生改变时，会产生 CBN_SELCHANGE 消息。为控件添加该消息的响应函数如下：

```
void CMy66Dlg::OnCbnSelchangeShowWeekdayCombo()
{
    // TODO: Add your control notification handler code here
    CString msg;
    m_cb.GetLBText(m_cb.GetCurSel(), msg);
    AfxMessageBox(msg);
}
```

在使用组合框的时候需要记住，该控件是由一个编辑框、一个按钮、一个列表框组合而成的。在需要完成某些功能的时候，可以通过获取相应的控件来实现。

⑩ 为 OnBnClickedExitButton 方法添加代码

OnBnClickedExitButton()的实现代码如下：

```
void CMy66Dlg::OnBnClickedExitButton()
{
    OnOK();
}
```

（4）初始化单选按钮

当运行这个应用程序时，单选按钮组及组合框中的条目都应确定，因此应该对应用程序中的一些控件进行必要的初始化。对话框在显示之前要执行初始化函数 OnInitDialog()，通常将控件的初始化代码放在此函数中。单击"类视图"选项卡（如果没有就在"视图"菜单中选择"类视图"项）展开项目的 CMy66Dlg 类，在下方可以找到该类的所有方法和成员，找到 OnInitDialog()方法后，双击就可以编写代码了。以下是对程序中的一些控件进行初始化的代码。

```
BOOL CMy66Dlg::OnInitDialog()
```

```
{
    CDialog::OnInitDialog();
    ……
    // TODO: Add extra initialization here
    // ———————— For redio buttons ————————————
    CheckRadioButton(IDC_Boy_RADIO,IDC_Girl_RADIO,IDC_Boy_RADIO);
    CheckRadioButton(IDC_Age1_RADIO,IDC_Age3_RADIO,IDC_Age2_RADIO);
    // ———————— For Records ————————————
    m_English=0;
    m_Record.AddString(L"85");
    m_Record.AddString(L"90");
    m_Record.AddString(L"95");
    m_Record.SelectString(-1,L"95");
    // ———————— For ComboBox ————————————
    m_cb.AddString(L"Monday");
    m_cb.AddString(L"Tuesday");
    m_cb.AddString(L"Wednesday");
    m_cb.AddString(L"Thursday");
    m_cb.AddString(L"Friday");
    m_cb.AddString(L"Saturday");
    m_cb.AddString(L"Sunday");
    UpdateData(FALSE);
    return TRUE;   // return TRUE    unless you set the focus to a control
}
```

函数 CheckRadioButton()的第一个参数是在这组中第一个单选按钮的 ID，第二个参数是这组中最后一个单选按钮的 ID，第三个参数是在这组中被选中的单选按钮的 ID。

给 Gender Select 单选按钮组赋单选按钮初值为 Boy，所以第三个参数为 IDC_Girl_RADIO；给 Age Range 组单选按钮赋初值为"15-20"，所以第三个参数为 IDC_Age2_RADIO。

同时，由于已经声明了变量 m_English 为 int 类型，所以可以用下面这种形式来选择单选按钮：

m_English=0;

表示选中的是第一个选项 IDC_ENGLISH_RADIO，与语句：

CheckRadioButton(IDC_ENGLISH_RADIO,IDC_NATURE_RADIO,**IDC_ENGLISH_RADIO**)；

的功能一样。

若输入 m_English=1，则选择的是第二个选项 IDC_VC_RADIO。

在设置了单选按钮的变量后，就用函数 UpdateData(FALSE)来修改屏幕。

在组合框的列表框中，使用函数 AddString 加入可选的几项。

```
m_Record.AddString(L"85");
m_Record.AddString(L"90");
m_Record.AddString(L"95");
```

但函数 AddString 只是在组合框的列表框中加入选项，并不能在组合框的编辑框中显示出来，因此还要加上下面的语句：

```
m_Record.SelectString(-1,L"95");
```

在组合框的编辑框中显示默认的初始值。

同理，在最下边的组合框中用"星期一"到"星期天"的英文单词作为字符串进行了初始化，但没有指定初始值。

值得注意的是，如果在初始化函数中需要为不同控件进行初始化设置，建议在对每个控件进行初始化的时候，增加一行的注释，这样方便以后修改代码和阅读代码。

【例 6-7】 如图 6-20 所示创建应用程序，在"形状选择列表"中选择要绘制的图形，在"笔颜色"下拉列表框中选择画笔的颜色，在"背景刷颜色"下拉列表框中选择画刷的颜色，在"线型"组合框中选择画笔的线型，在"填充类型"中选择画刷填充类型，单击"绘图"按钮按照前面的选项绘制图形，单击"退出"按钮退出程序。运行结果如图 6-20 所示。

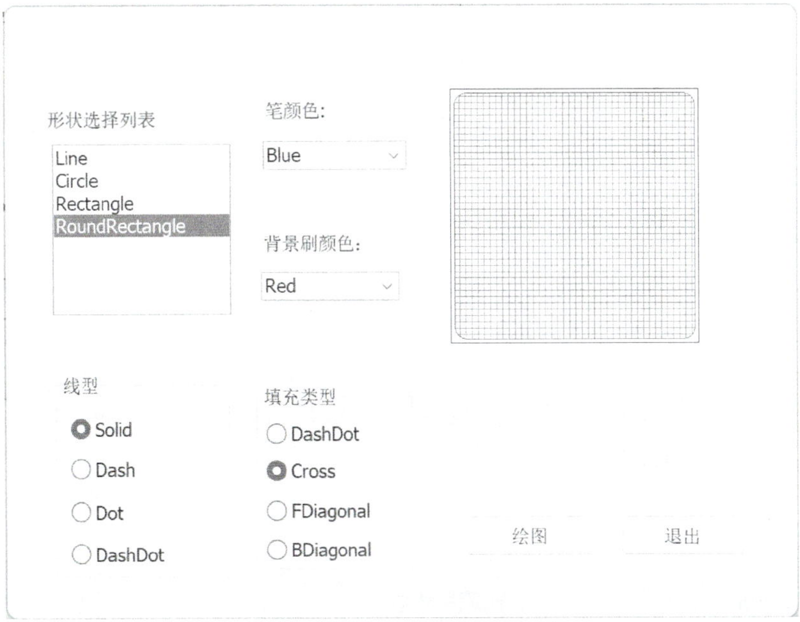

图 6-20 【例 6-7】的运行界面

对于这个问题，我们首先依据要求创建基于对话框的应用程序，工程文件名为6_7，此时系统生成了一个 CMy67Dlg 类及其他一系列相关的文件。

所创建的各个控件的 ID 及需要添加的变量及其数据类型如表 6-25 所示。

表 6-25　控件及其 ID 列表

控件	ID	添加变量	Group 属性
Solid 单选按钮	IDC_RADIO1	CButton m_LinestyleRadio	True
Dash 单选按钮	IDC_RADIO2		
Dot 单选按钮	IDC_RADIO3		
DashDot 单选按钮	IDC_RADIO4		
SolidBrush 单选按钮	IDC_RADIO5	CButton m_FillstyleRadio	True
Cross 单选按钮	IDC_RADIO6		
FDiagonal 单选按钮	IDC_RADIO7		
BDiagonal 单选按钮	IDC_RADIO8		
形状列表框控件	IDC_SHAPE_LIST	CListBox m_Shapelist	
笔颜色组合框控件	IDC_PENCOLOER_COMBO	CComboBox m_pencolor	
背景刷颜色组合框控件	IDC_BRUSHCOLOER_COMBO	CComboBox m_brushcolor	
"绘图"按钮	IDC_PAINT_BUTTON		
"退出"按钮	IDC_EXIT_BUTTON		

对于单选按钮组，操作的时候，需要为其定义一个变量，由于从 IDC_RADIO1 至 IDC_RADIO4 是一组，因此只要为他们定义一个变量（CButton m_LinestyleRadio）就行，同理从 IDC_RADIO5 至 IDC_RADIO8 也是一个按钮组，也定义一个变量（CButton m_FillstyleRadio）。

由于需要用到画笔、画刷以及它们的颜色，因此接着为类 CMy67Dlg 添加如下变量：

```
int m_BrushStyle;            // 画刷样式值
int m_PenStyle;              // 画笔样式值
```

228

```
COLORREF m_BrushColor;          // 画刷颜色
COLORREF m_PenColor;            // 画笔颜色
```

运行程序的时候，大家可能注意到了，组合框、列表框在程序一运行就有可选的项供选择，这些内容是在 OnInitDialog() 函数中定义的，增加内容如下：

```
BOOL CMy67Dlg::OnInitDialog()
{       m_PenColor=RGB(255,0,0);              // 定义初始的画笔颜色
        m_BrushColor=RGB(255,0,0);            // 定义初始的画刷颜色
        m_PenStyle=PS_SOLID;                 // 定义初始的画笔样式
        m_BrushStyle=0;                      // 定义初始的画刷样式
        // ShapeListBox
        m_Shapelist.AddString(L"Line");      // 列表框中的四个选项
        m_Shapelist.AddString(L"Circle");
        m_Shapelist.AddString(L"Rectangle");
        m_Shapelist.AddString(L"RoundRectangle");
        m_Shapelist.SetCurSel(0);            // 默认选择项
        // PenColorComboBox                  // 笔颜色组合框选项
        m_pencolor.AddString(L"Red");
        m_pencolor.AddString(L"Green");
        m_pencolor.AddString(L"Blue");
        m_pencolor.AddString(L"Yellow");
        m_pencolor.AddString(L"SkyBlue");
        m_pencolor.SelectString(-1,L"Red");
        // BrushColorComboBox                // 画刷颜色组合框选项
        m_brushcolor.AddString(L"Red");
        m_brushcolor.AddString(L"Green");
        m_brushcolor.AddString(L"Blue");
        m_brushcolor.AddString(L"Yellow");
        m_brushcolor.AddString(L"SkyBlue");
        m_brushcolor.SelectString(-1,L"Red"); // 初始画刷选项
        // RadioButton
        CheckRadioButton(IDC_RADIO1,IDC_RADIO4,IDC_RADIO1);   // 单选按钮初始选项
        CheckRadioButton(IDC_RADIO5,IDC_RADIO8,IDC_RADIO5);
        return TRUE;   // 除非将焦点设置到控件，否则返回 TRUE
}
```

值得注意的是，在进行列表框和两个组合框的属性设置时，请注意要把"排序"项的默认值从 true 改为 false，否则，在上述的初始化函数中初始化值的顺序，会由于"排序"而改变，致使运行结果发生错误。如图 6-21 所示。

图 6-21　设置列表框的属性

下面的代码用来响应"绘图"按钮的单击操作。

```
void CMy67Dlg::OnBnClickedPaintButton()
{       CClientDC dc(this);                                 // 构造当前窗口的 dc
        CPen* hpenOld, penNew;                              // 定义画笔
        CBrush* hbrushOld, brushNew, brushBk;               // 定义画刷
        CRect rectClient;
        GetClientRect(&rectClient);          // 获取窗口客户区坐标，指定客户区的左上角和右下角
        CRect rectDraw(rectClient.right - 455, 50, rectClient.right - 130, 375); // 定义作图区域
        brushBk.CreateSolidBrush(RGB(255, 255, 255));     // 创建黑色画刷
        hbrushOld = dc.SelectObject(&brushBk);             // 选入黑色背景刷
        dc.Rectangle(rectDraw);                            // 绘制矩形
        // 选画刷和画笔
        if (m_BrushStyle != 0)                             // 处理画刷风格的函数不同
            brushNew.CreateHatchBrush(m_BrushStyle, m_BrushColor);
        else
            brushNew.CreateSolidBrush(m_BrushColor);
        penNew.CreatePen(m_PenStyle, 1, m_PenColor);      // 创建画笔
        dc.SelectObject(&brushNew);                        // 将新创建的画刷选入设备环境
        hpenOld = dc.SelectObject(&penNew);                // 将新创建的画笔选入设备环境
        if (m_Shapelist.GetSel(0))                         // 根据列表框的选项确定图形，这是画线
        {
            dc.MoveTo(rectDraw.left, rectDraw.top);
```

```
            dc.LineTo(rectDraw.right, rectDraw.bottom);
    }
    else if (m_Shapelist.GetSel(1))                    // 画圆
        dc.Ellipse(rectDraw);
    else if (m_Shapelist.GetSel(2))                    // 画矩形
        dc.Rectangle(CRect(rectClient.right-450, 55, rectClient.right-135, 370));
    else if (m_Shapelist.GetSel(3))                    // 画圆角矩形
        dc.RoundRect(CRect(rectClient.right-450, 55, rectClient.right-135, 370), CPoint(30, 30));
}
```

在绘图过程中，首先要确定绘图区域这个工作有上述的如下代码完成：

```
CRect rectClient;
GetClientRect(&rectClient);           // 获取窗口客户区坐标，指定客户区的左上角和右下角
CRect rectDraw(rectClient.right-455, 50, rectClient.right-130, 375); // 定义作图区域
```

这三行代码中，第一行定义一个矩形类的对象，因为是在一个矩形框中绘图，然后获取整个客户区的坐标，这在第二行代码中完成，在获取客户区坐标后，可以通过 rectDraw 矩形对象设定一个绘图区域，其中的数值是在编程过程中调试出来的，大家在编程过程中可以试着修改这些数据，来体会画图的过程及数据调试的过程。这里仅是定义了一个绘图区域，还需要把这个绘图区域明确地显示出来，即画出一个绘图区域，这个工作由语句"dc.Rectangle(rectDraw);"来完成。

其余的代码含义请参考代码注释部分。

下面是"退出"按钮的响应代码：

```
void CMy67Dlg::OnBnClickedExitButton()
{
    OnOK();
}
```

下面是 8 个单选按钮的消息响应代码。

```
void CMy67Dlg::OnBnClickedRadio1()
{
    m_PenStyle=PS_SOLID;                               // 设置画笔样式
}
```

```
void CMy67Dlg::OnBnClickedRadio2()
{
    m_PenStyle=PS_DASH;
}
```

231

```
void CMy67Dlg::OnBnClickedRadio3()
{
    m_PenStyle=PS_DOT;
}

void CMy67Dlg::OnBnClickedRadio4()
{
    m_PenStyle=PS_DASHDOT;
}

void CMy67Dlg::OnBnClickedRadio5()
{
    m_BrushStyle=0;                          // 设置画刷样式
}

void CMy67Dlg::OnBnClickedRadio6()
{
    m_BrushStyle=HS_CROSS;
}

void CMy67Dlg::OnBnClickedRadio7()
{
    m_BrushStyle=HS_FDIAGONAL;
}

void CMy67Dlg::OnBnClickedRadio8()
{
    m_BrushStyle=HS_BDIAGONAL;
}
```

下面的代码是画笔组合框的消息响应。

```
void CMy67Dlg::OnCbnSelchangePencoloerCombo()
{   int i;
    i=m_pencolor.GetCurSel();                // 获取当前的画笔颜色
    if(i==0)
        m_PenColor=RGB(255,0,0);             // 设置成画笔使用的颜色
    else if(i==1)
        m_PenColor=RGB(0,255,0);
    else if(i==2)
        m_PenColor=RGB(0,0,255);
    else if(i==3)
        m_PenColor=RGB(255,255,0);
```

```
        else if(i==4)
            m_PenColor=RGB(0,255,255);
}
```

下面的代码是画刷组合框的消息响应。

```
void CMy67Dlg::OnCbnSelchangeBrushcoloerCombo()
{       int i;
        i=m_brushcolor.GetCurSel();              // 获取当前的画刷颜色
        if(i==0)
            m_BrushColor=RGB(255,0,0);           // 设置成画刷使用的填充颜色
        else if(i==1)
            m_BrushColor=RGB(0,255,0);
        else if(i==2)
            m_BrushColor=RGB(0,0,255);
        else if(i==3)
            m_BrushColor=RGB(255,255,0);
        else if(i==4)
            m_BrushColor=RGB(0,255,255);
}
```

6.8　对话框通用控件

大部分控件都是在对话框中使用的，无论是基于对话框的应用程序，还是 Doc/View（下一章介绍）结构的应用程序，控件通常是放在对话框中的。本节将介绍基于对话框的通用控件的应用。下面将通过【例 6-8】的内容贯穿整个通用对话框控件的应用介绍。【例 6-8】就是本节所有例题功能的汇总，下面分小节进行编程。

6.8.1　Picture 控件的使用

Picture 控件有很多功能，通过不同属性的组合，Picture 控件具有意想不到的效果。

1. 分隔线

有时候界面上需要一条分隔线，这时可以使用 Picture 控件来实现。首先将一个 Picture 控件拖放到对话框上，Type 属性选择"Etched Horz"，Color 属性选择 Etched，这时，Picture 控件看起来的效果就跟一条分隔线一样了，如图 6-22 所示。

2. 图片

将 Type 属性设置为 Icon 或者 Bitmap 时，可以设置 Image 属性为相应的资源

ID，来显示一副图标或者位图。在资源中导入一幅位图，ID 采用默认值 IDB_BITMAP1，设置新加的 Picture 控件 Type 为 Bitmap，Image 为"IDB_BITMAP1"，程序运行结果如图 6-23 所示。

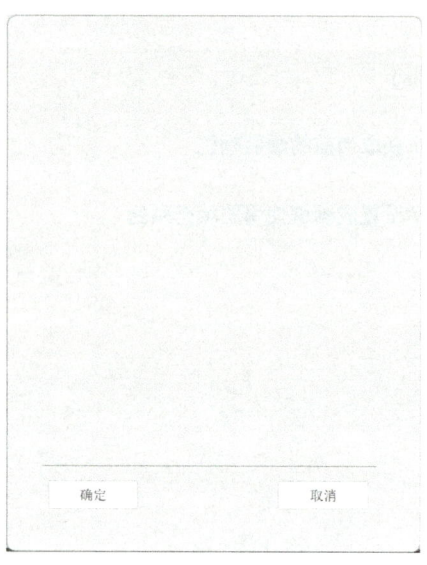

图 6-22　用 Picture 实现分隔线

图 6-23　Picture 显示图片

6.8.2　Spin 控件的使用

Spin 按钮控件提供了一对箭头，用户通过单击箭头可以微调该控件所表示的数值。当用户单击上箭头时，位置向最大值方向偏移，当用户单击向下箭头时，位置向最小值偏移。

MFC 中表示 Spin 控件的是 CSpinButtonCtrl 类。CSpinButtonCtrl 类常用的成员函数如表 6-26 所示。

表 6-26　CSpinButtonCtrl 类常用成员函数

成员函数	描述
CSpinButtonCtrl	CSpinButtonCtrl 类的构造函数
Create	创建一个微调按钮对象
SetBase/GetBase	设置/获取控件当前的基值
SetBuddy/GetBuddy	设置/获取该控件的伙伴窗口
SetPos/GetPos	设置/获取当前位置的值
SetRange/GetRange	设置/获取控件的取值范围

Spin 控件通常和 tab order 位于它之前的控件成对使用。通过 CSpinButtonCtrl 的 GetBuddy 方法可以获得与之配对的控件。

首先向对话框拖放一个 Edit 控件，设置为只读，然后拖放一个 Spin 控件到程序中，紧挨着刚才拖放的 Edit 控件，两个控件的 ID 都是用默认值，设置 Spin 控件的"Alignment（对齐）"属性为"Right Align"，选中"Auto buddy（自动合作者）"属性为 true。假定需要设定 Spin 的范围是 0～100，而且当程序运行时，当前位置是 50，同时在它配对控件的编辑框中显示该值。

在 OnInitDialog()函数的最后添加如下蓝色的代码。

```
BOOL CMy68Dlg::OnInitDialog()
{

    CDialogEx::OnInitDialog();
    // 设置此对话框的图标。当应用程序主窗口不是对话框时，框架将自动执行此操作
    SetIcon(m_hIcon, TRUE);              // 设置大图标
    SetIcon(m_hIcon, FALSE);             // 设置小图标
    // TODO: 在此添加额外的初始化代码
    CSpinButtonCtrl* pSpin =(CSpinButtonCtrl*) GetDlgItem(IDC_SPIN1);
    pSpin->SetRange(0, 100);
    pSpin->SetPos(50);
    pSpin->GetBuddy()->SetWindowText(L"50");
    return TRUE;                         // 除非将焦点设置到控件，否则返回 TRUE
}
```

代码中用到 GetDlgItem()函数，如果对话框中有很多控件，这个函数对于获取控件很方便，只要在这个函数后面的参数中给出控件的 ID，就指向了这个控件。当然，这个时候也要注意到 GetDlgItem 函数前面有个强制类型转换，用于不同的控件，其控件类型是不一样的，获取了控件之后，就要进行相应的类型转换，转换到该控件的类上。然后赋给这个控件类的指针上，使得这个控件指针指向特定的控件。

此时如果运行该程序，会发现 spin 控件左边的编辑框中显示了"50"这个值，但 spin 控件的上下箭头不能发挥作用，如果希望 Edit 控件显示的范围是 0～100，每次微调步长为 1，为此，还需要响应 spin 控件的上下箭头操作的代码。由于 spin 控件存在于对话框中，因此可以在对话框中通过"类向导"来添加 WM_VSCROLL 消息的响应，代码如下：

```
void CMy68Dlg::OnVScroll(UINT nSBCode, UINT nPos, CScrollBar* pScrollBar)
{
    if (pScrollBar->GetDlgCtrlID() == IDC_SPIN1)
    {    CString strValue;       // 定义一个字符串对象，用来存储编辑框中要显示的内容
```

235

```
            strValue.Format(L"%3d", (long) nPos);
            ((CSpinButtonCtrl*) pScrollBar)->GetBuddy()->SetWindowText(strValue);
        }
        CDialogEx::OnVScroll(nSBCode, nPos, pScrollBar);
    }
```

"strValue.Format(L"%3d"，(long) nPos)；"语句通过执行字符串类的成员函数 Format()为字符串对象 strValue 设定内容格式，这里是将参数 nPos 以%3d 的格式存储到字符串中。也就是将数值转换成字符串了。"SetWindowText(strValue)"是将字符串内容显示在 spin 控件左边的编辑框窗口上。

程序运行结果如图 6-24 所示。

图 6-24　Spin 控件的使用

6.8.3　Progress 控件的使用

进度条控件是一个用来指示长时间操作的进展程度的控件。它包括从左到右地使用系统高亮颜色显示渐进过程的矩形。

MFC 中表示进度控制的是 CProgressCtrl 类，该类提供了 Windows 通用进度条的功能。该类的主要成员函数如表 6-27 所示。

236

表 6-27　进度条类的常用成员函数

成员函数	描述
CProgressCtrl()	类 CProgressCtrl 的构造函数
Create()	创建进度条对象
SetRange/GetRange()	设置/获取进度条的表示范围
SetPos/GetPos()	设置/获取进度条的当前位置
SetStep/GetStep()	设置/获取进度条的渐进步长
StepIt()	前进一步

进度条有一个范围和当前位置。范围表示整个操作进行时位置的最小值与最大值，当前位置表示当前进行到的位置，进度条根据当前位置判断进行的百分比，来显示进度。

首先向对话框添加一个 Progress 控件，保持默认 ID，设置"Smooth(平滑)"属性为 True。在旁边添加一个按钮，设置 ID 为 IDC_BUTTON_START，Caption 为"开始"。

在 OnInitDialog 中添加如下代码：

```
CProgressCtrl* pProg = (CProgressCtrl*) GetDlgItem(IDC_PROGRESS1);
pProg->SetRange(0, 100);
pProg->SetPos(0);
```

为开始按钮添加单击事件，实现代码如下：

```
void CMy68Dlg::OnBnClickedButtonStart()
{
    CProgressCtrl* pProg = (CProgressCtrl*) GetDlgItem(IDC_PROGRESS1);
    pProg->SetPos(0);                         // 设置滚动条的起始位置
    SetTimer(2000,100,NULL);
}
```

如果这个时候运行程序，会发现单击"开始"按钮后，进度条不能正常工作，这是因为在"开始"按钮的响应函数中设置了 SetTimes()函数，那么这个函数要定时器的消息才能进行，因此在类 CMy68Dlg 中添加对 WM_TIMER 消息的响应函数，实现代码如下：

```
void CMy68Dlg::OnTimer(UINT_PTR nIDEvent)
{
    if(nIDEvent ==2000)
```

```
{   CProgressCtrl* pProg = (CProgressCtrl*) GetDlgItem(IDC_PROGRESS1);
    pProg->SetPos(pProg->GetPos()+1);        // 进度以 1 为步长递增
    if(pProg->GetPos() >= 100)               // 如果达到 100，就停止
    {
        KillTimer(nIDEvent);                 // 关闭定时器
        AfxMessageBox(L"进行完毕");          // 弹出对话框说明进度完成
    }
}
    CDialogEx::OnTimer(nIDEvent);
}
```

从以上代码可以看出，在单击"开始"按钮之后，每隔 0.1 秒，进度条前进一步。运行效果如图 6-25 所示。这里很重要的一点是进度达到 100 后，要停止定时器的操作，否则一直在触发定时操作。

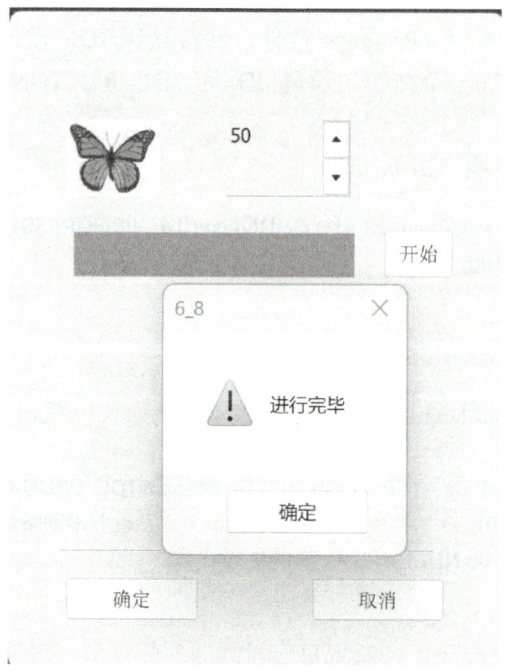

图 6-25　Progress 控件的使用

6.8.4　Slider 控件的使用

滑块（slider）控件可以使用户通过拖动滑块来快速获得指定的数据。当用户滑动滑块时，控件将发送消息来指示变化。滑块控件在选择一系列离散值或者一段连续范围内的值时十分有用。

MFC 中使用 CSliderCtrl 类来提供滑块控制的功能。该类主要的成员函数如表 6-28 所示。

表 6-28　CSliderCtrl 类的主要成员函数

成员	描述
CSliderCtrl	CSliderCtrl 控件构造函数
Create	创建滑动条对象
SetRange/GetRange	设置/获取表示范围
SetPos/GetPos	设置/获取当前位置
SetSelection	设置选取范围
SetBuddy	设置伙伴窗口

与 Progress 控件类似，用户可以指定滑块的滑动范围和当前位置。在对话框上增加一个 Slider 控件，设置【Point】属性为 Bottom/Right，然后在该控件的右边添加一个 Static 控件，ID 设置为 IDC_STATIC_SLIDER。该控件用来显示滑块的当前位置。

在 OnInitDialog 函数中添加如下代码：

```
CString strText1;                              // 定义一个字符串对象 strText1
CSliderCtrl* pSlide1 =(CSliderCtrl*) GetDlgItem(IDC_SLIDER1);
pSlide1->SetRange(0, 100);                     // 设置滑块的范围
pSlide1->SetPos(50);                           // 设置初值
strText1.Format(L"%d", pSlide1->GetPos());     // 获取滑块位置初始值，以字符串形式赋给 strText1
SetDlgItemText(IDC_STATIC_SLIDER, strText1);   // 将字符串显示在 IDC_STATIC_SLIDER 中
```

为了响应滑块移动的消息，添加 WM_HSCROLL 消息的响应（因为 Slider 是水平的，因此响应该消息；如果是垂直的，则需要响应 WM_VSCROLL，其他控件类似）。实现如下：

```
void CMy68Dlg::OnHScroll(UINT nSBCode, UINT nPos, CScrollBar* pScrollBar)
{
    if(pScrollBar->GetDlgCtrlID() == IDC_SLIDER1)
    {   CSliderCtrl* pSlide = (CSliderCtrl*) pScrollBar;
        CString strText;
        strText.Format(L"%d",pSlide->GetPos()); // 获取滑块位置值以字符串形式赋给 strText1
        SetDlgItemText(IDC_STATIC_SLIDER, strText);   // 将字符串显示在 IDC_STATIC_SLIDER 中
    }
    CDialogEx::OnHScroll(nSBCode, nPos, pScrollBar);
}
```

处理方式与 spin 等带有滚动功能的控件类似，运行结果如图 6-26 所示。

图 6-26　Slider 控件的使用

6.8.5　Date Time Picker 控件的使用

在程序中，经常需要用户输入时间，如果让用户以字符串形式输入，则由于输入的多样性，程序不好解析，因此一般都通过控件来完成接收时间输入的任务。

DateTimerPicker 可以用来接收日期或者时间输入。用户可以直接按照指定的形式输入，也可以在弹出的日历控件中选择日期。

MFC 中 CDateTimeCtrl 类是用来提供 Date Time Picker 功能的类。该类的主要成员函数如表 6-29 所示。

表 6-29　CDateTimeCtrl 类主要成员函数

成员函数	描述
CDateTimeCtrl()	类 CDateTimeCtrl 的构造函数
Create()	创建日期控件对象
SetMothCalColor/ GetMothCalColor()	设置/获取日历控件的颜色，包括背景、文字等的颜色

续表

成员函数	描述
SetFormat()	设置显示日期的格式
SetRange/GetRange()	设置/获取日期的范围
SetTime/ GetTime()	设置/获取表示的时间
GetDateTimePickerInfo()	获取有关当前日期和时间控件的信息
SetMonthCalColor/GetMonthCalColor()	设置/获取时间控件中月历给定部分的颜色
SetMonthCalStyle/GetMonthCalStyle()	设置/获取时间控件中月历给定部分的样式

在对话框上添加一个 Date Time Picker 控件，设置 Format 为 Short Date，选择 Use Spin Control，如果不选择使用 spin 控件，则用户在弹出的日历控件中进行选择。在该控件旁边添加一个"报时"按钮，ID 为 IDC_BUTTON_TIME。

在 OnInitDialog 中添加如下代码：

```
CDateTimeCtrl* pDT =(CDateTimeCtrl*)GetDlgItem(IDC_DATETIMEPICKER1);
CString formatStr= _T("'今天是: 'yyyy'/'MM'/'dd"); // 以年月日的形式显示日期
pDT->SetFormat(formatStr);        // 在时间控件中显示时间
```

这里设置 Date Time Picker 的日期显示格式，还可以设置 Date Time Picker 控件的其他风格和属性。

添加对"报时"按钮单击事件的响应函数，具体实现如下：

```
void CMy68Dlg::OnBnClickedButtonTime()
{
    // TODO: 在此添加控件通知处理程序代码
    CDateTimeCtrl* pDT =(CDateTimeCtrl*)GetDlgItem(IDC_DATETIMEPICKER1);
    CTime t;
    pDT->GetTime(t);                      // 获取当前所使用的计算机的时间
    CString s= t.Format(L"%A, %B %d, %Y %H:%M:%S" ); // 以"星期、月、日、年、时、
                                              // 分、秒"格式显示
    AfxMessageBox(s);
}
```

运行结果如图 6-27 所示。

在接收完用户输入之后，往往需要获知用户到底设置了什么时间，通过 CDateTimeCtrl 的 GetTime 方法可以获得控件当前所表示的时间。程序运行结果如图 6-28 所示。

图 6-27　Date Time Picker 控件的使用

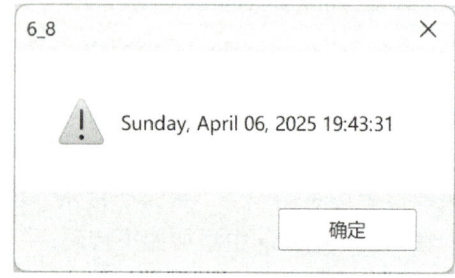

图 6-28　当前的时间显示

6.9　练　习　题

【6-1】　控件有哪些类型？

【6-2】　按钮控件的特点是什么？

【6-3】　编辑框类有哪些主要的方法？

【6-4】　完成一个进制转换的计算器。计算器能够通过直接编辑输入和 0～9 按钮输入两种方式输入数字；创建单选按钮能够选择将十进制数转换成二进制、八进制、十六进制数。参考界面如下图 6-29 所示。

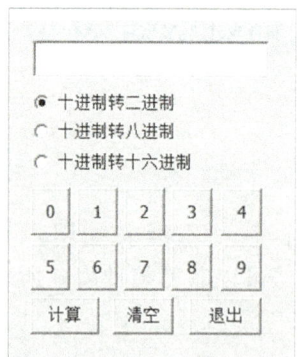

图 6-29　练习题【6-4】参考界面

【6-5】 创建一个编辑框控件，可以输入姓名；创建一个下拉列表可以选择科目（语文、数学和英语）；创建一个组合框单选按钮组选择成绩（A，B，C，D）。创建一个单选项列表框，一个添加成绩记录的按钮，可以在列表框的最后一行添加一行成绩记录；一个插入成绩记录的按钮，可以在选定的列表框项的上面一行插入一行成绩记录。在列表框中双击某一项，可以删除这行成绩记录。参考界面如图 6-30 所示。

图 6-30 【6-5】题参考界面

第7章 文档与资源的应用

目前常用的各种 Windows 程序中，很多是以文档/视图（doc/view）结构为基础的。该体系结构的基本概念是将数据管理和显示分开。这种做法可以使软件组件的分工更加明确，形成高度模块化的操作。本章将介绍 Visual C++中文档/视图结构的工作机制及相关应用。所涉及的内容比较广泛，如文档/视图结构、创建基于文档/视图结构的框架应用程序，以及文档类、视图类和文档模板类的应用等以及一系列与文档有关的常用资源的应用。

电子教案：第7章 文档与资源的应用

源代码：第7章 例题源代码

7.1 文档操作中的几个关键概念

Visual C++中的 MFC 库支持三种不同的应用程序：单文档界面（SDI）、多文档界面（MDI）和基于对话框的应用程序。SDI 的应用程序只支持打开一个文档。Windows 中的 Notepad（记事本）就是 SDI 应用程序的一个典型例子。而 MDI 的应用程序每次可以读写多个文件或文档，可以同时有多个子窗口，对多个文档进行操作。大家熟悉的 Office 中的 Word 就是 MDI 应用程序的典型例子。MFC 隐藏了两者之间的许多差别，使用户在编写 MDI 应用程序与编写 SDI 程序时没有多少不同。

MFC 对"文档"的设计思想是：一个类中的所有成员变量，可以通过文档/视图的串行化（serialize）机制，既能够保存到一个文件中去，也能够从一个文件中读出并加载到该类相应的成员变量中去。

在 MFC 中，文档类负责数据的管理，提供保存和加载数据的功能；视图类负责数据的显示，以及给用户提供对数据的编辑和修改功能。

MFC 提供 Document/View 结构，将一个应用程序所需要的"数据处理与显示"的函数空壳（构架）都设计好了，但这些函数都是虚函数，可以在派生类中重写这些函数。那些与文件读写有关的操作在 CDocument 的 Serialize()函数中进行，与数据和图形显示有关的操作在 CView 的 OnDraw()函数中进行。因此仅需要关注 Serialize()和 OnDraw()函数就可以了。

7.1.1 文档/视图的概念

利用应用程序向导生成单文档和多文档程序框架时，由它所创建的各个类在一起工作，构成一个相互关联的结构，称此结构为文档/视图结构。在这个框架中，数据的维护及其显示分别由两个不同但又彼此紧密相关的类——文档类和视图类负责。

由 CWinApp 类派生的应用程序对象（即一个运行的应用程序）扮演几种角色，管理应用程序的初始化、负责保持文档、视图、框架窗口类之间的关系、接收 Windows 消息、将消息调度到需要的目标窗口。

框架窗口对象提供了一个应用程序的主窗口，通常窗口包含一个最大/最小化按钮、标题栏和系统菜单。它还可以用来处理工具条和状态条的创建、初始化和销毁。

文档是用来保存数据以及关于数据处理的，每当 MFC SDI/MDI 响应 File(Open)/File(New)时都会打开一份文档。文档可以拥有多个视图。文档的任务是对数据进行管理和维护，数据通常被保存在文档类的成员变量中。

视图在 Windows 中就是一个窗口，也就是一个可视化的矩形区域。视图是用来表示文档的数据的。但是每个视图必须依附于一个框架（SDI 中是 MainFrame，MDI 是 ChildFrame）。视图类是文档和用户之间的中介。视图可以直接或间接地访问文档类中的这些成员变量，它从文档类中将数据读出来，然后在屏幕上显示。值得注意的是，虽然每个文档可以有多个视图，但每个视图只能对应于一个确定的文档。

至于框架，它实际上也是一个 Windows 窗口。但是在框架上可以放置菜单、工具栏、状态栏等。而视图则放在框架的客户区。因此 MFC 中看到的窗口实际上是 Frame 和 View 共同作用的结果。

7.1.2　SDI 程序中文档、视图对象的关联关系

SDI 程序中框架窗口、文档和视图的关联是在应用程序类的 InitInstance()成员函数中通过文档模板类完成的，通过下述代码注册应用程序的文档模板。文档模板将用作文档、框架窗口和视图之间的连接。我们先尝试创建一个工程文件名为 7-1 的基于单文档的应用程序。这时，系统生成了一个名为 CMy71App 的类，考察这个类下面的成员函数 InitInstance()，发现包含了如下代码：

```
pDocTemplate = new CSingleDocTemplate(          // 创建单文档模板类对象
        IDR_MAINFRAME,
        RUNTIME_CLASS(CMy71Doc),                // CMy71Doc 是应用程序中的文档类
        RUNTIME_CLASS(CMainFrame),              // CMainFrame 是应用程序中的框架窗口
        RUNTIME_CLASS(CMy71View));              // CMy71View 是应用程序中的视图类
if (!pDocTemplate)
        return FALSE;
AddDocTemplate(pDocTemplate);                   // 加载文档模板类对象到文档模板列表
```

从上面的程序中可以看到，系统首先创建了一个单文档模板类，该类主要用来将程序中的文档类、视图类和框架窗口类联系在一起进行管理。在单文档模板类构造函数的参数中含有资源的 ID 和文档、视图和框架窗口的类名和 RUNTIME_CLASS

宏。该宏对于所制定的类返回指向 **CRuntimeClass** 的指针，主要目的是使得主结构可以在运行的时候动态创建这些类的对象。

7.1.3 CView 类

视图类（**CView**）是从 **CWnd** 类下派生的，它在基于文档的应用程序的编程中发挥着重要的作用。这个问题在本章的例题中就能体会到。它在 MFC 类库中的层次位置如图 7-1 所示。

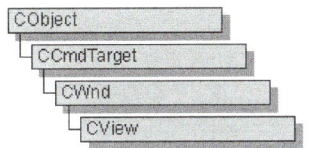

图 7-1 CView 类在 MFC 类库中的层次位置

从图 7-1 中可见，**CView** 类的基类为 **CWnd**。所以视图类都具有 **CWnd** 的所有功能，如创建、移动、显示和隐藏窗口等。同样，**CView** 类可以接收任何 Windows 消息，而 **CDocument**（文档类）则不行。

CView 类提供了文档类所需的最基本的功能实现。它提供的方法分别是一般方法和虚拟方法。表 7-1 是 **CView** 的一般方法。

表 7-1 CView 的一般方法

方法	说明
GetDocument()	返回与视图关联的文档
DoPreparePrinting()	显示打印对话框并创建打印环境，当重写 OnPreparePrinting() 成员函数时调用
IsSelected()	确定文档项是否被选中
OnDragEnter()	当项目首次拖动到视图的拖放区域时调用
OnDragLeave()	当项目离开拖动到视图的拖放区域时调用
OnDrop()	当项目被放置到视图的拖放区域时调用
OnScroll()	当在视图中需要滚动对象时调用
OnInitialUpdate()	当视图第一次与文档关联时调用，进行初始化操作
OnPrepareDC()	在为屏幕显示调用 OnDraw()成员函数之前或在为打印或打印预览调用 OnPrint()成员函数之前调用

CView 提供的虚拟方法使应用程序可以重写它们来提供 **CView** 派生类中的方法，**CView** 的保护方法具体说明如表 7-2 所示。

表 7-2　CView 的主要保护方法

方法	说明
OnActivateFrame()	激活或禁止包含该视图的窗口
OnActivateView()	激活一个视图
OnBeginPrinting()	开始打印工作
OnDraw()	当文档中的图形在屏幕上显示、打印、打印预览时调用，也就是说，该函数在屏幕发生变化需要重绘时调用
OnEndPrinting()	停止打印工作
OnEndPrintPreview()	结束打印预览
OnPreparePrinting()	文档打印或预览之前调用
OnPrint()	打印或预览一个页面
OnUpdate()	调用此函数通知文档，其视图已经被修改

　　一个视图类可以通过 GetDocument()函数得到和它关联的文档的指针，进一步可以得到文档中保存的数据。当一个文档对象的数据发生变化时，该文档对象可以通过调用成员函数 UpdateAllViews()来做出响应，刷新所有的视图，这个函数是维护数据正确显示的常用手段。

　　CView 类中最常用的是 OnDraw()函数，该函数在屏幕发生变化或因为焦点的变化而需要重绘时调用，没有该函数，就不可能在程序的切换后保证屏幕的正确显示，这个问题在本章的例题中经常要用到。请注意 OnDraw()与前面用到的 OnPaint()函数是不同的，只要是需要重绘时都会调用 OnDraw()，无论是往屏幕上画还是往打印机中画，而 OnPaint()只负责往屏幕上绘制，不负责往打印机打印，OnDraw()包括了两者。正确处理了 OnDraw()，可以轻松实现打印功能。

　　值得注意的是，尽量不要在 OnDraw()之外的函数中调用绘图方法，因为那些方法不会在视图需要重新绘制的时候被自动调用。正确的方法应该是通过视图或者文档维护一个数据模型，在其他地方更改该数据模型，在 OnDraw()中根据该数据模型绘制，如果想在数据更新的第一时刻强制视图更新，可以在那里连续调用 Invalidate()方法和 UpdateWindow()方法来强制视图重绘。注意不要在 OnDraw()中调用这两个方法，否则会引起递归循环调用，导致程序失去响应。

　　OnUpdate()函数会在每次视图数据更新时被调用，对维护程序的正确显示负有重要的责任。函数 UpdateAllViews()则是实现单文档多视图程序所不可缺少的手段（在一个文档的任一视图发生变化时，通过该类实现各视图的正确显示）。

　　CView 有许多子类，如表 7-3 所示，这些类大大丰富了视图的功能。

248

表 7-3 CView 的子类

子类	描述
CCtrlView	允许使用带有 Tree、List、RichEdit 控件的文档视图结构的视图
CDaoRecordView	在对话框控件中显示数据库记录的视图（基于 DAO）
CEditView	简单的多行文本编辑器的视图，类似 Notepad
CFromView	可滚动的包含对话框控件的视图
CListView	基于 List 控件的文档-视图构架
CRecordView	在对话框控件上显示数据库记录的视图
CRichEditView	允许带有 RichEdit 控件的文档-视图结构的视图
CScrollView	支持自动滚动条控件的视图
CTreeView	基于树状控件的文档-视图构架

应用程序中可以使用 CView 或 CView 的派生类作为应用程序中视图类的基类。如果只是简单地接受了 Visual C++的默认设置，那么应用程序对文档的任何操作都要编写代码。当应用程序要创建一种具有一定特性的应用程序时，选择具有该特性的合适的 CView 派生类作为应用程序的基类将是一种很好的选择。

7.1.4 串行化处理

文档操作中经常遇到串行化处理、文档的消息映像、文档消息传递和文件的打开保存等基本操作，下面简要介绍这些基本概念。

所谓串行化处理，是微软提供的一种用于对对象进行文件 I/O 的一种机制，该机制在框架（Frame）/文档（Document）/视图（View）模式中得到了很好的应用。MFC 中使用串行化这个概念来描述将对象写入字节流和从字节流恢复对象的操作。之所以使用字节流而不是使用文件，是因为串行化除了可以使用文件保存对象之外，还可以通过网络、串口传输对象。如上面介绍的，我们创建了一个基于单文档的名为 7_1 的应用程序，在系统生成的 CMy71Doc 类中，有如下代码：

```
void CMy71Doc::Serialize(CArchive& ar)
{       if (ar.IsStoring())
        {
            // TODO: 在此添加存储代码
        }
        else
        {
            // TODO: 在此添加加载代码
        }
}
```

这里就是被称之为串行化的部分。可以将串行化后的变量存在一个文件里或在网络上传输使用串行化的好处是不需要重载文件打开、文件保存之类的方法，MFC 框架会自动完成这些任务，并自动调用文档类的 Serialize()方法来完成串行化过程。如果文档的抽象数据只有一个字符串，那么只需要在 Serialize()中添加相应语句就可以完成串行化过程。如果不使用 MFC 提供的串行化框架，就需要重载一些函数来获取文件名，然后自己来读写文件完成对象的串行化。

在进行串行化处理时，通常是通过 CArchive 类来完成的，该类的常用成员函数如表 7-4 所示。

表 7-4　CArchive 类的常用成员函数

成员函数	描述	成员函数	描述
m_pDocument()	使用该档案的文档	WriteString()	写入字符串
Abort()	在不发送异常的情况下关闭档案	GetFile()	获取底层的 CFile 对象
Close()	关闭档案	GetObjectSchema()	读取对象版本号
Flush()	将缓冲中的数据强制写入流中	SetObjectSchema()	设置对象版本号
operator<<()	将基本类型写入流中	IsLoading()	判断是否处于读取状态
operator>>()	从流中读取基本类型	IsBufferEmpty()	判断缓冲区是否为空
IsStoring()	判断是否处于保存状态	ReadString()	读取字符串
Read()	读取字节内容	Write()	写入字节内容

如果使用串行化，可以不关心文件打开关闭的具体过程，只需要完善 Serialize 方法即可，但是很多应用程序都希望来亲自控制用户打开保存文件的过程。

7.2　单文档应用实例

【例 7-1】创建一个应用程序，其界面的标题为 7_1。在应用程序的主窗口中显示一行文本"您好, 单文档界面的例程!"，并始终出现在窗口的中央，如图 7-2 所示。

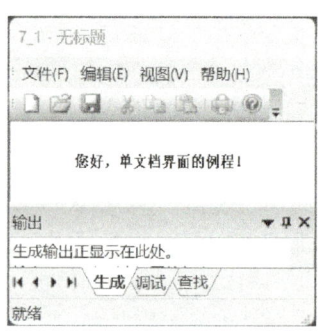

图 7-2　应用程序界面

具体步骤如下：

（1）创建名为 7_1 的工程文件，注意在创建过程中要选择单文档的文件类型。

（2）由于需要在文档中显示字符串，因此要添加一个字符型的变量来存放这个字符串，因此为 CMy71Doc 类添加一个 CString 类型的成员变量 m_str。

（3）文档变量初始化。针对类 CMy71Doc 的构造函数，将 m_str 初始化内容置为"您好，单文档界面的例程！"，如下所示：

```
CMy71Doc::CMy71Doc() noexcept
{
    m_str = _T("您好，单文档界面的例程！");
}
```

（4）视图的输出。在 MFC 应用程序中，文档类是和视图类一起协作以完成应用程序功能的。下面在 7_1 程序视图类 CMy71View 类的 OnDraw()成员函数中添加以下代码：

```
void CMy71View::OnDraw(CDC* pDC)
{   CMy71Doc* pDoc = GetDocument();
    ASSERT_VALID(pDoc);
    if (!pDoc)
        return;
    // TODO: 在此处为本机数据添加绘制代码
    CRect rectClient;                        // 创建一个 CRect 矩形类的对象
    GetClientRect(rectClient);               // 获取当前客户区的尺寸大小
    CSize sizeClient = rectClient.Size();    // 将获取的客户区的大小保存在参数 sizeClient 中
    CSize sizeTextExtent = pDC->GetTextExtent(pDoc->m_str);// 获取字符串的宽度和高度
    pDC->TextOut((sizeClient.cx - sizeTextExtent.cx) / 2,
        (sizeClient.cy - sizeTextExtent.cy) / 2, pDoc->m_str);// 输出字符串
}
```

代码中，首先通过"CRect rectClient;"创建一个矩形类的对象，用来表示矩形客户区，然后通过函数"GetClientRect(rectClient);"的操作获取客户区的尺寸，将获取的客户区的大小保存在 CSize 类的对象 sizeClient 中。为了显示字符串，还必须获取字符串的宽度和高度，这个工作由 GetTextExtent 函数完成，其结果保存在 CSize 类的对象 sizeTextExtent 中。最后通过 TextOut 函数将字符串输出，这个函数的前两个参数是输出位置的坐标。这里计算了字符串的宽高度与客户区的宽高度，通过上述的计算，使得字符串显示在客户区的中间位置。即使改变客户区的边框大小，字符串仍然能保持在客户区的中间位置，读者可以自己操作试试看。

值得注意的是，在函数"void CMy71View::OnDraw(CDC* pDC)"中，形参 pDC 的初始状态是处于"注释"状态，要手动把"注释符"去掉。

7.3 菜单及菜单项的消息响应机制

在基于文档的编程中，应用程序可以使用几种不同类型的资源，如加速键、位图、光标、对话框、菜单、工具条和字符串等。Visual C++中提供了可视化的资源编辑器，在资源编辑器中，程序员可以通过鼠标的拖曳来编辑可视化资源，十分方便。在 MFC 编程的过程中可利用自动生成工具生成资源文件，全面了解和灵活掌握资源文件的结构和应用。资源是 Windows 应用程序用户界面的重要组成部分，资源的使用极大地方便了 Windows 应用程序的界面设计。

在 Visual C++编程中，资源用途比较广泛，本节将介绍常用的菜单资源、加速键资源、工具条资源、图标资源、字符串资源和对话框资源等内容及其应用。

7.3.1 菜单资源及其应用

菜单是图形用户界面中的重要组成部分。一个设计良好的图形化界面程序，通常都要为用户提供实用的菜单。可以通过不同的菜单对程序功能进行分类，菜单可以使用户直观方便地操作程序，为用户提供各种功能。

在 Windows 应用程序中，菜单通常有三类，即系统菜单、程序主菜单和快捷菜单。

系统菜单提供系统对程序主窗口的管理功能，通常在程序中既不需要控制也不需要改动这种菜单，因此在此不做介绍。

程序主菜单通常位于应用程序的顶端，大家所熟悉的 File、Edit、View 等菜单就是属于程序主菜单，其菜单项包含了程序的大部分功能。这一类菜单几乎在所有的程序中都会涉及。

快捷菜单在 Windows 应用程序中是很常见的。通常是通过右击而触发，快捷菜单对于一个具备良好交互性的应用程序来说是非常必要的。

【例 7-2】 创建一个基于单文档结构的应用程序，在视图中显示一行字符串"Hello World!"，通过建立包含"显示"和"颜色选择"两个菜单项的"操作"菜单来控制字符串，菜单项"显示"用以控制字符串的显示与否，菜单项"颜色选择"中包含一个二级子菜单，内容为"红""绿"和"蓝"三个菜单项。

解决此问题的步骤如下：

（1）首先使用应用程序向导创建一个基于单文档的 MFC 项目，工程文件名为"7_2"。

（2）然后进行如下操作：资源视图→Menu→IDR_MAINFRAME，可以看到菜单资源编辑器如图 7-3 所示。在这里，可以通过可视化编辑来创建菜单资源。

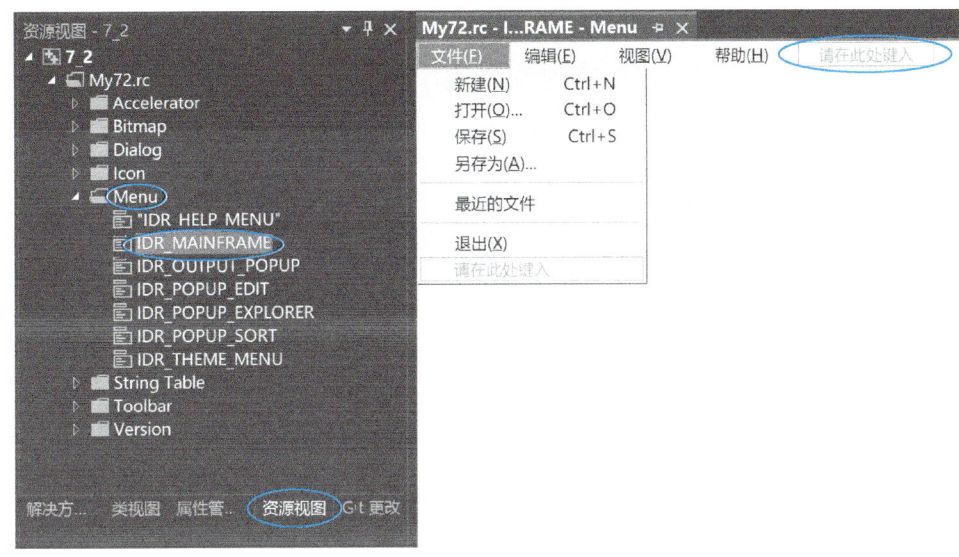

图7-3 菜单资源

在"7_2"的单文档工程文件中，选择菜单资源，在图7-3中，在"请在此处键入"位置创建一个"操作"菜单，并创建"显示"和"颜色选择"菜单，其中"颜色选择"菜单拥有"红色""绿色"和"蓝色"三个子菜单项。表7-5是菜单项的属性设置，菜单界面效果如图7-4所示。

表7-5 菜单项的属性设置

ID	Caption
ID_OPER_SHOW	显示
—	颜色选择
ID_OPER_RED	红色
ID_OPER_GREEN	绿色
ID_OPER_BLUE	蓝色

在创建菜单的过程中，单击某个菜单项，比如图7-4中的"红色"菜单项，会弹出该菜单项的属性设置对话框，"红色"菜单项旁边的"&R"是快捷键的设置，符号"&"会在随后的英文字母下面显示一条下画线，表示Alt加上相应的字母键就是该菜单项的快捷键（单纯设置还不够，还要建立关于这个设置的响应才能工作）。通过修改Caption选项，可以修改菜单项的名称。

此外，还可以在属性对话框中设置菜单项的ID，该ID表示该菜单项对应资源的ID标识，该ID用来和具体处理该菜单项的消息响应函数绑定。

253

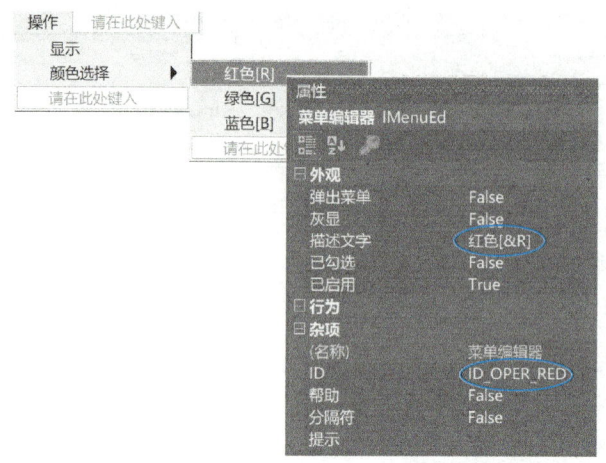

图 7-4　菜单界面设计效果

还可以为 ID 指定一个宏名称，Visual C++会自动在 resource.h 中为该宏分配一个唯一的数值与之对应。如果对 Visual C++指定的数值不满意，可以自己手工来指定，这一点在自定义消息和映像一个范围内的消息时尤其有用。

本例操作到这里，系统生成的宏如下：

```
#define ID_OPER_SHOW       32776
#define ID_OPER_RED        32777
#define ID_OPER_GREEN      32778
#define ID_OPER_BLUE       32779
```

对于具有 Pop-up 属性的菜单来说，对应的菜单操作就是弹出式子菜单，不需要用户的特殊处理，因此这里不需要也无法指定其 ID。

属性框中的几个定义项的含义如下：

- Separator：表示该菜单项是一个分隔线。
- Pop-up：表示该菜单项是弹出式菜单，还是一个子菜单项，弹出式菜单就是右侧有一个"▶"符号的菜单项。由于具有该属性的菜单只有一个功能——弹出子菜单，因此一般不需要建立消息映像。
- Enabled：表示该菜单项是否激活。具有该属性的菜单项因为是没有被激活的，因此其功能已经丧失，不调用相应的处理函数。
- Checked：表示该菜单项是否被选中，被选中的菜单项会在其左边显示一个"√"符号，通常在代码中指定。
- Grayed：表示该菜单项是否被禁止，如果被禁止则显示为灰色无效状态。通常在代码中指定。
- Prompt：表示当光标滑动到该菜单项上时，是否显示提示内容。

操作到现在为止，系统自动生成了如图 7-5 所示的一系列类。

图 7-5　系统生成的一系列类

为了完成本例题的功能，需要在 CMy72View 类中添加部分代码。增加普通的变量比较容易操作，对于数组的增加，应该手动在 7_2View.h 文件中直接添加来完成。具体如下：

```
COLORREF     m_nColors[3];          // 用户可选颜色数组
DWORD        m_nColorIndex;         // 当前所选颜色索引
CString      m_strShow;             // 显示的内容
BOOL         m_bShow;               // 是否显示
```

添加完上述内容后，在 CMy72View 中添加了如下蓝色部分的内容，读者如果对这些机制很熟悉，也可以在 7_2View.h 文件的 CMy72View 定义处的相应位置直接添加上述内容。

由于要预先定义三种不同的颜色，这些颜色的定义应该在视类的构造函数中完成，因此，在构造函数中加入如下代码：

```
CMy72View::CMy72View() noexcept
{    // TODO: 在此处添加构造代码
     m_nColors[0] = RGB(255, 0, 0);         // 定义红色
     m_nColors[1] = RGB(0, 255, 0);         // 定义绿色
     m_nColors[2] = RGB(0, 0, 255);         // 定义蓝色
     m_nColorIndex = 0;                     // 颜色数组下标初值
```

```
        m_strShow = L" Hello World!";        // 显示的字符串内容
        m_bShow = TRUE;                       // 显示状态
}
```

在上述代码中，先对数组 m_nColors 的三个元素分别赋值为红、绿和蓝，然后将颜色下标值 m_nColorIndex 赋 0，并为字符串变量 m_strShow 赋初值为 Hello World!，且显示状态值 m_bShow 为真，程序一运行就显示字符串 Hello World!。

在 void CMy72View::OnDraw(CDC* pDC)中加入如下代码绘制字符串：

```
    if(m_bShow)
      {
          pDC->SetTextColor(m_nColors[m_nColorIndex]);    // 设置输出字符串的颜色
          pDC->TextOut(100,100,m_strShow);                 // 输出字符串
      }
```

现在编译运行程序，可以看到程序输出一行红色的字符串，但颜色设置菜单项还没有起作用。下面将介绍如何通过菜单项来控制程序，在介绍菜单项的响应时，必须先了解几个消息响应机制，它们分别是"COMMAND 消息的响应""UPDATE_COMMAND_UI 消息的响应"和"ON_COMMAND_RANGE 对 COMMAND 消息的响应""ON_UPDATE_COMMAND_UI_RANGE 对 UPDATE_COMMAND_UI 消息的响应"。

7.3.2　菜单项的消息响应构架

继续上面的【例 7-2】，通过介绍菜单项的消息响应构架来逐步完善例子。

1. COMMAND 消息的响应

COMMAND 消息是在用户单击菜单项的时候产生的，因此为了响应用户单击菜单的消息，需要添加对该消息进行处理的函数。

首先添加"显示"菜单项对鼠标单击的消息响应。具体步骤是在"类视图"中找到类 CMy72View，然后右击，在弹出的菜单中选择"类向导"，在弹出的"类向导"对话框中的"命令"选项卡中找到"显示"菜单项的 ID（本例为 ID_OPER_SHOW），"消息"类型选择要响应的 COMMAND 消息，此时单击"添加处理程序"按钮，系统弹出一个建议的事件处理函数名称 OnOperShow()，通常不需要改动（当然用户可以自己修改为别的标识）。然后单击"确定"按钮，如图 7-6 所示，即可完成消息响应函数的添加，接着就可以进入消息处理函数的编写了。

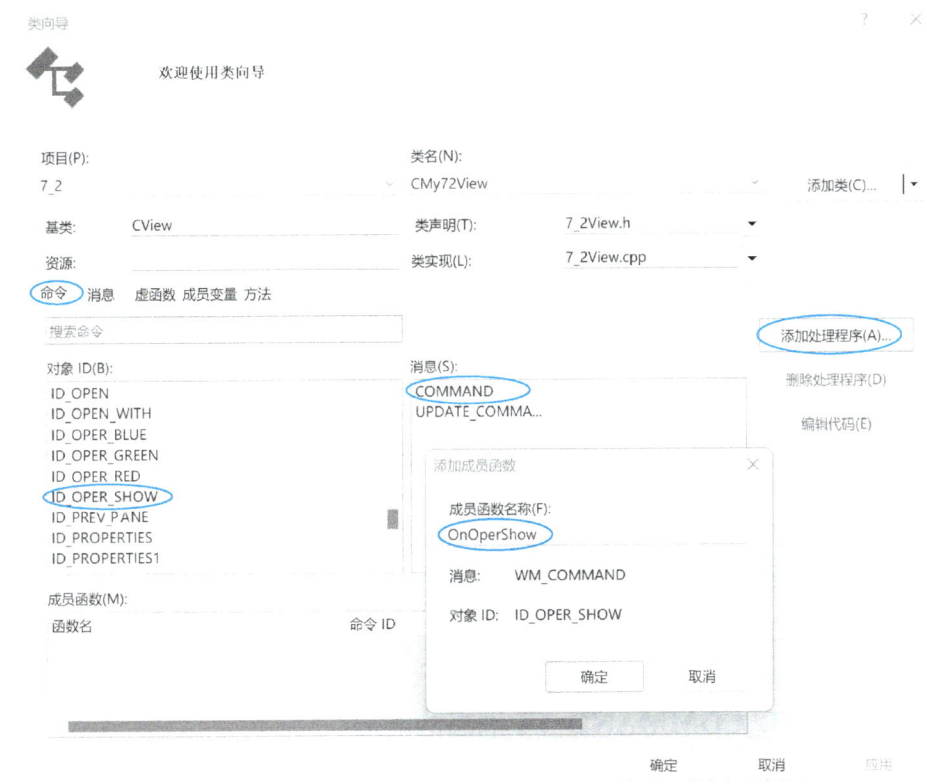

图 7-6　COMMAND 消息函数的创建

这里介绍一下通过上述操作，Visual C++为程序自动添加的代码。介绍这部分代码的目的是帮助读者了解添加事件处理程序幕后的工作以及消息响应的机制，以便掌握手动添加消息响应的方法。

添加了对 COMMAND 消息的响应之后，在代码 7_2View.h 中，将在上述添加的四个变量的后面增加如下的代码：

afx_msg void OnOperShow();

这个 OnOperShow()函数就是对 ID_OPER_SHOW 菜单项的 COMMAND 消息的响应函数。由此可见消息响应函数也不过就是成员函数而已，既然 OnOperShow()是一个成员函数，因此完全可以把它当成普通的成员函数来直接调用。

在 7_2View.cpp 文件中，读者会看到 ID_OPER_SHOW 对应的 COMMAND 消息的绑定，参见下述代码中蓝色部分的内容。

BEGIN_MESSAGE_MAP(CMy72View, CView)
　ON_WM_CONTEXTMENU()

```
ON_WM_RBUTTONUP()
ON_COMMAND(ID_OPER_SHOW, &CMy72View::OnOperShow)
END_MESSAGE_MAP()
```

这里说明"显示"菜单项的 ID(ID_OPER_SHOW)已经与 CMy72View::OnOperShow 函数绑定。在 7_2View.cpp 文件的最后加入如下蓝色的代码：

```
void CMy72View::OnOperShow()
{       // TODO: 在此添加命令处理程序代码
    m_bShow = !m_bShow;  // 这里的取反操作，是使字符串的内容在显示与不显示之间切换
    Invalidate();            // 窗口刷新
}
```

重新编译并运行程序，可以看到，"显示"菜单项已经可以控制程序是否显示字符串了。

通过以上内容，已经清楚地知道了 MFC 在添加消息响应的时候为我们做了什么，其实如果大家熟悉了编程方法，完全可以在上述几个地方手工加入代码。当然，如果发现添加事件处理程序写错了，也要通过上述地方进行删除。这样就可以达到灵活掌握的目的。

2. UPDATE_COMMAND_UI 消息的响应

UPDATE_COMMAND_UI 消息是在窗口将要绘制菜单项的时候产生的，这里通常根据程序当前的状态来决定对应菜单项的状态。

在上面的例子中，仅仅只是使用"显示"菜单项来控制是否显示似乎还不够，如果"显示"菜单项能够配合主程序体现出当前是否显示的状态可能会更好一些。就像一个文本编辑软件，菜单上是"10 号字""12 号字"的功能，如果不在菜单上标识出来，那么使用者可能就搞不清当前的字是多大的。

参照图 7-6 为 ID_OPER_SHOW 添加 UPDATE_COMMAND_UI 消息。在自动生成的 void CMy72View::OnUpdateOperShow(CCmdUI *pCmdUI)函数中加入如下蓝色的代码：

```
void CMy72View::OnUpdateOperShow(CCmdUI* pCmdUI)
{       // TODO: 在此添加命令更新用户界面处理程序代码
    pCmdUI->SetCheck(m_bShow);
}
```

编译运行，可以看到随着 m_bShow 的值的改变，显示菜单项的状态与实际是否显示字符串的状态一致了，通过菜单项前面的"√"标记来体现。这里用到了 CCmdUI 类，表 7-6 对该类常用的方法进行介绍。

表 7-6　CCmdUI 类常用的方法

方法	功能	参数
void Enable(BOOL bOn = TRUE)	禁止或者允许使用该菜单项	TRUE 允许使用该菜单项；FALSE 禁止使用该菜单项
void SetCheck(int nCheck = 1)	设置菜单项或者工具条按钮的 check 状态，显示标志为"√"	0 表示无 check 状态；1 表示 check 状态；2 表示不确定状态，该取值只对工具条按钮有效
void SetRadio(BOOL bOn = TRUE)	与 SetCheck 功能类似，显示标志为"·"	TRUE 表示 check 状态；FALSE 表示无 check 状态
void SetText(LPCTSTR lpszText)	设置菜单项的 Caption 属性	通常配合 SetCheck()与 SetRadio() 使用

读者不妨将上述程序的 SetCheck 换为其他方法来体会一下每个方法的功能。

3. ON_COMMAND_RANGE 对 COMMAND 消息的响应

前面介绍了 COMMAND 消息与 ON_COMMAND 宏的关系，下面再介绍一个宏，叫做 ON_COMMAND_RANGE，它是为了响应连续 Object ID 的若干个 COMMAND 消息而提供的。

在本例中，要求对红、绿和蓝三种颜色做消息响应，在设计过程中，这三个颜色的 ID 是连续的。根据前面所介绍的映像消息处理函数的方法，很容易对 ID_OPER_RED、ID_OPER_GREEN、ID_OPER_BLUE 操作分别响应其操作函数，但如果有 100 种颜色可以选择，那是否也逐个定义其响应函数呢？显然那样做太麻烦了，而且工作量很大，我们可以使用 ON_COMMAND_RANGE。ON_COMMAND_ RANGE 为处理具有连续 Object ID 的菜单项提供了一个方便的途径。既然是处理连续的菜单项，对于现在这个例题，首先请确认上述三个 ID 是否连续，如果 Resource.h 中三个 ID 由于某种原因不连续，请手工修改为连续的，且 ID_OPER_GREEN=ID_OPER_RED+1, ID_OPER_BLUE=ID_OPER_RED+2，否则程序运行结果可能会稍有不同。

既然是要处理连续 ID，那么很容易想到这个宏和相应的消息函数，可能会涉及 ID 范围的下界、ID 范围的上界以及当前的 ID。由于"事件处理程序向导"不支持该消息的自动映像，因此只能通过手工来添加对这个消息的处理。添加过程仿照对 COMMAND 的分析过程。

在解决这个问题之前，先来讨论一下针对连续 ID（定义了一个连续的 ID 范围）的一系列对象，如何进行消息响应。

通常的 MFC 程序都是使用"应用程序向导"来添加消息映像的，但有些时候，"应用程序向导"不支持某些类的消息映像，需要自己添加一些自定义的消息，这时都需要我们能够手工添加消息映像代码。

消息映像本质上就是一个数组，MFC 使用该数组来确定消息传递时具体要传递给哪一个函数。数组中存储了几部分重要的关键信息：

- 所处理的消息；
- 消息应用的控件 ID，或者 ID 范围；
- 消息所传递的参数；
- 消息所期望的返回值。

当 MFC 收到消息后，便自动确定目标窗口和相应的 MFC 类的实例。然后它便搜索窗口的消息映像以寻找匹配的项。若窗口中没有处理该消息的处理程序，MFC 便会进一步搜索窗口的父类。如果父类也没有找到处理该消息的函数，MFC 便会将消息传递给该窗口的原窗口过程。

在消息映像的时候，仅仅靠"添加消息处理函数"生成的宏是不够的，有时需要向已有的消息映像添加特定的宏。以下是由"应用程序向导"产生的默认 SDI 视图的消息映像，这里实际上仅产生消息跟打印有关的映像（假定应用程序的工程文件名称为 7_2）：

```
BEGIN_MESSAGE_MAP(CMy72View, CView)
    // 标准打印命令
    ON_COMMAND(ID_FILE_PRINT, &CView::OnFilePrint)
    ON_COMMAND(ID_FILE_PRINT_DIRECT, &CView::OnFilePrint)
    ON_COMMAND(ID_FILE_PRINT_PREVIEW, &CMy73View::OnFilePrintPreview)
    ON_WM_CONTEXTMENU()
    ON_WM_RBUTTONUP()
END_MESSAGE_MAP()
```

如果在应用程序的创建过程中，不选择"打印和打印预览"选项，如图 7-7 所示，那么在消息映像代码模块中就不会出现如下内容，它们分别执行文件的打印或打印预览的操作：

```
ON_COMMAND(ID_FILE_PRINT, &CView::OnFilePrint)
ON_COMMAND(ID_FILE_PRINT_DIRECT, &CView::OnFilePrint)
ON_COMMAND(ID_FILE_PRINT_PREVIEW, &CMy73View::OnFilePrintPreview)
```

这样就单纯剩下如下的简单内容：

```
BEGIN_MESSAGE_MAP(CMy72View, CView)
    ON_WM_CONTEXTMENU()
    ON_WM_RBUTTONUP()
END_MESSAGE_MAP()
```

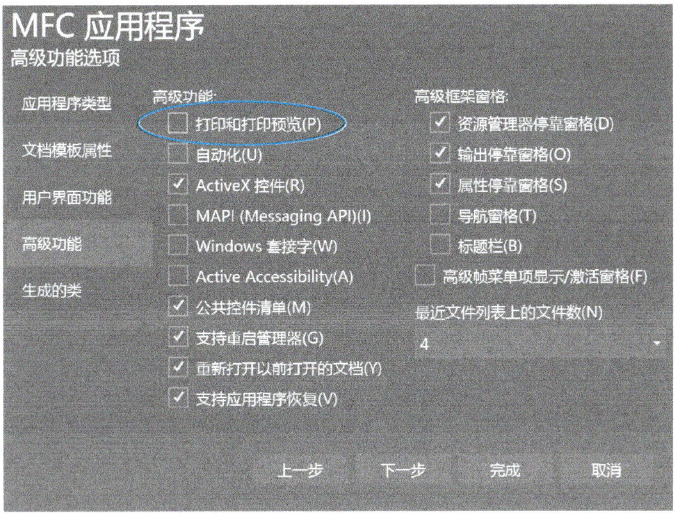

图 7-7　不选择"打印和打印预览"选项

另外，上例中添加了一个"显示"菜单项，其 ID 为 ID_OPER_SHOW，如果映像 COMMAND 消息和 UPDATE_COMMAND_UI 消息，则在映像模块中增加如下蓝色的代码：

```
BEGIN_MESSAGE_MAP(CMy72View, CView)
ON_WM_CONTEXTMENU()
ON_WM_RBUTTONUP()
ON_COMMAND(ID_OPER_SHOW, &CMy72View::OnOperShow)
ON_UPDATE_COMMAND_UI(ID_OPER_SHOW, &CMy72View::OnUpdateOperShow)
END_MESSAGE_MAP()
```

这时候，在消息映像模块中，将 ID_OPER_SHOW 绑定了操作处理函数 OnOperShow()和OnUpdateOperShow()。

从上述代码段可知，消息映像位于 BEGIN_MESSAGE_MAP 宏与 END_MESSAGE_MAP 宏之间。这里有一些宏是基于特定消息的特定宏，例如以上的 ON_WM_RBUTTONUP()宏，还有一些是通用的宏，例如 ON_COMMAND。表 7-7 介绍部分常用的通用宏，这些宏在手工添加消息映像的时候，经常会用到。

表 7-7　部分常用的通用宏及其作用

宏/参数	作用
ON_COMMAND 　　ID 　　Func	处理 WM_COMMAND 消息 控件 ID void func(void) 消息响应函数

261

续表

宏/参数	作用
ON_COMMAND_RANGE 　IDFirst 　IDLast 　func	处理一个 ID 范围内的 WM_COMMAND 消息 范围内第一个控件 ID 范围内最后一个控件 ID void func(WORD ID) 消息响应函数
ON_UPDATE_COMMAND_UI 　ID 　func	处理 MFC 请求，用于更新界面状态 控件 ID void func(CCmdUI* pCmdUI) 消息响应函数
ON_UPDATE_COMMAND_UI_RANGE 　IDFirst 　IDLast 　func	同上，处理一个 ID 范围 范围内第一个控件 ID 范围内最后一个控件 ID void func(CCmdUI* pCmdUI) 消息响应函数
ON_NOTIFY 　Code 　ID 　func	处理来自新风格控件的 WM_NOTIFY 消息 NOTIFY 消息代码 控件 ID void func(NMHDR *pNotifyStruct,LRESULT *result) 消息响应函数
ON_NOTIFY_RANGE 　Code 　IDFirst 　IDLast 　func	同上，处理一个 ID 范围 NOTIFY 消息代码 范围内第一个控件 ID 范围内最后一个控件 ID void func(UINT id, NMHDR *pNotifyStruct, LRESULT *result)
ON_CONTROL 　Code 　ID 　func	处理 WM_COMMAND 中的 EN_ 和 BN_ 消息 NOTIFY 消息代码 控件 ID void func(void) 消息响应函数
ON_CONTROL_RANGE 　Code 　IDFirst 　IDLast 　func	同上，处理一个 ID 范围 NOTIFY 消息代码 范围内第一个控件 ID 范围内最后一个控件 ID void func(UINT ID) 消息响应函数
ON_MESSAGE 　Msg 　func	处理任意消息，包括用户自定义消息 消息 ID LRESULT func(WPARAM wParam, LPARAM, lParam) 消息响应函数
ON_REGISTERD_MESSAGE 　Msg 　func	处理使用 RegisterWindowMessage 注册的消息 消息 ID LRESULT func(WPARAM wParam, LPARAM lParam) 消息响应函数

　　以上宏的格式都为 ON_XXXX(param1, param2… func)，其中 func 必须为添加消息映像的类的成员方法（包括父类的方法）。

　　手工消息映像的核心部分就是在 BEGEN_MESSAGE_MAP 与 END_MESSAGE_

MAP 之间添加消息映像宏。剩下的就是在类声明部分声明该成员方法，在类实现部分实现该成员方法。

有了上述的基本思路，下面继续完成本例的代码编写。针对连续 ID 的对象的消息响应，可以参照表 7-7 中的"ON_COMMAND_RANGE"的消息响应方法进行处理。在类 CMy72View 的声明文件 7_2View.h 的相应位置加入如下蓝色表示的代码，声明消息的处理函数为 OnOperColorChange()，nID 表示调用该函数所处理的菜单项的 ID。

```
afx_msg void OnOperShow();
afx_msg void OnUpdateOperShow(CCmdUI* pCmdUI);
afx_msg void OnOperColorChange(UINT nID);
```

在 7_2View.cpp 的开头部分加入如下蓝色的代码，完成消息映像，宏的第一个参数表示 ID 范围的最小值，这里取值是 ID_OPER_RED，第二个参数表示 ID 范围的最大值，这里取值是 ID_OPER_BLUE，最后一个参数是消息处理函数，这里取名为 OnOperColorChange。

```
BEGIN_MESSAGE_MAP(CMy72View, CView)
  ON_WM_CONTEXTMENU()
  ON_WM_RBUTTONUP()
  ON_COMMAND(ID_OPER_SHOW, &CMy72View::OnOperShow)
  ON_UPDATE_COMMAND_UI(ID_OPER_SHOW, &CMy72View::OnUpdateOperShow)
  ON_COMMAND_RANGE(ID_OPER_RED, ID_OPER_BLUE, &CMy72View:: OnOperColorChange)
END_MESSAGE_MAP()
```

在 7_2View.cpp 的最后加入如下蓝色的代码来实现该函数：

```
void CMy72View::OnOperColorChange(UINT nID)
{
  m_nColorIndex = nID-ID_OPER_RED;
  Invalidate();
}
```

编译运行，现在已经可以通过菜单项来改变输出字符串的颜色了。从这里可以体会到，没有必要为三个颜色的菜单项分别编写各自的消息响应函数，这样可以大大提高效率。

4．ON_UPDATE_COMMAND_UI_RANGE

三个颜色菜单项的消息响应处理好了，如果能够为表示每个颜色的菜单项加上

check 功能，看起来会更人性化一些，比如在菜单项的前面加一个"点"进行提示。同样，也可以考虑基于"范围"的消息响应。我们可以考虑表 7-7 中的"ON_UPDATE_COMMAND_UI_RANGE"构架来处理。

ON_UPDATE_COMMAND_UI_RANGE 与 ON_UPDATE_COMMAND_UI 的关系和 ON_COMMAND_RANGE 与 ON_COMMAND 的关系类似，实现若干菜单项的状态更新。

下面仿照加入 ON_COMMAND_RANGE 过程加入 ON_UPDATE_COMMAND_UI_RANGE 宏。在 7_2View.h 中继续加入如下蓝色表示的代码：

```
afx_msg void OnUpdateOperColorChange(CCmdUI * pCmdUI);
```

在 7_2View.cpp 的消息映像定义处加入如下代码：

```
ON_UPDATE_COMMAND_UI_RANGE(ID_OPER_RED,ID_OPER_BLUE,    &CMy72View::
OnUpdateOperColorChange)
```

然后编写 OnUpdateOperColorChange 函数如下：

```
void CMy72View::OnUpdateOperColorChange(CCmdUI * pCmdUI)
{
    pCmdUI->SetRadio(m_nColorIndex==(pCmdUI->m_nID - ID_OPER_RED));
}
```

上述代码中通过 SetRadio()函数的参数来确定颜色菜单项是否被标注。CCmdUI 类的成员 m_nID 就是在调用 OnUpdateOperColorChange()函数时被选中的菜单项的 ID，因此 OnUpdateOperColorChange()函数没有 nID 这个参数。运行结果如图 7-8 所示，这时候选择了蓝色，在蓝色菜单项的前面标注了一个"点"，显示当前的选项。

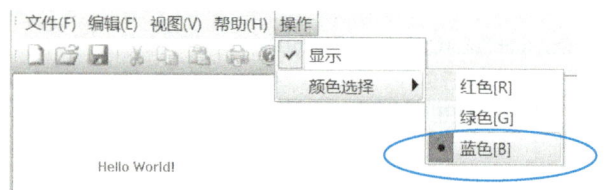

图 7-8　当前菜单项提示

7.4　快捷菜单的创建及其应用

使用快捷菜单资源与使用主程序菜单资源十分类似，所不同之处在于，主程序菜单在程序框架初始化的时候被自动创建加载，而快捷菜单需要手工来创建加载。

7.4.1　快捷菜单的创建

为介绍快捷菜单的应用，我们将通过实例来阐述。继续【例 7-2】，在【例 7-2】的基础上增加一个快捷菜单，实现"操作"菜单的功能，菜单项内容与前面介绍的"操作"下拉菜单内容一致，操作效果也要求一致。具体方法如下：

创建菜单资源，在资源视图菜单中右击 Menu，选择"添加资源(Insert Menu)"，如图 7-9 所示。新创建的快捷菜单资源默认名字为 IDR_MENU1，这里改为 IDR_MENU_POP。然后建立快捷菜单中的菜单项，快捷菜单中的菜单项与主菜单中"操作"菜单的菜单项要一致，而且其 ID 设置的值也是一样的，这样能保证快捷菜单的操作与主菜单相应菜单项的操作完全一致。

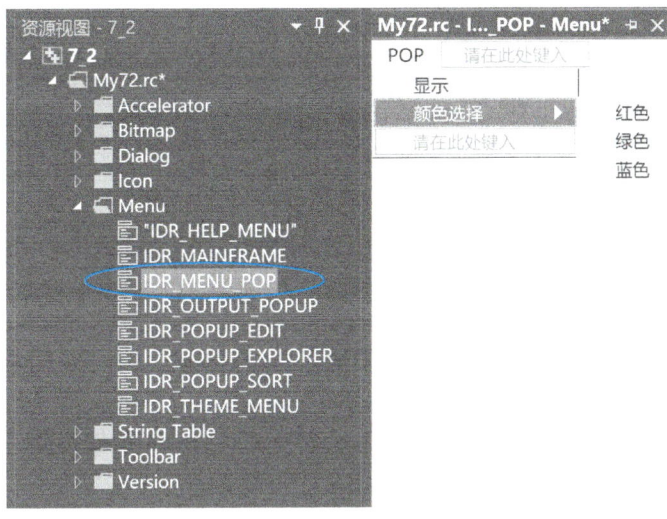

图 7-9　创建快捷菜单资源

7.4.2　快捷菜单中 CMenu 类的应用

在完成快捷菜单的响应过程中，需要用到 CMenu 类，CMenu 类是一个特殊的类，它继承自 CObject 类，而不像大部分 Windows 可视组件继承自 CWnd 类，因此在一些需要 CWnd 类的场合，无法使用 CMenu 来完成工作。CMenu 在 MFC 类库中的层次位置如图 7-10 所示。

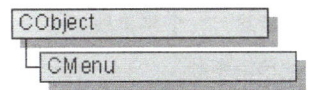

图 7-10　CMenu 类在 MFC 类库中的层次位置

CMenu 类提供了许多处理菜单和菜单项的方法，这些方法分别是构造方法、菜单操作方法、菜单项操作方法和虚拟方法。

构造方法是用来建立 Windows 菜单并在运行时将它们附加到 CMenu 对象上，表 7-8 列出了部分 CMenu 的构造方法供读者参考。

表 7-8　部分 CMenu 的构造方法

方法	说明
Attach()	把一个标准的 Windows 菜单句柄连接到 CMenu 对象上
CreateMenu()	创建一个空菜单并把它连接到 CMenu 对象上
CreatePopupMenu()	创建一个弹出式菜单并把它连接到 CMenu 对象上
DeleteTempMap()	删除由 FromHandle() 构造函数创建的任何临时 CMenu 对象
DestroyMenu()	去掉连接到 CMenu 对象上的菜单并释放该菜单占有的任何内存
Deatch()	从 CMenu 对象上拆开 Windows 菜单句柄并返回该句柄
FromHandle()	当给定 Windows 菜单句柄时，返回 CMenu 对象指针
GetSafeHmenu()	返回由 CMenu 对象封装的菜单句柄成员
LoadMenu()	从可执行文件装入菜单资源并把它连接到 CMenu 对象上
LoadMenuIndirect()	从内存中的菜单模板中装入菜单并把它连接到 CMenu 对象上

菜单操作方法中的 DeleteMenu() 和 TrackPopupMenu() 方法，是用来处理菜单的顶层操作的。DeleteMenu() 删除某个特定菜单中的菜单项，如果被删除的菜单项有相关的弹出式级联子菜单，此弹出式级联子菜单的句柄也要被删除并释放内存，TrackPopupMenu() 在一个 POINT 结构所指定的位置显示一个快捷菜单。

菜单项的操作方法是用来处理实际菜单项的，这些方法是对菜单操作方法的补充。菜单项操作特定的 CMenu 类方法，如表 7-9 所示。

表 7-9　菜单项操作特定的 CMenu 类方法

方法	说明
AppendMenu()	把一个新项加到给定的菜单的末端
CheckMenuItem()	将指定菜单项的检查标记属性的状态设置为选中或清除
CheckMenuRadioItem()	检查指定的菜单项并使其成为单选项。同时，函数会清除关联组中的所有其他菜单项，并清除这些项目的单选项类型标志
EnableMenuItem()	激活（禁止）一个菜单项
GetMenuItemCount()	获取菜单项个数
GetMenuItemID()	为设置在指定位置的菜单项获得菜单项标识符

续表

方法	说明
GetMenuState()	获得指定菜单项的状态
GetMenuString()	获得指定菜单项的标记
GetSubMenu()	获得指向弹出式菜单的指针
InsertMenu()	在指定位置插入新的菜单项
ModifyMenu()	在指定位置修改已存在的菜单项
RemoveMenu()	从指定菜单中删除与弹出式菜单结合的菜单项

在介绍了 CMenu 类的方法之后，就可以应用其中的相关方法来解决本例题。在 7_2View.h 中添加如下变量，声明快捷菜单中对应的变量。

```
CMenu          m_PopMenu;          // Pop-up 快捷菜单
CMenu*         m_pPop;             // Pop-up 快捷子菜单
```

添加这个变量的目的是，需要处理快捷菜单，快捷菜单中还有级联子菜单，这样就需要两个菜单类的对象，级联子菜单用的是菜单类的指针对象。

通过"类向导"为 CMy72View 类添加右单击的消息处理函数 OnRButtonDown()，在"消息"选项卡中选择 WM_RBUTTONDOWN 然后继续操作即可，如图 7-11 所示。

图 7-11 映像 WM_RBUTTONDOWN 的消息处理函数

系统在 7_2View.cpp 中产生了如下函数的框架：

```
void CMy72View::OnRButtonDown(UINT nFlags, CPoint point)
{        // TODO: 在此添加消息处理程序代码和/或调用默认值
         CView::OnRButtonDown(nFlags, point);
}
```

在类 CMy72View 的构造函数中，将菜单资源加载并绑定到 CMenu 的对象 m_PopMenu 上。如果不绑定，就无法操作。简单地说，就是没有得到可操作的菜单资源。

```
CMy72View::CMy72View()
{
         // TODO: 在此处添加构造代码
         ......
         m_PopMenu.LoadMenu(IDR_MENU_POP);        // 创建并加载菜单资源
}
```

在 CMy72View 的析构函数中，释放 m_PopMenu 占用的菜单资源，

```
CMy72View::~CMy72View()
{
    m_PopMenu.DestroyMenu();                                // 释放菜单资源
}
```

下面编写前面添加的 OnRButtonDown()的代码，具体如下：

```
void CMy72View::OnRButtonDown(UINT nFlags, CPoint point)
{ // TODO: 在此添加消息处理程序代码和/或调用默认值
    m_pPop = m_PopMenu.GetSubMenu(0);                                // 获得第一个子菜单
    UINT nCheck = m_bShow?MF_CHECKED:MF_UNCHECKED;        // 更新"显示"的 check 状态
    m_pPop->CheckMenuItem(ID_OPER_SHOW,MF_BYCOMMAND|nCheck);
    m_pPop->CheckMenuRadioItem(ID_OPER_RED,ID_OPER_BLUE,ID_OPER_RED+m_nColorIndex,
MF_BYCOMMAND);                                                // 在颜色菜单项上加上选中标识
    ClientToScreen(&point);                                // 将坐标由客户坐标转换为屏幕坐标
    m_pPop->TrackPopupMenu(TPM_LEFTALIGN,point.x,point.y,this);        // 显示 Pop-up 菜单
CView::OnRButtonDown(nFlags, point);
}
```

这里使用了两个 CMenu 类型的成员变量，其中 m_PopMenu 是用来创建加载整个快捷菜单 IDR_MENU_POP 的，如果在菜单条中还有其他多个子菜单，则一并加载。但显示的时候只能显示其中的某一个子菜单，因此需要调用 GetSubMenu 来获得

需要显示的子菜单。

关于快捷菜单的消息响应，COMMAND 消息的处理方式与主程序菜单相同，只需要将对应的 ID 与对应的消息处理函数映像上就可以了。主菜单中的"显示"菜单项的 ID 虽然与快捷菜单中的"显示"菜单项不同，但是通过 ON_COMMAND 宏映像到同一个消息处理函数 OnOperShow()上了，因此功能相同。而快捷菜单中的"红色""绿色"和"蓝色"三个菜单项的 ID 与主菜单中对应的项相同，因此不需要添加消息响应就可以完成功能要求。

快捷菜单对于 UPDATE_COMMAND_UI 的响应则与主程序菜单不同。在快捷菜单显示之前，并不会调用 UPDATE_COMMAND_UI 消息的处理函数，因此需要程序员在显示菜单之前自行处理，例如本例中对于 CheckMenuItem 和 CheckMenuRadioItem 方法的调用。对应于 CCmdUI 的 Enable()、SetCheck()、SetRadio()方法，CMenu 提供了 EnableMenuItem()、CheckMenuItem()、CheckMenuRadioItem()方法，通常第一个参数是菜单项的 ID 或者位置，第二个参数指明第一个参数是表示 ID 还是位置，并设置相应的状态表示，后面的参数取默认值即可。其他的解释请参考代码注释内容。

如果运行这个程序，可能有的读者会发现，界面上不仅出现了我们创建的快捷菜单，还出现了一个多余的快捷菜单，如图 7-12 所示的圈起来的部分，也就是同时出现了两个快捷菜单。

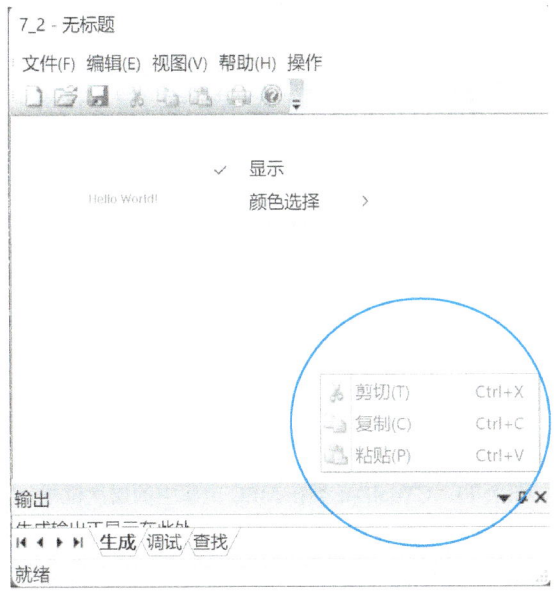

图 7-12　出现了两个快捷菜单

如何处理呢，这个问题实际上是系统定义了一个默认的快捷菜单，如果不需要的话，可以去掉这个多余的快捷菜单，方法很简单，找到 OnContextMenu()函数，将如下蓝色的一行代码注释掉就行了。

```
void CMy72View::OnContextMenu(CWnd* /* pWnd */, CPoint point)
{
#ifndef SHARED_HANDLERS
// theApp.GetContextMenuManager()->ShowPopupMenu(IDR_POPUP_EDIT, point.x, point.y, this, TRUE);
#endif
}
```

7.5　工具条资源的创建及其使用

在 Windows 应用程序中，工具条可以看作是图形化的菜单，是一种更快捷、更有效、更直观的人机交互方式。在程序运行过程中有着非常广泛的应用。在大部分 Windows 应用程序中，都会为最常用的菜单功能提供相应的工具条操作。对于一个基于单文档或多文档的应用程序，Visual C++的应用程序向导会在窗口中直接产生一个工具条。通常工具条上的一个按钮就对应某一个菜单项，只要将工具条按钮与菜单项的 ID 设为一致，不必再为工具条按钮设置消息响应就可以使它们功能一致。一个大型程序通常有多个工具条为不同的用户任务提供服务。

7.5.1　工具条类的层次位置及其常用方法

CToolBar（工具条）类是从 CControlBar 类下派生的，MFC 的控制条类 CControlBar 是可用来接收命令输入并向用户显示状态消息的类，它们在 MFC 类库中的层次位置如图 7-13 所示。

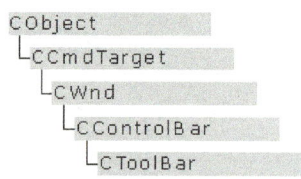

图 7-13　CToolBar 类在 MFC 类库中的层次位置

所有的控制条和工具条都是由 CWnd 类派生的，它们都连接到一个 Windows 应用程序窗口。因此，CWnd 的所有功能如创建、移动、显示和隐藏窗口等在用控制条工作时都是可用的。

CToolBar 类提供了许多工具条的处理方法，这些方法分别是构造方法、工具条按钮的操作方法和虚拟方法。

构造方法用来建立 Windows 工具条 CToolBar 对象并在运行时将它们附加到框架窗口上，见表 7-10。

表 7-10　CToolBar 的构造方法

方法	说明
Create()	创建一个工具条并把它附加到 CToolBar 对象上
CreateEx()	创建一个定义了边界的工具条并把它附加到 CToolBar 对象上
SetSizes()	设置按钮及位图大小
SetHeight()	设置工具条的高度
LoadToolBar()	装载工具条资源
LoadBitmap()	装载包含工具按钮图像的位图
SetBitmap()	设置位图图像
SetButtons()	设置按钮并使每个按钮与位图图像相关

工具条按钮的操作方法是用来处理某一工具条按钮的，这些方法的具体说明如表 7-11 所示。

表 7-11　工具条按钮的操作方法

方法	说明
CommandToIndex()	返回给定命令的工具条按钮索引
GetItemID()	返回指定索引的按钮或分隔符的 ID
GetItemRect()	返回指定索引的按钮的显示区域
GetButtonStyle()	获得按钮风格
SetButtonStyle()	设置按钮风格
GetButtonInfo()	获得按钮 ID、风格、图像号
SetButtonInfo()	设置按钮 ID、风格、图像号
GetButtonText()	获得显示在按钮上的文本
SetButtonText()	设置显示在按钮上的文本

在 MFC 中使用 CToolBarCtrl 类来控制工具条，表 7-12 是 CToolBarCtrl 类的主要成员函数。

表 7-12　CToolBarCtrl 类的主要成员函数

成员函数	描述
CToolBarCtrl()	构造 CToolBarCtrl 对象
Create()	创建一个工具条，这里与具体的工具条资源绑定
GetState()	获得指定按钮的信息，例如是否按下、是否被禁止等
HitTest()	测试一点是否位于某一按钮内
AddButtons()	添加按钮
InsertButton()	插入按钮
AddStrings()	加入按钮文字

CToolBarCtrl 类对工具条的操作更丰富。当 CToolBar 类不能满足你的需要的时候，就需要考虑 CToolBarCtrl 类了。

对于小型的应用程序，使用应用程序自动生成的工具条可能更好一些，但是对于大型的程序，用户很可能需要自己设计工具条并将它加入应用程序中。

7.5.2　工具条应用操作实例

下面通过一个具体的实例来介绍工具条的应用。仍然在前面【例 7-2】的上，添加工具条操作的功能。工具条中包含四个按钮，分别对应菜单的"显示""红色""绿色"和"蓝色"菜单项。该工具条可以在窗口中的任意位置停靠，而且当鼠标停留在工具条按钮上时，将显示该按钮的功能。

添加自己的工具条一般需要以下几个步骤：

1. 增加工具条资源

在"资源视图"中选择 Toolbar，从快捷菜单中选择"插入资源"，然后在弹出的对话框中选择 ToolBar。这时在资源编辑器中可以看到一个新的工具条资源。用户可以根据需要设计自己的工具条，Visual C++会自动在资源文件(.rc)和头文件中加入工具条的定义代码。

2. 将工具条添加到窗口中

添加了工具条资源后，需要在应用程序框架窗口（CMainFrame）加入工具条的对象。首先需要在应用程序的 CMainFrame 类中加入工具条对象 m_wndToolBarNew。

```
public:
    CMFCToolBar m_wndToolBarNew;
```

请注意，由于这个例子是在主框架中增加工具条，并不是在视图中添加工具条，因此需要在主框架类中增加工具条的对象 m_wndToolBarNew，它就像是一个容器，新增的工具按钮就安放在这个工具条中。

然后在框架窗口类的 OnCreate()函数中调用工具条类的 Create()或 CreateEx()成员函数创建该工具条，并调用 LoadToolBar()成员函数将工具条对象和前面创建的工具条资源连接在一起。添加代码的时候要注意添加的位置，代码如下面的蓝色部分所示（注意要在文件 MainFrm.cpp 的"// 允许用户定义的工具栏操作:"提示后面添加），代码如下：

```
// 允许用户定义的工具栏操作:
InitUserToolbars(nullptr, uiFirstUserToolBarId, uiLastUserToolBarId);
if (!m_wndStatusBar.Create(this))
{
    TRACE0("未能创建状态栏\n");
    return -1;         // 未能创建
}
m_wndStatusBar.SetIndicators(indicators, sizeof(indicators)/sizeof(UINT));
if (!m_wndToolBarNew.CreateEx(this, TBSTYLE_FLAT,
    WS_CHILD | WS_VISIBLE | CBRS_TOP |
    CBRS_GRIPPER | CBRS_TOOLTIPS |
    CBRS_FLYBY | CBRS_SIZE_DYNAMIC) ||
    !m_wndToolBarNew.LoadToolBar(IDR_TOOLBAR_NEW))
{
    TRACE0("Failed to create toolbar\n");
    return -1;                    // fail to create
}
```

CreateEx 函数的参数比较多，第一个参数是父窗口的指针，第二个参数是扩展风格，TBSTYLE_FLAT 表示扁平风格。第三个参数是工具条的一般风格，这里可以指定基本的窗口风格和基本的工具条风格，WS_CHILD 表示该工具条是子窗口，WS_VISIBLE 表示该工具条是可见的，通常这两个风格是必须设置的；其余参数一般使用默认值即可。

调用 CreateEx()函数时可以设定工具条的风格，如表 7-13 所示。

表 7-13 工具条停靠风格

标志	简单描述
CBRS_TOP	将工具条放在窗口顶部
CBRS_BOTTOM	将工具条放到窗口底部
CBRS_ALIGN_ANY	将工具条放在窗口的任意位置

续表

标志	简单描述
CBRS_NOALIGN	防止工具条在其父窗口改变大小时被复位
CBRS_FLOAT_FLOAT	工具条在主窗口中可以浮动
CBRS_TOOLTIPS	鼠标光标在按钮上暂停时，显示工具提示
CBRS_FLYBY	鼠标光标在按钮上暂停时，显示命令描述
CBRS_SIZE_DYNAMIC	工具条的大小可变
CBRS_SIZE_FIXED	工具条的大小不可变
CBRS_ALIGN_LEFT	工具条可在客户区左端停靠
CBRS_ALIGN_RIGHT	工具条可在客户区右端停靠
CBRS_HIDE_INPLACE	隐藏工具条

为了使新增的工具条可以在窗口中自由停靠，在 OnCreate 函数中，还要增加如下代码：

```
m_wndToolBarNew.EnableDocking(CBRS_ALIGN_ANY);   // 工具条可以在父窗口内任何一边停靠
EnableDocking(CBRS_ALIGN_ANY);                   // 父窗口允许子工具条窗口在任何一边停靠
DockPane(&m_wndToolBarNew);                       // 父窗口内按照前面指定的风格停靠该工具条
```

3. 对工具条进行操作

在上述代码中，由于使用了 CBRS_TOOLTIPS 工具条风格，那么当鼠标光标在工具栏按钮上暂停时，会显示预先设置好的工具命令描述提示。如图 7-14 所示，在"提示（Prompt）"栏中为"显示"（这里看到的是字符 S）按钮预设了"显示字符串"的内容提示。另外三个颜色"红""绿"和"蓝"按钮的提示分别为"\n 红色""\n 绿色"和"\n 蓝色"。

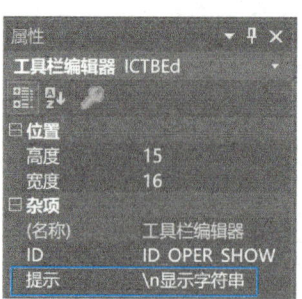

图 7-14　在工具条编辑器中预设工具按钮的功能提示

运行程序，并把鼠标停在按钮上，就会看到如图 7-15 所示的效果。

图 7-15   工具按钮显示操作提示

7.6   字符串资源的使用

字符串也是一种资源，字符串资源最主要的用途就是用于程序的多语言版本。如果想动态切换界面语言，使用字符串资源是很好的选择。使用多语言版本而不采用动态切换，直接修改资源，那是一种不太好的方法，如果是开发者自己来完成这个任务，不妨将原有语言版本的资源做一个备份，然后修改其中需要修改的部分，再使用新版本进行编译，这样，新的语言版本就完成了。

在 MFC 中，可以通过 CString 类的 LoadString 方法来从资源载入字符串，如果要实现前面说过的动态切换界面语言版本，则可能需要用到该函数，对于一般应用基本上不需要。

具体操作是打开资源视图→String Table，在表中空白的 ID 编辑框中输入 IDS_STRING_HELLO，标题框中输入"Hello，Visual C++!"。

在 7_2View.cpp 文件的构造函数中，将原来的

m_strShow = "Hello World!";

改为：

m_strShow.LoadString(IDS_STRING_HELLO);

这样程序的输出就变为"Hello，Visual C++!"了。

275

使用字符串资源的另一个好处就是不需要在整个程序中去寻找某个字符串，如果某些字符串可能在将来发生变更，那么最好将它写在字符串资源中。

7.7　对话框资源的创建及其应用

对话框是 Windows 应用程序使用最广泛的资源，对话框是很灵活的，它主要起到与用户进行交互的作用。

对话框是一个独立的窗口，具有自己的消息处理功能，还可以具有自己的子窗口。前面已经介绍过，对话框分为模式对话框与非模式对话框。模式对话框显示的时候，整个程序只通过模式对话框窗口获得焦点，可以和用户交互。非模式对话框显示的时候，程序主体部分仍然可以和对话框进行交互。在使用的时候是选择模式对话框还是非模式对话框取决于程序的具体情况。例如程序在执行计算任务，当进行到某一步的时候需要用户输入数据，如果用户不输入这个数据，则计算无法进行下去，这个时候就应当选用模式对话框。假如在计算过程中可以弹出一个对话框动态显示计算结果，而这一行为不应中断程序的运行，那么这个对话框就应该使用非模式对话框。

前一章详解介绍了基于对话框的应用程序，但对话框是独立的，现在大家已经学习了基于单文档的编程，就把文档和对话框的应用结合起来，使程序的功能更加丰富。

我们仍然在前面功能实现的基础上进一步增加功能，编写一个对话框用于接收用户输入，然后用这个输入来替换主程序原来显示的字符串。具体步骤如下：

1. 对话框资源的创建

首先要创建资源，单击资源视图，选择 Dialog 并右击，在弹出的菜单中选择"添加资源"，然后选择添加对话框资源，设置其 ID 为 IDD_DIALOG_NEW，Caption 为"字符串修改"。

2. 界面布局

根据例题需求，对话框需要的控件，设计方案如表 7-14 所示。

表 7-14　对话框中的控键属性

类型	ID	Caption	功能
StaticText	IDC_STATIC	请输入新的字符串	显示提示信息
Edit Box	IDC_EDIT_INPUT		接收用户输入
Button	IDOK（使用系统默认的）	OK	"确定"按钮
Button	IDCANCEL（使用系统默认的）	Cancel	"取消"按钮

创建结果如图 7-16 所示。

3. 生成对话框类

在创建完对话框资源之后，需要生成一个相关的对话框类，以进行对话框的操作。可以用添加 MFC 类的方法进行添加，如图 7-17 所示，所创建的类名为 CInputDlg，基类选 CDialogEx 类即可。

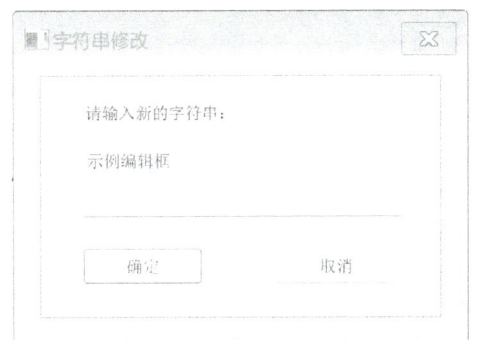

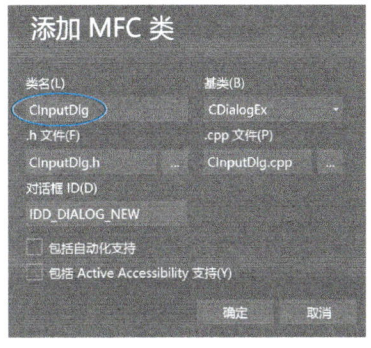

图 7-16　创建对话框资源　　　　　　　　　图 7-17　创建 CInputDlg 类

可以使用 DDX 技术来接受用户的输入，DDX 全称是对话框数据交换（dialog data exchange），用来在控件变量和数据变量之间交换数据，简单来说，就是 MFC 通过 DDX 技术在控件和一个数据类型之间建立一种绑定关系，如果改变了控件中的内容，那么数据变量随之改变，如果改变了数据变量的内容，控件中的内容也会随之改变。

现在将对话框上的 IDC_EDIT_INPUT 控件与一个 CString 类型的变量绑定，建立一种映像关系。为图 7-16 中的编辑框添加变量，弹出如图 7-18 所示的对话框，然后添加一个 CString 类型的对象 m_strInput，这样就为 IDC_EDIT_INPUT 添加了一个 DDX 变量。

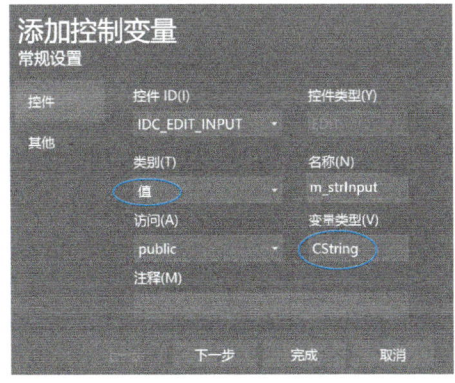

图 7-18　添加 m_strInput 变量

下面来分析一下上面的操作使 MFC 在幕后做了些什么。在为对话框添加类之后，系统生成了类的定义文件 InputDlg.h，MFC 加入了如下蓝色的代码：

```
class CInputDlg : public CDialogEx
{
        DECLARE_DYNAMIC(CInputDlg)
    public:
        CInputDlg(CWnd* pParent = nullptr);     // 标准构造函数
        virtual~CInputDlg();
    // 对话框数据
    #ifdef AFX_DESIGN_TIME
        enum { IDD = IDD_DIALOG_NEW };
    #endif
    protected:
        virtual void DoDataExchange(CDataExchange* pDX);        // DDX/DDV 支持
        DECLARE_MESSAGE_MAP()
    public:
        CString m_strInput;
};
```

可以看到，MFC 在 CInputDlg 中加入了 m_strInput 这个变量。另外 IDD=IDD_DIALOG_NEW 语句将该类与对话框资源绑定了。

值得注意的是，如果不先为该对话框添加一个类，编辑框的变量是无法添加的。因为，所添加的变量"CString m_strInput;"是在 CInputDlg.h 这个类的定义文件中。

在 InputDlg.cpp 文件的构造函数中，MFC 加入了如下蓝色的代码：

```
CInputDlg::CInputDlg(CWnd* pParent /*=nullptr*/)
  : CDialogEx(IDD_DIALOG_NEW, pParent)
  , m_strInput(_T(""))
{

}
```

这里，将 m_strInput 初始化为空串。

在 InputDlg.cpp 文件的 DoDataExchange 函数中，MFC 加入了如下蓝色的代码：

```
 void CInputDlg::DoDataExchange(CDataExchange* pDX)
{
 CDialogEx::DoDataExchange(pDX);
 DDX_Text(pDX, IDC_EDIT_INPUT, m_strInput);
}
```

在函数 DDX_Text 调用中，完成了控件与变量之间的数据交换。至此，CInputDlg 已经是一个完整的类了，可以在别的类中调用该类了。

4. 使用对话框类

下面将要在 CMy72View 中使用新创建的对话框，在使用之前，先熟悉一下 CDialogEx 类的成员函数，如表 7-15 所示。

表 7-15　CDialogEx 类的成员函数

成员函数	描述
CDialog()	构造 CDialog 对象
Create()	创建一个对话框，通常用于非模式对话框的创建
DoModal()	显示模式对话框
EndDialog()	关闭模式对话框
GetDlgItem()	获得窗口上指定 ID 的控件指针
OnInitDialog()	当需要在对话框初始化时创建一些控件的时候，重载该函数
OnOK()	当需要自定义单击 IDOK 按钮的行为时，重载此函数
OnCancel()	当需要自定义单击 IDCANCEL 按钮的行为时，重载此函数

首先为"操作"菜单增加菜单项"修改字符串"，其 ID 为 ID_OPER_STRING。增加 COMMAND 消息响应函数 OnOperString。然后在 7_2View.cpp 文件头部 include 部分最后加入：

```
#include "CInputDlg.h"
```

在 OnOperString 中加入如下蓝色的代码：

```
void CMy72View::OnOperString()
{       // TODO: 在此添加命令处理程序代码
        CInputDlg dlgInput;                     // 声明对话框变量
        if (dlgInput.DoModal() == IDOK)         // 如果用户单击 OK 按钮
        {
            m_strShow = dlgInput.m_strInput;    // 更改字符串
            Invalidate();                       // 强制重绘
        }
}
```

编译运行程序，即可实现相应的功能。

7.8 位图资源的创建及其应用

如果界面只由标准控件构成，显然是比较单调的，如果能通过一些精美的图片来点缀，就活泼了，这个问题，可以选择位图资源来实现。

位图是一种数字化的图形表示形式，基本数据结构是像素，一个像素值表示一个离散点的颜色值。常见位图有 2 色、4 色、16 色、256 色（相当于 8 位色）、16 位色、24 位色。保存在文件中的位图可以看成是设备无关的，文件本身的数据用来描述位图的内容。

下面通过实例来讨论位图资源的应用。仍然在前面例子的基础上增加位图显示的功能。这里显示两幅图片，一幅是 256 色，另一幅是 24 位真彩色，两幅图片都是通过位图资源来显示的。

首先通过其他绘图软件将一幅图片分别保存为 256 色位图和 24 位色位图，如图 7-19 所示。然后在工程文件中单击"资源视图"，选择 Bitmap 资源，右击，选择"添加资源"，然后分别"导入"已经保存好的 256 色位图文件和 24 位色位图文件，在属性栏中将其 ID 分别设置为 IDB_BITMAP_256 和 IDB_BITMAP_24bit。

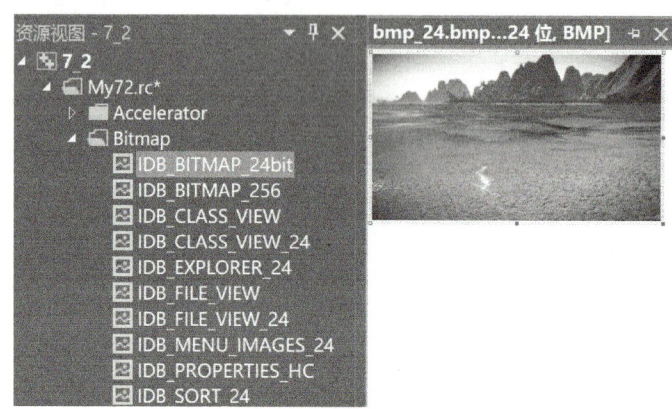

图 7-19 导入位图资源

由于图形的显示是在 OnDraw 函数中完成的，因此，在 7_2View.cpp 的 OnDraw 函数中加入如下蓝色的代码：

```
CDC dcMemory;                          // 定义内存缓冲 DC
dcMemory.CreateCompatibleDC(pDC);      // 创建内存 DC
CBitmap bmp1;                          // 定义一个位图对象 bmp1
bmp1.LoadBitmap(IDB_BITMAP_256);       // 加载位图
BITMAP bmpInfo1;                       // 定义一个位图结构变量，包含位图的尺寸变量
```

```
bmp1.GetBitmap(&bmpInfo1);                                    // 获得位图的尺寸并填充参数 bmpInfo1
dcMemory.SelectObject(&bmp1);                                 // 选择位图到内存缓冲设备中
pDC->BitBlt(100,150,bmpInfo1.bmWidth,bmpInfo1.bmHeight,&dcMemory,0,0,SRCCOPY);// 绘制到屏幕
CBitmap bmp2;                                                 // 定义另一个位图对象 bmp1
bmp2.LoadBitmap(IDB_BITMAP_24bit);                            // 加载位图
BITMAP bmpInfo2;                                              // 定义另一个位图结构变量，包含位图的尺寸变量
bmp2.GetBitmap(&bmpInfo2);                                    // 获得位图的尺寸并填充参数 bmpInfo2
dcMemory.SelectObject(&bmp2);                                 // 选择位图到内存缓冲设备中
pDC->BitBlt(100,400,bmpInfo2.bmWidth,bmpInfo2.bmHeight,&dcMemory,0,0,SRCCOPY); // 绘制到屏幕
```

程序运行结果如图 7-20 所示。细心的读者可以观察出来，图 7-20 中的两幅位图有差别，上图的分辨率低一些，下图的分辨率高一些，这就是 256 色位图和 24 位色位图的质量差别。上述代码已经做了详细注释，请读者参考注释即可理解。

图 7-20　位图资源的显示

程序中的 CreateCompatibleDC()函数创建一个与参数兼容的设备，由于要往 pDC 上输出，因此需要创建与 pDC 格式相兼容的 DC。创建兼容 DC 是出于双缓冲考虑，可以防止绘图的闪烁；SelectObject 函数将指定的 GDI 对象按照调用 DC 的格式载入 DC，返回 DC 中前一个该类型的 GDI 对象；BitBlt()函数将参数 DC 中指定的矩形区

281

域复制到调用 DC。

7.9　MDI 编程实例

前面比较详细地介绍了 SDI 程序的结构、创建过程、消息传递及处理过程，文档类、视图类、文档模板类的定义和方法。在 MDI 编程过程中，这一部分将通过和 SDI 程序的比较来简单地介绍 MDI 程序的编程过程。

多文档应用程序（MDI）和单文档应用程序的主要不同在于：它支持多个文档甚至多个文档类型。

由于 MDI 程序可以打开多个文档的特性，所以比起 SDI 应用程序来要处理很多琐碎的事情，例如切换视图、更新菜单等。但是由于 MFC 在 MDI 应用程序中自动加入了很多程序代码来处理这些事情，所以利用应用程序向导生成 MDI 应用程序框架后，剩下的编程就和 SDI 程序非常类似了。由于篇幅的限制，在这里就不再赘述，读者可以在下面的例子中仔细地体会，还可以参考其他比较深入的资料。

【例 7-3】　创建一个多文档的应用程序，程序运行后，可以打开两种类型的文档（如图 7-21 所示）。其中，MyMDI 是主窗口的标题，MyMdi1 是系统默认生成的文档，在此窗口中可以输入文字。MyMdi2 是另一个用户添加的文档类型，在此文档中，用户通过选择"画图种类"，然后在视图窗口中拖动光标就可以画出一个图形。由于两种文档的操作对象和操作方式不同，程序运行时的界面与菜单也不同。

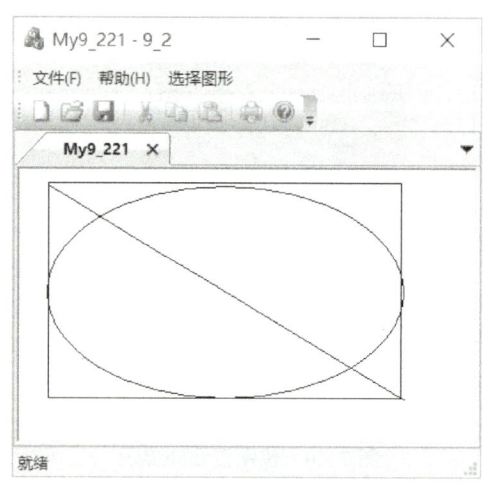

图 7-21　应用程序界面

1. 创建 MDI 工程文件

在 MFC 应用程序向导的"文档模板属性"页的设置中，在"文件扩展名"一项中输入"TSU",如图 7-22 所示,完成后的应用程序的文件将使用".TSU"作为扩展名,每次显示 FileOpen 或 File Save 对话框时,过滤器域显示为"7_3Files(*.TSU)",在 MFC 应用程序向导中,为 CMy73View 类设置基类为 CEditView(原来默认的是 CView 类),如图 7-23 所示。其他的都保留默认设置。

图 7-22 多文档模板字符串设置对话框

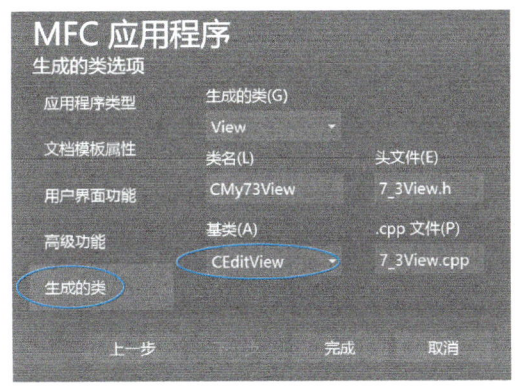

图 7-23 设置基类

2. 创建第二种文档和视图类

在类视图中,为项目 7_3 添加"类",右击 7_3 工程,在弹出的快捷菜单中选择"添加"→"新建项"命令,如图 7-24 所示。选择新建项后会弹出如图 7-25 所示的界面。

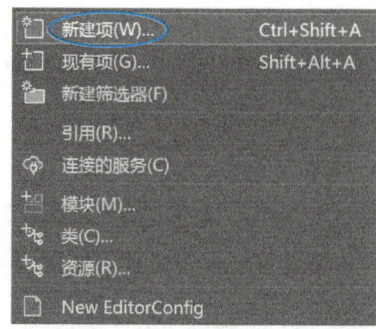

图 7-24　选择新建项创建基于 MFC 的类

图 7-25　添加基于 MFC 的类

在图 7-26 所示的"添加 MFC 类"对话框中"类名"处输入 CMy7_3Doc2，在"基类"处选择 CDocument 类，说明创建的是基于 MFC 构架的文档类。

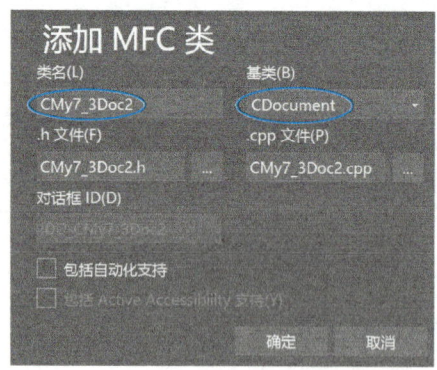

图 7-26　添加 CDocument 的派生类 CMy7_3Doc2

值得注意的是，在添加类的操作过程中，如果在图 7-24 中不是选择"新建项"，而是在图 7-24 中直接选择"类"，那么创建的就不是基于 MFC 的类，而是 C++的类，其界面看似也能正确操作，如图 7-27 所示，但情况是不一样的，操作容易混淆。

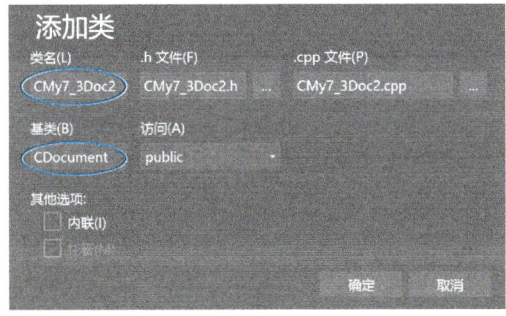

图 7-27　容易混淆的操作

单击"确定"按钮，应用程序中会增加 CDocument 的派生类 CMy7_3Doc2。用同种方法在应用程序中增加 CView 的派生类 CMy7_3View2。

3. 创建资源

在 Resource.h 文件中，手工加入下列代码：

#define IDR_My73TYPE2　132

打开 Resource.h，会发现 IDR_My73TYPE 已经定义为 130（不同的环境，可能系统默认定义的值不一样，这里的情况仅针对本人的机器和所安装的环境而言，大家可以灵活对待），发现 132 还没有被使用，因此将 IDR_My73TYPE2 定义为 132。这就为第二个文档的创建连接了相应的资源。

也可以通过如图 7-28 所示的操作，在弹出的"资源符号"对话框中单击"新建"按钮，然后输入相应内容即可。

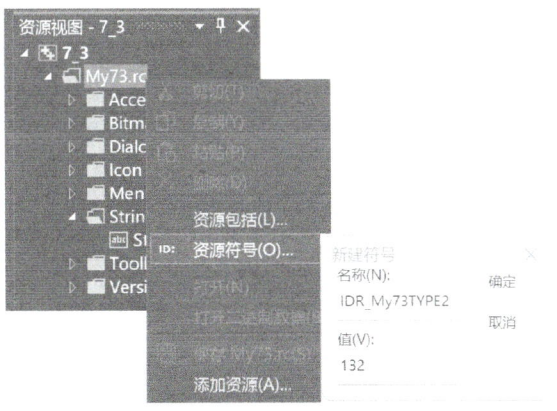

图 7-28　添加资源的 ID

这样就定义了第二类文档的文档、视图和框架窗口共同的资源 ID，以后定义的菜单、文档模板等资源均可以使用这个 ID。

打开"资源视图"中的 String Table，会看到 IDR_M73TYPE 的资源模板内容如下：

IDR_My73TYPE　　130　　\nMy73\n7_3\n\n\nMy73.Document\n7_3.Document

文档模板字符串的格式是：

nIDResource　　\n <WindowTitle>
　　　　　　　　\n <DocName>
　　　　　　　　\n <FileNewName.FilterName>
　　　　　　　　\n <FilterExt>
　　　　　　　　\n <RegFileTypeID>
　　　　　　　　\n <RegFileTypeName>

对于第一个文档，应用程序向导直接产生了一个文档模板，现在还必须按照上面这种格式，手工加入第二个资源模板字符串。具体的方法是在 String Table 中加入如下内容：

IDR_My73TYPE2　　132　　\nMy73_2\n73_2\n7_3_2 Files (*.TSU)\n.TSU\nMy73_2.Document\n7_3_2.Document

4．菜单、对话框资源

在资源视图选项卡，将菜单资源 IDR_My73TYPE 复制一份，ID 为 IDR_My73TYPE2。新创建的菜单如图 7-29 所示。各个菜单项的 ID 如表 7-16 所示。

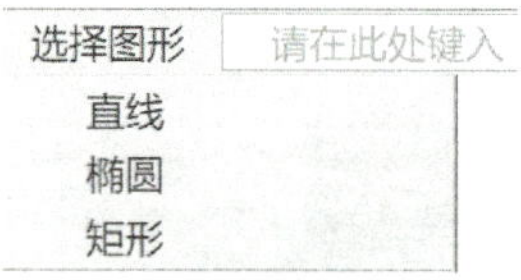

选择图形	请在此处键入
直线	
椭圆	
矩形	

图 7-29　在文档 2 中创建"选择图形"菜单

表 7-16　文档 2 的菜单项与 ID

ID	CAPTION
直线	ID_LINE
椭圆	ID_ELLIPSE
矩形	ID_RECTANGLE

286

5. 代码编辑

（1）创建文档模板类

因为本应用程序支持多种文档，所以在应用程序的 InitInstance()函数中，需要定义新的文档模板的对象，打开 7_3.cpp 文件，输入如下蓝色的代码：

```
BOOL CMy73App::InitInstance()
{……
    // 主窗口已初始化，因此显示它并对其进行更新
    pMainFrame->ShowWindow(m_nCmdShow);
    pMainFrame->UpdateWindow();
    CMultiDocTemplate* pDocTemplate2;
    pDocTemplate2 = new CMultiDocTemplate(IDR_My73TYPE2,
        RUNTIME_CLASS(CMy7_3Doc2),
        RUNTIME_CLASS(CChildFrame), // 自定义 MDI 子框架
        RUNTIME_CLASS(CMy7_3View2));
    // 然后使用 CWinApp::AddDocTemplate()方法将新模板添加到应用程序的文档模板列表中
    AddDocTemplate(pDocTemplate2);
    return TRUE;
}
```

为使 CMy7_3Doc2 类和 CMy7_3View2 类在 CMy73App 类中成为可识别的类，必须在 7_3.cpp 文件中加入 CMy7_3Doc2 类和 CMy7_3View2 类的说明头文件 CMy7_3Doc2.h 和 CMy7_3View2.h

```
// 9_2.cpp : implementation of the CMy9_2App class
#include "CMy7_3Doc2.h"        // 加入头文件
#include "CMy7_3View2.h"
```

（2）扩展 CMy7_3Doc2 类

① 添加成员变量。在类 CMy7_3Doc2 中增加 CPtrArray 类型的成员变量 m_data，CPtrArray 是一个集合类，是一个支持指针数组的类，而指针数组存放的是指针，指针可以指向不同的对象。本程序定义的 m_data 用于保存多图形对象信息。

然后在应用程序中添加一个 C++的类 CDrawData。CDrawData 用于保存每一图形的信息，在 CDrawData 的框架中添加如下内容，用以保存绘图的起始点和终点坐标：

```
class CDrawData
{   public:
        POINT begin, end;       // 图形的起点和终点坐标
        int type;               // 绘制图形的样式
```

287

};

为了能在 CMy7_3Doc2 中使用该类，还需在 CMy7_3Doc2.h 中加入头文件 CDrawData.h

```
#include "CDrawData.h"
```

在类 CMy7_3Doc2 中添加一个用于保存当前图形的类型的整型变量 m_drawType，并在构造函数中默认初始化为 0。

② 添加菜单处理函数。在类 CMy7_3Doc2 中，加入消息响应成员函数 void OnChangeDrawType(UINT nID)，那么在文件 CMy7_3Doc2.h 中会出现如下代码：

```
void OnChangeDrawType(UINT nID);
```

在 CMy7_3Doc2.cpp 的消息映像部分添加选择图形类型的消息映像，代码如下：

```
BEGIN_MESSAGE_MAP(CMy7_3oc2, CDocument)
    ON_COMMAND_RANGE(ID_LINE,ID_RECTANGLE, CMy7_3Doc2::OnChangeDrawType)
END_MESSAGE_MAP()
```

这个是基于 ID 范围的消息响应，在前一个例子的颜色处理响应中曾经用到，不过这个是需要手动添加的。

OnChangeDrawType 的代码如下：

```
void CMy7_3Doc2::OnChangeDrawType(UINT nID)
{
    m_drawType=nID-ID_LINE;
}
```

③ 文档串行化。为了把对视图中显示文本的修改保存到磁盘文件中，并在需要时可以打开所保存的磁盘文件读取文档，必须重载 CMy7_3Doc2 类的 Serialize 函数来完成串行化，在 CMy7_3Doc2.cpp 中增加如下代码。

重载后的 Serialize()函数的代码如下：

```
// CMy7_3Doc2 serialization
void CMy7_3Doc2::Serialize(CArchive& ar)
{ if (ar.IsStoring())
    {// TODO: 在此添加存储代码
    int size=m_data.GetCount();    // 获取此数组中的元素个数
    ar<<size;                       // 将 size 值写到 ar 中
    int i;
    for(i=0;i<size;i++)             // 这里是绘制矩形
    {
        CDrawData* data=(CDrawData *)m_data.GetAt(i);// 返回给定索引位置处的值
```

```
            ar<<data->begin.x;        // 把绘制图形的起止点坐标写入 ar
            ar<<data->begin.y;
            ar<<data->end.x;
            ar<<data->end.y;
            ar<<data->type;           // 把绘制图形的样式也记录到 ar 中
        }
    }
    else
    {

        // TODO: 在此添加加载代码
        int size;
        ar>>size;
        int i;
        m_data.RemoveAll();           // 从此数组中移除所有元素
        for(i=0;i<size;i++)
        {
            CDrawData *data=new CDrawData;   // 定义一个 DrawData 的指针，并分配内存
            ar>>data->begin.x;        // 从 ar 中获取坐标值
            ar>>data->begin.y;
            ar>>data->end.x;
            ar>>data->end.y;
            ar>>data->type;           // 从 ar 中获取图形类型
            m_data.Add(data);         // 将文档中的数据读入 data 所指的内存中后，加入集合类中
        }
        UpdateAllViews(NULL);         // 通知视图进行更新
    }
}
```

说明:

① 本例中对 CDrawData 对象进行串行化时，对类中成员进行逐个输入/输出，若要对 CDrawData 类定义为可串行化的，就可以把对象作为一个整体进行输入/输出。有关类的串行化，读者可以参考其他资料，在此不再详述。

② 从文件中读入数据时，先要将 CMy7_3Doc2 中的成员 m_data 清空，不然，读入的数据与现有的数据混在一起进行输出是不对的。

③ 读入的数据需要先放在一个 CDrawData 对象中，但在程序中不能使用局部变量，因为如果使用局部变量，当函数执行完成后，内存将被释放，在视类中就不能使用了。用 new 关键字定义指针，这样分配的内存是堆内存，将数据放在堆内存中。这样当函数运行完毕后，数据仍然可以使用。

④ m_data 是 CPtrArray 类的对象，而 CPtrArray 是一个支持指针数组的类，它有一系列成员函数，部分成员函数的功能如下:

- Add()：向数组的末尾添加一个元素；根据需要扩展该数组；
- GetCount()：获取此数组中的元素个数；
- RemoveAll()：从此数组中移除所有元素；
- GetAt()：返回给定索引位置处的值；
- Append()：将另一个数组追加到该数组中，根据需要扩展该数组；
- Copy()：将另一个数组复制到该数组，根据需要扩展该数组；
- GetData()：允许访问该数组中的元素，可以为 NULL；
- GetSize()：获取此数组中的元素数；
- IsEmpty()：确定数组是否为空；
- RemoveAt()：移除特定索引处的元素；
- SetAt()：设置给定索引的值；不允许对该数组进行扩展；
- SetSize()：设置要在该数组中包含的元素数。

（3）视图的输出

首先，在视类 CMy7_3View2 中定义一个 CDrawData*类的对象 m_drawData，此变量用于保存当前要绘图的信息。接着为视类 CMy7_3View2 添加 WM_LBUTTONDOWN 和 WM_LBUTTONUP 两个消息响应，并为这两个消息添加消息处理函数 OnLButtonDown 和 OnLButtonUp。当按下鼠标时，定义一个 CDrawData 类的对象，用该类的成员 begin 记录按下鼠标时的坐标。当松开鼠标时，用定义的 CDrawData 类的对象 end 记录松开鼠标时的坐标。根据文档类中图形的类型决定在客户区应该绘制什么样的图形。有关鼠标操作的事件处理代码如下所示：

```
void CMy7_3View2::OnLButtonDown(UINT nFlags, CPoint point)
{
        // TODO: 在此添加消息处理程序代码和/或调用默认值
        CMy7_3Doc2* pDoc = (CMy7_3Doc2 *)GetDocument();
        m_drawData=new CDrawData;        // 创建 CDrawData 类的对象
        m_drawData->begin=point;   // 将当前点的坐标赋给 m_drawData->begin，即起点坐标
        CView::OnLButtonDown(nFlags, point);
}

void CMy7_3View2::OnLButtonUp(UINT nFlags, CPoint point)
{
        // TODO: 在此添加消息处理程序代码和/或调用默认值
        CMy7_3Doc2* pDoc =(CMy7_3Doc2 *) GetDocument();
        m_drawData->end=point;// 将鼠标抬起位置的坐标赋给 m_drawData->end，即终点坐标
        CClientDC dc(this);    // 定义一个客户区的 DC 类的对象，用该对象的成员就可以绘图
        CBrush *brush=CBrush::FromHandle((HBRUSH)GetStockObject(HOLLOW_BRUSH));
        // 建立一个空画刷，绘图时就不会覆盖下面的图形
```

```
                dc.SelectObject(brush);
                CRect rect(m_drawData->begin,m_drawData->end);
                switch(pDoc->m_drawType)    // 根据文档类中的成员决定绘图的类型
                {
                case 0:                     // 画线
                        dc.MoveTo(m_drawData->begin);
                        dc.LineTo(m_drawData->end);
                        break;
                case 1:                     // 画椭圆
                        dc.Ellipse(rect);
                        break;
                case 2:                     // 画矩形
                        dc.Rectangle(rect);
                        break;
                }
                m_drawData->type=pDoc->m_drawType;
                pDoc->m_data.Add(m_drawData);// 将保存图形信息的 m_drawData 保存到文档类的成员中
                brush->DeleteObject();
                Invalidate(true);           // 刷新客户区
                CView::OnLButtonUp(nFlags, point);
        }
```

最后，要在视类的 OnDraw()函数中添加刷新的代码，OnDraw()函数中只须将文档类的成员 m_data 集合类中的成员在客户区中绘制一遍就可以了，此函数的代码如下：

```
void CMy7_3View2::OnDraw(CDC* pDC)
{       CMy7_3Doc2 *pDoc =(CMy7_3Doc2 *)GetDocument();
        // TODO: 在此添加绘制代码
        CBrush *brush=CBrush::FromHandle((HBRUSH)GetStockObject(HOLLOW_BRUSH));
// 创建画刷
        pDC->SelectObject(brush);                    // 将画刷选入当前设备环境
        for(int i=0;i<pDoc->m_data.GetCount();i++)   // 在有限的元素个数内循环进行绘图
        {
        m_drawData=(CDrawData *)(pDoc->m_data.GetAt(i));
        CRect rect(m_drawData->begin,m_drawData->end); // 定义矩形区域，rect 是 CRect 类的对象
        switch(m_drawData->type)                     // 判断绘图类型。值在 0 至 2 的范围内
        {
        case 0:
                pDC->MoveTo(m_drawData->begin);
                pDC->LineTo(m_drawData->end);
                break;
```

```
        case 1:
                pDC->Ellipse(rect);
                break;
        case 2:
                pDC->Rectangle(rect);
                break;
        }
        }
        brush->DeleteObject();
}
```

至此，所有的代码均已输入完毕，大家参见代码注释就可以理解整个编程过程。

7.10　练　习　题

【7-1】　文档视图框架有哪些核心类？

【7-2】　简述文档类和视图类的相互关系。

【7-3】　如何获得与视图相关联的文档的指针？

【7-4】　什么是串行化处理？

【7-5】　单文档应用程序与多文档应用程序的区别是什么？

【7-6】　编写一个可以打开多个文档的阅读器，能够对文本文件进行编辑和保存。

第 8 章　多媒体应用程序的设计

多媒体的概念大家比较熟悉，目前不论是计算机，还是手机，或是其他一些电子设备，都具备播放音视频文件的功能，也就是都内置了多媒体文件播放软件。这些软件是如何设计的呢？如何设计定制功能的多媒体软件呢？本章就来讨论一下声音、视频和图像三种媒体形式的程序设计。

电子教案：第 8 章
多媒体应用程序的
设计

源代码：第 8 章
例题源代码

8.1　利用音频函数实现多媒体程序设计

为了介绍多媒体程序的设计，先介绍一个非常简单的例子，希望读者能够通过这个例子了解音频文件的播放方法。

8.1.1　一个简单的应用实例

为了了解音频应用程序的编程，下面先介绍一个简单的例子。

【例 8-1】　设计一个简单的音频播放程序，当程序启动时，播放 Windows 系统自带的 "c:\windows\media\ring09.wav" 音频文件。

编写这个程序的具体步骤如下：

（1）首先创建一个基于对话框的应用程序 8_1；

（2）在 **framework.h** 文件中加入语句#include <mmsystem.h>；

（3）在图 8-1 中将与 mmsystem.h 文件对应的多媒体函数库 winmm.lib 与应用程序链接起来，为此可以通过选择"项目"菜单中的"8_1 属性"菜单项，在打开的"8_1 属性页"对话框窗口中选择"配置属性"->"链接器"->"输入"，在"附加依赖项"的编辑框中输入 winmm.lib，如图 8-1 所示，然后单击"确定"按钮即可。

（4）在 8_1Dlg.cpp 文件的 OnInitDialog()函数中加入如下代码：

```
sndPlaySound(L"c:\\windows\\media\\ring09.wav",SND_ASYNC);
```

（5）编译、连接、运行程序，就可以在启动程序的时候听到音乐了。

8.1.2　几个常用的音频函数

【例 8-1】中使用了 sndPlaySound()函数。在 Visual C++程序设计中，如果只是用到几个简单的音频处理，那么有 3 个最简单的音频函数可供选择，它们分别是

MessageBeep()、sndPlaySound()和 PlaySound()函数。下面进行逐一介绍：

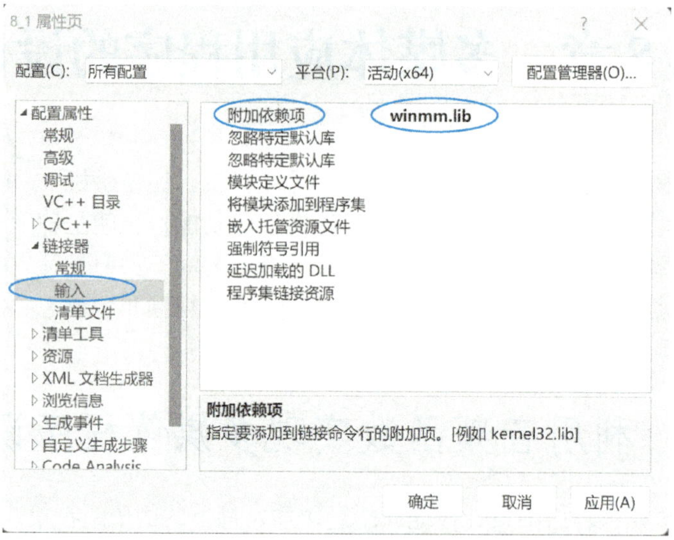

图 8-1　连接 winmm.lib 库

1. MessageBeep()函数

MessageBeep()函数是 Visual C++中最简单的音频函数，但其功能也是最少的，该函数就是用来播放系统提示音的。该函数的原型为：

BOOL MessageBeep(UINT uType)

参数 uType 用来指定播放的系统声音类型，如表 8-1 所示。

表 8-1　uType 指定播放的系统声音类型

参数值	说明
0xFFFFFFFF	系统默认声音
MB_ICONINFORMATION 或 MB_ICONASTERISK	与出现信息消息框时对应的声音
MB_ICONEXCLAMATION 或 MB_ICONWARNING	与出现警告消息框时对应的声音
MB_ICONHAND 或 MB_ICONSTOP 或 MB_ICONERROR	与出现错误消息框时对应的声音
MB_ICONQUESTION	与出现询问消息框时对应的声音
MB_OK	系统默认声音

2. sndPlaySound()函数

sndPlaySound()函数可以通过指定文件名或指定在注册表中注册了的条目来播放

WAV 音频。该函数的原型如下：

BOOL sndPlaySound(LPCSTR lpszSound,UINT fuSound)

其中，参数 lpszSound 为指定要播放的文件名或注册了的条目，参数 fuSound 为播放的标识，该标识如表 8-2 所示。

表 8-2　播　放　标　识

参数值	说明
SND_ASYNC	采用异步播放的方式播放声音，在声音播放后函数立即返回。如要终止，通过再次调用这个函数，在第一个参数处写入文件名，第二个参数处为 NULL，如本章开始时的例子。如要终止则可执行语句：sndPlaySound("ring09.wav ",NULL);
SND_LOOP	循环播放声音，必须与参数 SND_ASYNC 同时使用（SND_ASYNC|SND_LOOP），停止方法同上
SND_MEMORY	说明第一个参数指定的是 WAV 声音在内存中的映像
SND_NODEFAULT	当无法正常播放声音时，不播放系统默认声音
SND_NOSTOP	如果有声音正在播放，则函数立即返回 FALSE，终止运行
SND_SYNC	采用同步播放的方式播放声音，只有在声音播放完成后函数才返回

3．PlaySound()函数

MessageBeep()函数实际上是 sndPlaySound()函数的子集，而同时 sndPlaySound()函数又是 PlaySound()函数的子集，即 PlaySound()函数可以实现 sndPlaySound()函数的所有功能。就播放来源途径来说，除了 sndPlaySound()函数的两种途径以外，它还可以播放来自资源中的声音，即共有三种来源途径。该函数的原型如下：

BOOL PlaySound(LPCSTR pszSound,HMODULE hmod,DWORD fdwSound);

其中参数 pszSound 为指定播放的声音，它可以是文件名、注册条目或资源标识，播放声音的来源通过参数 fdwSound 来决定。如果没有指定，则首先在注册表中寻找，如果没有找到，则认为指定的是一个文件名。如果这个参数为 NULL，则停止任何当前正在播放的 wav 声音；而要想停止非 wav 声音，必须在第三个参数中加入 SND_PURGE；参数 hmod 为包含被加载资源的文件的句柄。当第三个参数中没有 SND_RESOURCE 时，这个参数必须为 NULL。第三个参数为播放声音的标识，刚才在谈 sndPlaySound()函数时所提到的参数值就不在这里罗列了，但大家要知道 sndPlaySound()函数中的参数值在 PlaySound()中全部可用。除此以外，PlaySound()函数还增加了许多参数值，如表 8-3 所示。

表 8-3　PlaySound()函数增加的播放参数值

参数值	说明
SND_ALIAS	播放的声音来源为注册条目
SND_RESOURCE	播放的声音来源为资源
SND_FILENAME	播放的声音来源为文件名
SND_NOWAIT	如果设备正在被使用，立即返回不再播放
SND_APPLICATION	使用应用程序指定的音频
SND_PURGE	停止声音播放
SND_ALIAS_ID	预先确定的声音标识

读者可以很容易看出，这三个函数一个比一个功能更加强大，同时也一个比一个更复杂。但是应该注意到，当需要对音频进行更多的调用处理时，如暂停、向前搜索、向后搜索，甚至对音频文件进行编辑操作等，这三个函数就显得捉襟见肘了，更多的功能可以通过 MCI()函数来完成。

8.1.3　用 MCI 控制波形声音的播放

MCI（media control interface，媒体控制接口类）是一种接口，前面曾经介绍过设备无关性的概念，MCI 使得我们只需要使用 MCI 函数而不必考虑具体的多媒体设备，这样应用程序只需要与 MCI 打交道，而 MCI 则通过具体的设备驱动程序来控制相应的多媒体设备，这些设备称为 MCI 设备，对于不同类型的多媒体设备，MCI 可以发出相应的命令。

调用 MCI 设备，通常可以用 MCI 命令串函数 mciSendString()和 MCI 命令消息函数 mciSendCommand()。mciSendString()函数向指定的 MCI 设备发送命令字串，mciSendCommand()函数向指定的 MCI 设备发送命令消息。对于发送命令消息大家并不陌生，因为已经在前面反复向大家讲解了消息机制，正因为 Visual C++的核心是消息传递，发送命令消息比发送命令字符串更加快速，而且更加节约资源。

使用 mciSendCommand()函数时要添加如下两个语句：

```
#include <MMSystem.h>
#pragma comment(lib, "WINMM.LIB") // 连接 WINMM.LIB 这个库
```

函数 mciSendCommand()的原型如下：

```
MCIERROR mciSendCommand(
            MCIDEVICEID IDDevice,        // 接收命令消息的 MCI 设备 ID
            UINT        uMsg,            // 发送的命令消息
            DWORD       fdwCommand,      // 命令消息的标志集
```

DWORD_PTR   dwParam)   // 包含命令消息参数的结构体地址

其中：

- 参数 IDDevice 是指要接受命令消息的设备的标识 ID，在使用中这个值通过命令消息 MCI_OPEN（初始化设备）获得。即当命令消息为 MCI_OPEN 时，此参数作为返回值使用；当命令消息为其他时，通过此参数指定消息发向的设备。由此可以看出，当使用 mciSendCommand()函数实现声音播放时，第一个要执行的命令消息就是 MCI_OPEN。
- 参数 uMsg 为待发送的命令消息，Visual C++提供给 MCI 设备的消息如表 8-4 所示。

表 8-4　部分常用的 MCI 设备消息

命令消息	说明	适用设备的设备标识
MCI_BREAK	为一 MCI 设备设置终止键（默认为 Ctrl+Break 组合键）	全部设备
MCI_STATUS	获得一个 MCI 设备的信息	
MCI_CLOSE	释放出访问设备的通道	
MCI_SYSINFO	获得 MCI 设备的信息	
MCI_GETDEVCAPS	获取一个设备的静态信息	
MCI_INFO	获得一个设备的字符串信息	
MCI_OPEN	初始化一个设备	
MCI_CAPTURE	获取缓冲器中每一帧的内容并将其存入指定文件中	数字视频
MCI_CONFIGURE	显示一个对话框用以设置操作	
MCI_UNDO	撤销最近一次的操作	
MCI_LOAD	装载一个文件	
MCI_PUT	设置来源、目的和框架矩形	
MCI_UPDATE	更新显示矩形	
MCI_COPY	将数据复制到剪贴板	
MCI_WHERE	获得视频设备的剪贴板矩形	
MCI_WINDOW	指定窗口和窗口特性用于图形设备	
MCI_CUT	将文件中的数据剪切到剪贴板	
MCI_MONITOR	指定陈述的来源	
MCI_PASTE	将剪贴板上的数据粘贴到文件中	
MCI_QUALITY	定制音频、视频或静态压缩图片的质量	

续表

命令消息	说明	适用设备的设备标识
MCI_RESERVE	为下面的记录分配一块磁盘空间	数字视频
MCI_RESTORE	将一幅位图由文件中复制到缓冲器中，与 MCI_CAPTURE 相反	
MCI_SIGNAL	在工作区中设置一个指定位置	
MCI_PAUSE	暂停当前播放位置	CD 音频、数字视频、MIDI 序列、录像机、影碟机、WAV 文件
MCI_PLAY	设备开始输出数据	
MCI_SET	设置设备信息	
MCI_STOP	停止播放，释放缓存，停止视频图像的显示	
MCI_CUE	提示一个设备以使设备以最小的延迟开始播放或重放	数字视频、录像机、WAV 文件
MCI_RESUME	恢复被暂停的操作	
MCI_FREEZE	冻结显示中的画面	数字视频、录像机
MCI_LIST	获得可用输入设备关于数量和类型的信息	
MCI_SETAUDIO	设置与音频回放和捕捉相关的变量	
MCI_SETVIDEO	设置与视频回放相关的变量	
MCI_UNFREEZE	恢复执行了 MCI_FREEZE 命令的设备	
MCI_DELETE	删除文件中的数据	数字视频、WAV 文件
MCI_ESCAPE	直接发送一个字符串到指定设备	影碟机
MCI_SPIN	使设备开始转动或停止	
MCI_INDEX	将屏幕上的显示置为 on 或者 off	录像机
MCI_SETTIMECODE	使用或禁用 VCR 设备录音的时间代码	
MCI_SETTUNER	设置调制器的当前频道	
MCI_MARK	记录或擦除以使 MCI_SEEK 命令获得更高寻找速度的标记	
MCI_RECORD	从当前位置或指定的起始和终止位置开始记录	录像机、WAV 文件
MCI_SAVE	保存当前文件	WAV 文件
MCI_SEEK	以最快的速度改变当前内容的（输出）位置	CD 音频、数字视频、MIDI 序列、录像机、影碟机
MCI_STEP	跳过一帧或几帧	数字视频、录像机、CAV 格式影碟机

- 参数 fdwCommand 为命令消息的标志集，除了几个标志是共同的以外，不同的命令还有着各自的标志集，这些标志用于对命令消息的补充说明，和参数 dwParam 所提供的结构体中的那些变量有关。
- 参数 dwParam 为对应命令消息的结构体地址，包含执行命令时所需的基本信息。例如打开某一个音频文件时，预先将文件名存入结构体 MCI_OPEN_PARMS 中，在参数 fdwCommand 中包含 MCI_OPEN_ELEMENT（要打开文件名存在于参数 dwParam 中）。程序在执行时将通过读取参数 fdwCommand 了解到参数 dwParam 的结构体中含有文件名，再通过读取 dwParam 得到将要打开的文件。

常见的 MCI 设备类型如表 8-5 所示。

表 8-5　常见的 MCI 设备类型

设备 ID 值	设备
MCI_ALL_DEVICE_ID　所有设备	
MCI_DEVTYPE_WAVEFORM_AUDIOWaveaudio Wave	音频
MCI_DEVTYPE_VIDEODISCVideodisc	激光视盘
MCI_DEVTYPE_VCRVcr	合式录像机
MCI_DEVTYPE_SEQUENCERSequencer	MIDI 序列器
MCI_DEVTYPE_SCANNERScanner	扫描仪
MCI_DEVTYPE_OVERLAYOverlay	重叠视频
MCI_DEVTYPE_OTHEROther	未定义设备
MCI_DEVTYPE_DIGITAL_VIDEODigitalvideo	数字视频
MCI_DEVTYPE_DAT Dat	数字音频
MCI_DEVTYPE_CD_AUDIOCdaudioCD	音频
MCI_DEVTYPE_ANIMATIONAnimation	动画设备

当某一个声音播放结束后，函数会向系统发送 MM_MCINOTIFY 消息，还有一个很有用的参数，就是 MCIERROR，它记录了控制 MCI 设备的返回值。当控制 MCI 设备成功时返回 0，当失败时，错误代码就存在 DWORD 类型的 MCIERROR 中。低字节存储错误值，当设备类型明确时，在高字节存储设备标识。能够完善地处理各种错误陷阱是一个高质量程序的基本要素，因此错误监测函数是必不可少的，在调用 MCI 设备时可用 mciGetErrorString() 检测错误，该函数的原型如下：

```
BOOL mciGetErrorString(
        DWORD fdwError,        // 错误代码
```

```
LPTSTR lpszErrorText,    // 指向错误内容字符串的指针
UINT cchErrorText        // 错误内容的缓冲区容量
)
```

下面通过一个实例来学习音频函数的应用。

【**例 8-2**】　编写一个用 MCI 控制音频播放的程序，实现选择音频文件、控制其播放/暂停、停止的功能。在播放状态下，单击"播放"按钮实现暂停/继续的功能，按钮名称也显示为对应的暂停或继续；在停止状态下，单击"播放"按钮，重新开始播放音乐。

对于这个问题，将详细介绍其开发步骤。

（1）界面设计

本例创建工程文件的名字为 8_2，设计对话框界面如图 8-2 所示，各控件的关键属性设置如表 8-6 所示。

表 8-6　各控件的关键属性及消息处理函数

对象	ID	Caption	其他	消息处理函数
编辑框	IDC_EDIT_FILENAME		Read Only	
按钮	IDC_BUTTON_OPEN	打开		OnBnClicedButtonOpen()
按钮	IDC_BUTTON_PLAY	播放		OnBnClicedButtonPlay()
按钮	IDC_BUTTON_STOP	停止		OnBnClicedButtonStop()

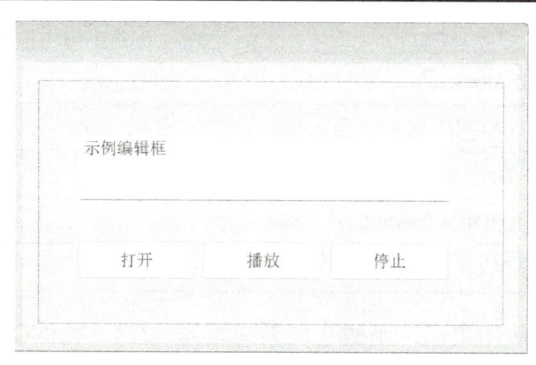

图 8-2　界面布局

（2）加入头文件

在头文件 framework.h 中加入多媒体系统的定义：#include <mmsystem.h>

（3）配置"附加依赖项"

将多媒体函数库 winmm.lib 通过选择"项目"菜单中的"属性"菜单项，在打开的"属性"对话框窗口中选择"配置属性"->"链接器" ->"输入"，在"附加依赖

项"的编辑框中输入 winmm.lib，这和前面的例子是一样的，大家已经熟悉了。

（4）为对话框类添加成员变量及消息响应函数，如表 8-7 所示。

表 8-7　成员变量及消息响应函数

控件 ID	类型	成员变量	注释	初始值
自定义变量	CString	m_fileext	打开文件的扩展名	
自定义变量	CString	m_filepath	打开文件的路径	
自定义变量	BOOL	m_isPlay	是否在播放	FALSE
自定义变量	BOOL	m_isOpen	是否打开文件	FALSE
自定义变量	BOOL	m_isPause	是否为暂停状态	FALSE
自定义变量	DWORD	dwError	存储错误代码	
自定义变量	MCIDEVICEID	m_MCIDeviceID	存储打开设备的 ID 值	
自定义变量	CString	szErrorBuf	存储出错内容	
IDC_EDIT_FILENAME	CString	m_filename	编辑框中显示文件名	

值得注意的是，表 8-7 中的变量 m_filename，在添加的时候，是针对控件添加的，因此跟添加自定义变量的方法有所不同，是在对话框中右击编辑框控件，然后进行添加操作，如图 8-3 所示。

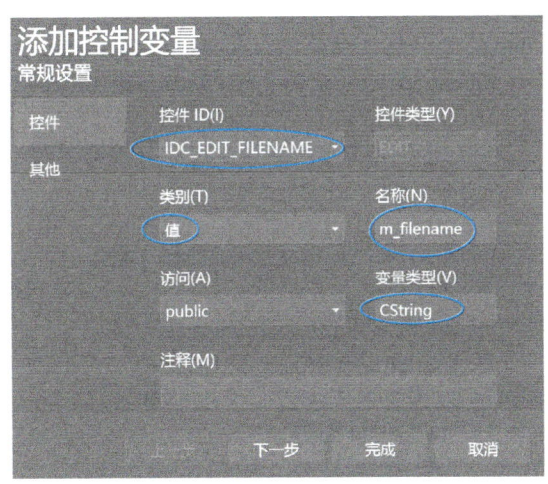

图 8-3　为编辑框控件添加变量

（5）添加消息处理函数

① "打开"按钮的消息响应。

```
void CMy82Dlg::OnBnClickedButtonOpen()
{    // TODO: 在此添加控件通知处理程序代码
     MCI_OPEN_PARMS mciOpenParms{};        // 定义结构体变量用来存储打开文件的信息和
                                           // 返回的设备标识信息
     CFileDialog dlg(TRUE, NULL, L"*.*", OFN_FILEMUSTEXIST,
           L"MP3 File(*.mp3)|*.mp3|"
           L"WAV File(*.wav)|*.wav|"
           L"MIDI File(*.mid)|*.mid|"
           L"所有文件(*.*)|*.*||");
     // 通过打开按钮时显示的内容
     if (dlg.DoModal() == IDOK)
     {
           m_filename = dlg.GetFileName();        // 获取打开的文件名
           m_fileext = dlg.GetFileExt();          // 获取打开的文件扩展名
           m_filepath = dlg.GetPathName();        // 获取打开文件的路径
     }
     UpdateData(FALSE);
     if (m_isOpen)
     { // 如果文件已经打开，则关闭
           dwError = mciSendCommand(m_MCIDeviceID, MCI_CLOSE, 0, NULL); // 关闭正在
                                                                       // 播放的声音
           if (dwError)
           { // 如果关闭不成功，则显示出错的原因
                 if (mciGetErrorString(dwError, szErrorBuf.GetBuffer(), MAXERRORLENGTH))
                       MessageBox(szErrorBuf, _T("MCI 出错"), MB_ICONWARNING);
                 else
                       MessageBox(_T("不明错误标识"), _T("MCI 出错"), MB_ICONWARNING);
           }
     }
     // 获取打开文件的后缀，并根据后缀决定相应的打开类型
     if (!_tcscmp(_T("mp3"), m_fileext))                            // 当后辍为 mp3 时
           mciOpenParms.lpstrDeviceType = _T("mpegvideo");
     else if (!_tcscmp(_T("wav"), m_fileext))                      // 当后缀为 wav 时
           mciOpenParms.lpstrDeviceType = _T("waveaudio");
     else if (!_tcscmp(_T("mid"), m_fileext))                      // 当后缀为 mid 时
           mciOpenParms.lpstrDeviceType = _T("sequencer");
     mciOpenParms.lpstrElementName = m_filepath;
     // 将打开路径存入 mciOpenParms 结构体中
     dwError=mciSendCommand(0,MCI_OPEN,MCI_OPEN_TYPE|MCI_OPEN_ELEMENT,
(DWORD_PTR)& mciOpenParms);
     if (dwError)
     { // 如果打开不成功，则显示出错的原因
```

```
            if (mciGetErrorString(dwError, szErrorBuf.GetBuffer(), MAXERRORLENGTH))
                    MessageBox(szErrorBuf, _T("MCI 出错"), MB_ICONWARNING);
            else
                    MessageBox(_T("不明错误标识"), _T("MCI 出错"), MB_ICONWARNING);
            return;
    }
    m_MCIDeviceID = mciOpenParms.wDeviceID; // 将获取的设备 ID 值赋给全局变量 m_MCIDeviceID
    m_isOpen = TRUE;                                      // 文件已打开
    m_isPlay = FALSE;                                    // 未播放状态
    m_isPause = FALSE;                                   // 未暂停状态
    SetDlgItemText(IDC_BUTTON_PLAY, _T("播放"));          // 按钮显示为 "播放"
}
```

② "播放" 按钮的消息响应。在介绍消息响应之前，先介绍要用到的一些基础知识。

- MCI_PLAY_PARMS 数据结构，这是一个自定义结构体，它的定义如下：

```
typedef struct {
    DWORD_PTR dwCallback;
    DWORD        dwFrom;
    DWORD        dwTo;
} MCI_PLAY_PARMS;
```

其中：

dwCallback：指定用于 MCI_NOTIFY 标志的窗口句柄。

dwFrom：要开始播放的位置。

dwTo：要结束播放的位置。

- MCIERROR mciSendCommand(MCIDEVICEID wIDDevice，UINT uMsg，DWORD fdwCommand，DWORD dwParam); // 若成功则返回 0，否则返回错误码

其中：

➢ wIDDevice 设备的 ID：在打开设备时不用该参数；

➢ uMsg：命令消息，命令消息比较多，请大家参见响应的手册。常用的有播放 MCI_PLAY，暂停 MCI_PAUSE，暂停后重启 MCI_RESUME，停止播放 MCI_STOP 等；

➢ fdwCommand：命令消息的标志；

➢ dwParam：指向包含命令消息参数的结构。

下面是 "播放" 按钮的消息响应：

```
void CMy82Dlg::OnBnClickedButtonPlay()
{      // TODO: 在此添加控件通知处理程序代码
```

```
MCI_PLAY_PARMS mciPlayParms{};        // 定义变量存储播放相关信息
if (!m_isPlay)                        // 如果没有正在播放的声音
{    mciPlayParms.dwCallback = (DWORD_PTR)GetSafeHwnd();
     // 为发送 MM_MCINOTIFY 消息指定窗口句柄
     mciPlayParms.dwFrom = 0;         // 设置播放位置为 0，即从头开始播放
     dwError = mciSendCommand(m_MCIDeviceID, MCI_PLAY,
         MCI_FROM | MCI_NOTIFY, (DWORD_PTR)&mciPlayParms);
     if (dwError)
     {    if (mciGetErrorString(dwError,
                szErrorBuf.GetBuffer(), MAXERRORLENGTH))
                MessageBox(szErrorBuf, _T("MCI 出错"), MB_ICONWARNING);
            else
                MessageBox(_T("不明错误标识"), _T("MCI 出错"), MB_ICONWARNING);
            return;
     }
     m_isPlay = TRUE;                          // 设置正在播放标识为 TRUE
     SetDlgItemText(IDC_BUTTON_PLAY, _T("暂停"));
}
else
{ // 播放状态下
     if (!m_isPause)
     {    dwError = mciSendCommand(m_MCIDeviceID, MCI_PAUSE, 0, NULL); // 暂停播放
         SetDlgItemText(IDC_BUTTON_PLAY, _T("继续"));      // 按钮变为"继续"
         m_isPause = TRUE;
     }
     else
     {    dwError = mciSendCommand(m_MCIDeviceID, MCI_RESUME, 0, NULL); // 继续播放
         SetDlgItemText(IDC_BUTTON_PLAY, _T("暂停"));      // 按钮变为"暂停"
         m_isPause = FALSE;
     }
     if (dwError)
     {    if (mciGetErrorString(dwError,szErrorBuf.GetBuffer(), MAXERRORLENGTH))
                MessageBox(szErrorBuf, _T("MCI 出错"), MB_ICONWARNING);
            else
                MessageBox(_T("不明错误标识"), _T("MCI 出错"), MB_ICONWARNING);
            return;
     }
}
}
```

上述代码根据注释就可以理解了。

③ "停止"按钮的消息响应。

```
void CMy82Dlg::OnBnClickedButtonStop()
{    // TODO: 在此添加控件通知处理程序代码
    dwError = mciSendCommand(m_MCIDeviceID, MCI_STOP, MCI_WAIT, NULL);
    if (dwError)
    {    if (mciGetErrorString(dwError,szErrorBuf.GetBuffer(), MAXERRORLENGTH))
            MessageBox(szErrorBuf, _T("MCI 出错"), MB_ICONWARNING);// 发送出错信息
        else
            MessageBox(_T("不明错误标识"), _T("MCI 出错"), MB_ICONWARNING);
        return;
    }
    m_isPlay = FALSE;                    // 设为非播放状态
    m_isPause = FALSE;                   // 设为非暂停状态
    SetDlgItemText(IDC_BUTTON_PLAY, _T("播放"));
}
```

（6）手动加入 MM_MCINOTIFY 消息的处理函数

首先在类 CMy82Dlg 中加入 protected 成员函数：

```
afx_msg LRESULT OnMmMcinotify(WPARAM wParam, LPARAM lParam);
```

接着在 8_2Dlg.cpp 中的消息映像入口处加入代码：

```
ON_MESSAGE(MM_MCINOTIFY, &CMy82Dlg::OnMmMcinotify)
```

最后编写 OnMmMcinotify()函数代码

```
afx_msg LRESULT CMy82Dlg::OnMmMcinotify(WPARAM wParam, LPARAM lParam)
{    if (wParam == MCI_NOTIFY_SUCCESSFUL)
    { // 成功播放完成后重置标识
        m_isPlay = FALSE;                // 设置正在播放标识为 FALSE
        m_isPause = FALSE;               // 设置正在暂停标识为 FALSE
        SetDlgItemText(IDC_BUTTON_PLAY, _T("播放"));
        return 0;
    }
    return afx_msg LRESULT();
}
```

8.2　利用 Windows Media Player 控件实现多媒体程序设计

对于简单的应用，可以采用 Windows Media Player 控件来完成该任务。下面举例

说明 Windows Media Player 控件的应用。

【例 8-3】 编写应用程序，使用户可以分别选择视频或音频文件来播放或者分别播放。

使资源视图对话框处于编辑状态下，右击，从快捷菜单中选择"插入 ActiveX 控件"，从弹出的对话框列表中选择"旧版 Windows Media Player"，如图 8-4 所示。调整对话框中的 ActiveX 控件大小和位置，如图 8-5 所示。

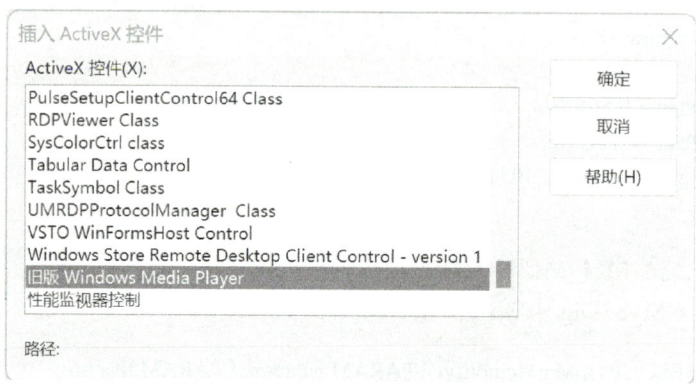

图 8-4　插入 ActiveX 控件

图 8-5　在对话框上放入 ActiveX 控件

接下来要在应用程序中加入支持播放视频/音频的类。右击工程文件名，在快捷菜单中选择"添加"→"新建项"命令，在"添加新项"对话框中选择"MFC"及"ActiveX 控件中的 MFC 类"，如图 8-6 所示。

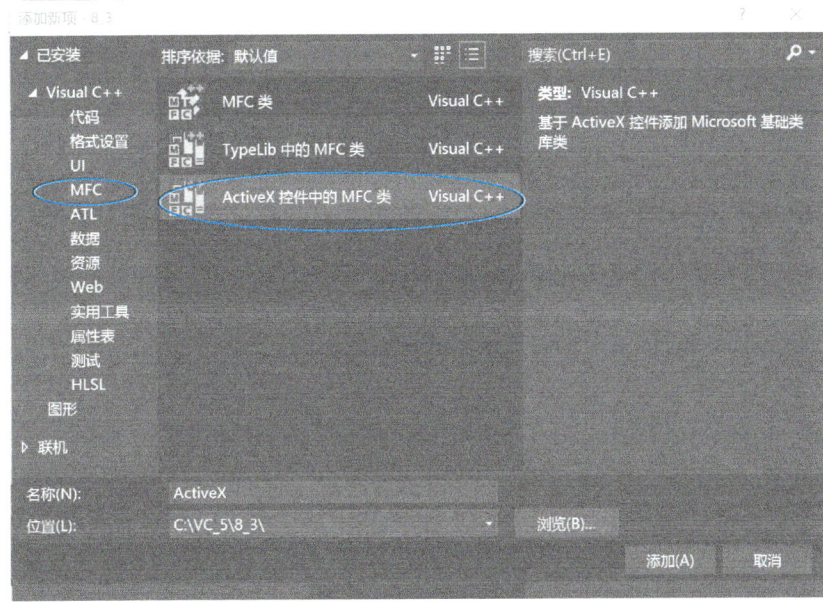

图 8-6 添加 ActiveX 控件中的 MFC 类

单击"添加"按钮，出现如图 8-7 所示的对话框。添加类的来源选择"文件"，文件的绝对位置是："C:\windows\system32\wmp.dll"，接着在"可用接口"列表框中找到"IWMPPlayer4"，添加到"实现接口"的列表框中。

图 8-7 通过添加 ActiveX 控件添加类

接下来在 8_3Dlg.h 文件的头部加入#include "CWMPPlayer4.h"。

然后在 CMy8_3Dlg 对话框类中为 Windows Media Play 控件添加变量

m_mediaPlay，生成的代码如下：

```
public:
CWMPPlayer4 m_mediaPlay;
```

由于在创建这个变量后，系统还不能自动创建 ActiveX 控件与 m_mediaPlay 之间的数据交换关系，因此需要手动在 DoDataExchange 函数中添加如下蓝色代码：

```
void CMy83Dlg::DoDataExchange(CDataExchange* pDX)
{    CDialogEx::DoDataExchange(pDX);
     DDX_Control(pDX, IDC_OCX1, m_mediaPlay);
}
```

最后为 Windows Media Play 控件添加一个鼠标双击事件的处理程序，当程序运行时，在双击 Windows Media Play 控件时，出现一个选择视频/音频文件的文件对话框，选择正确格式的文件时，Windows Media Play 就会播放文件。鼠标双击事件的代码如下：

```
void CMy83Dlg::DoubleClickOcx1(short nButton, short nShiftState, long fX, long fY)
{
    // TODO: 在此处添加消息处理程序代码
    CFileDialog dlg(TRUE, NULL, L"*.*", OFN_FILEMUSTEXIST,
         L"ActiveStreamingFormat(*.asf)|*.asf|"
         L"AudioVideoInterleaveFormat(*.avi)|*.avi|"
         L"RealAudio/RealVideo(*.rm)|*.rm|"
         L"WaveAudio(*.wav)|*.wav|"
         L"MIDIFile(*.mid)|*.mid|"
         L"所有文件(*.*)|*.*||");
    if (dlg.DoModal() == IDOK)
      m_mediaPlay.put_URL(dlg.GetPathName()); // 传递媒体文件到播放器，并开始播放
}
```

上面用到了 CFileDialog 类的对象，CFileDialog 类封装了 Windows 常用的文件对话框。常用的文件对话框提供了一种简单的与 Windows 标准相一致的文件打开和文件保存对话框功能。

其构造函数如下：

```
CFileDialog(
     BOOL bOpenFileDialog,
     LPCTSTR lpszDefExt = NULL,
     LPCTSTR lpszFileName = NULL,
     DWORD dwFlags = OFN_HIDEREADONLY | OFN_OVERWRITEPROMPT,
```

```
    LPCTSTR lpszFilter = NULL,
    CWnd* pParentWnd = NULL,
    DWORD dwSize = 0,
    BOOL bVistaStyle = TRUE)
```

其中：

- bOpenFileDialog：用于指定要创建的对话框类型的参数。将其设置为 TRUE 可构造"文件打开"对话框。将其设置为 FALSE 可构造"另存为"对话框；
- lpszDefExt：默认的文件扩展名。如果用户不包含具有用户计算机关联的已知扩展在"文件名"框中，则由 lpszDefExt 指定的扩展将自动追加到文件名。如果此参数为 NULL，则不追加扩展；
- lpszFileName：出现在 "文件名" 框中的初始文件名。如果为 NULL，则不会出现初始文件名；
- dwFlags：可用于自定义对话框的一个或多个标志的组合；
- lpszFilter：一系列字符串，用于指定可应用于文件的筛选器。如果指定文件筛选器，文件列表中将只显示符合筛选条件的文件。

其他几个参数不常用，就不介绍了，大家可以参见相关手册。读者可以参照上述的参数含义理解 dlg 中几个赋值的含义。

代码中：

```
L"ActiveStreamingFormat(*.asf)|*.asf|"
L"AudioVideoInterleaveFormat(*.avi)|*.avi|"
L"RealAudio/RealVideo(*.rm)|*.rm|"
L"WaveAudio(*.wav)|*.wav|"
L"MIDIFile(*.mid)|*.mid|"
    L"所有文件(*.*)|*.*||"
```

以上列出了可选的文件类型的后缀，按此格式编写就可以了。

8.3 练 习 题

【8-1】 在编写多媒体应用程序时，在处理音频播放的时候，需要用到什么头文件？

【8-2】 winmm.lib 库文件如何嵌入？

【8-3】 多媒体程序设计中常见的简单的音频函数有哪些，分别有什么样的功能？

【8-4】 编写一个多媒体播放器，可以选择播放视频和音频文件，具有播放/暂停、停止、打开文件、列表循环、删除、上一首、下一首、调节音量、调节播放进度等功能。

参 考 文 献

[1] 黄维通. Visual C++面向对象与可视化程序设计[M]. 4 版. 北京：高等教育出版社，2016.

[2] 黄维通. Visual C++面向对象与可视化程序设计实例解析[M]. 4 版. 北京：高等教育出版社，2016.

[3] 郑阿奇，丁有和. Visual C++教程[M]. 4 版. 北京：清华大学出版社，2022.

[4] 王育坚. Visual C++面向对象编程[M]. 4 版. 北京：清华大学出版社，2021.